KB144321

빛에 대해 당신이 몰랐던, 알고 싶었던, 알 수 있을 거라 생각지도 않았던 모든 내용이 담긴 책이다. 이런 넓이를 갖기도 쉽지 않은데, 더구나 이런 깊이라니! 빛 박사에 의한, 빛에 대한, 빛나는 책이다.

—김상욱(경희 대학교 물리학과 교수)

알면 사랑하게 된다. 그리고 사랑하면 더 알게 된다. 더 알게 되면 더 사랑하게 되고, 그렇게 늘어난 더 큰 사랑은 앎을 더 크게 늘린다. 물고 물리며 점점 더 커지는 되먹임 효과다. 빛에 대한 저자의 앎과 사랑은 반복적으로 재귀적인 상호 작용을 계속하고, 그렇게 발생한 늘어나는 되먹임 효과의 결실이 바로 이 책이다. 고재현 교수가 SNS에 올리는 멋진 하늘 사진들의 오랜 열광자인 내가 오래 기다린 책이다.

태양 내부 깊은 곳에서 핵융합으로 만들어진 빛알은 무려 100만 년 동안의 우왕좌왕 여행 끝에 태양 표면에 도달한다. 그리고 8분 뒤, 드디어 우리 눈에 도달한다. 태양을 벗어난 그 수많은 빛알 중 극히 일부만이 지구를 향하고, 그중 극히 일부가 지금 이 순간 내 눈에 도달한다. 대기 중에서 산란된 빛알 하나가 내 눈의 수정체를 통과해 방금 망막에 닿았다. 내 마음은 멋진 파란 하늘에 닿는다. 방금 닿은 빛알 하나를 떠올려본다. 엄청난 규모의 시공간을 건너 뛴 우주적 사건이다. 바로, 저자가 말하는 빛알 하나가 만든 우주와의 조우다.

보면 알게 되고, 알면 사랑하게 된다. 빛을 알고 싶은 사람, 그리고 빛을 사랑하는 사람 모두가 꼭 볼 책이다. 이 책을 보고 바라본 하늘이 파랗다.

—김범준(성균관 대학교 물리학과 교수)

빛의 핵심

고재현

물리학자 고재현의
광학 이야기

빛의 핵심

고재현

사이언스북스
SCIENCE BOOKS

서로 멀어져만 가는 무수히 많은 은하들 중
한 나선형 은하 팔자락에 얹혀 돌고 있는
평범한 항성의 세 번째 행성 위에서
우리는 도대체 무얼까 고민하는
모든 지구인에게 이 책을 바칩니다.

머리말

8분간의 여행

물리학자들은 저를 빛알 혹은 광자(photon)라고 부릅니다. 빛을 파도처럼 넘실대는 파동이라 생각하시겠지만, 그 빛의 에너지는 우리 빛알들이 아주 작은 덩어리 단위로 나릅니다. 햇빛을 이루는 빛알은 엄청난 압력과 온도로 인해 핵융합이 일어나는 태양의 중심부에서 태어납니다. 고밀도 플라스마 속의 하전 입자들과 끊임없이 충돌하며 수십만 년의 시간을 갈짓자로 올라와 태양 표면에 간신히 닿은 저는 지구를 향해 떠날 준비가 끝났습니다.

얼마 전 태양의 표면에서 출발해 지구로 떠난 빛알들이 약 8분의 시간을 날아 도착한 곳은 달의 표면이었습니다. 공교롭게도 달이 태양과 지구 사이를 가로막아 지구에 가닿을 운명이 바뀐 것이죠. 덕분에 지구 곳곳에서 개기일식의 장관이 펼쳐졌습니다. 눈부신 태양을 달이 완전히 감싼 2분의 시간, 어둠에 잠긴 고요한 대지 위로 검은 달을 휘감아 황홀하게 타올랐던 태양의 코로나는 인생의 찰나와 우주의 영겁이 조우한 장면이 아니었을까요?

달 표면에서 반사된 빛알 일부는 혜성의 고향인 오르트 구름을 뚫고 250만 년을 더 날아가 안드로메다 은하에 가 닿을지도 모르겠습니다. 저는 어디로 가고 싶냐고요? 물론 대적점의 소용돌이를 과시하는 목성도, 얇은 띠를 허리에 두르고 한껏 뽐내는 토성도 매혹적인데다가 거대한 간헐천이 솟구치는 엔셀라두스 위성이나 탄화수소의 액체 바다가 넘실대는 타이탄의 모습은 경이롭기까지 합니다. 하지만 우리가 가장 가고 싶은 곳은 황홀할 정도로 아름다운 지구입니다. 지구는 생명이 넘쳐나는 곳입니다. 수십억 년 전 빛 알갱이들이 끝없이 실어나르는 에너지를 머금고 탄생한 생명의 씨앗이 지구상 모든 곳으로 뻗어 나가 생동하는 기운을 퍼뜨립니다. 그토록 찬란한 생명의 안식처인 지구를 향한 빛알들의 여행은 끊임없이 계속됩니다. 비록 급증하는 온실 기체가 지구를 금성의 운명을 향해 위태롭게 몰아붙여도, 혹은 인간과의 공존을 힘겹게 버틴 종들이 사라져 결국 지구가 인간과 가축, 작물들만의 세상이 되어 파멸을 길을 갈지라도 지구를 향한 우리의 여행은 끝나지 않을 것입니다.

이제 저는 태양 속에서 100만 년을 버틴 끝에 지구를 향한 8분의 여행을 시작합니다. 저는 이 짧은 여행의 종착지를 모릅니다. 어쩌면 거대한 구름을 만나 산란되며 푸른 바다 속으로 들어가거나 소나기가 내린 후 태어난 물방울들을 만나 반사되고 굴절되며 무지갯빛 편린으로 사라지겠지요. 그렇지만 제가 소멸하는 그 순간이 바로 차가운 우주 공간을 날아온 빛알의 에너지가 지구와 그 속의 생명과 만나는 운명의 마지막 순간이라는 것을 기억해 주세요. 여러분이 목격하는 그 장면 하나하나가 바로 우주와의 조우라는 점을 마음에 담아 주세요. 그것만으로도 제 8분간의 여행은 충분히 의미가 있을 것입니다.

차례

3부 과학과 빛 185

4부 빛으로 바라본 세상 283

1부

태초에 빛이 있었다

1장
빛의 속도로 가라

8분 전의 태양

우주에서 가장 속도가 빠른 빛은 진공 속에서 1초에 약 30만 킬로미터를 날아간다. 1초 동안 지구를 일곱 바퀴 반이나 돌 수 있는 빠르기다. 지구에서 달을 향해 레이저를 쏘면 1.3초 만에 달 표면에 도달하고, 태양을 떠난 빛은 우주 공간을 약 8분 동안 날아와 지구에 도착한다. 즉 우리가 보고 있는 태양은 항상 8분 전의 모습인 것이다. 이렇게 보면 사실 밤하늘을 장식하는 무수한 별들과 은하들은 모두 까마득히 머나먼 과거의 모습들이다. 가까이는 수십, 수백만 년 전, 멀게는 수십억 년 전에 별이나 은하에서 출발한 빛이 이제야 지구에 도착해 우리 눈에 들어오는 것이다. 따라서 천문학자는 천체 망원경이라는 타임머신을 타고 과거의 빛의 세계를 탐험하며 우주의 역사와 진화를 규명하는 과학자인 셈이다.

1초라는 짧은 시간에 30만 킬로미터를 질주하는 빛의 속도를 어떻게 잴 수 있었을까? 역사상 많은 과학자들이 빛의 본성에 관심을 갖고 그 속도를 측정하고자 시도했다. 지동설의 주창자로 잘 알려진 갈릴레오 갈릴레이(Galileo Galilei, 1564~1642년)는 빛의 속도를 측정하기 위해 덮개로 빛을 가린 랜턴을 들고 한 언덕 위로 올라갔다. 저 멀리 맞은편 언덕 위에는 다른 랜턴을 든 조수가 대기하고 있었다. 갈릴레오가 덮개를 열어 빛을 보내면 다른 언덕 위에 기다리고 있던 조수가 이 빛을 보자마자 즉시 자신의 랜턴 덮개를 열어 갈릴레오에게 빛의 신호를 역으로 보내도록 시켰다. 먼저 빛을 보낸 갈릴레오는 시계를 들고 있다가 자신이 덮개를 연 시각부터 상대방의 랜턴에서 나온 빛을 보는 순간까지 걸린 시간을 측정했다. 이 경우 빛은 두 언덕 사이를 왕복한 셈이므로 왕복 거리를 측정 시간으로 나누면 빛의 속도가 나온다. 투수가 야구공을 던진 시각과 포수가 공을 받은 시각을 알고 둘 사이의 거리를 알면 야구공의 속도를 계산할 수 있는 것과 같은 원리이다. 그러나 이 실험은 실패했다. 빛이 두 언덕 사이를 왕복하는 데 걸리는 시간이 너무 짧았던 데다가 측정 결과에 실험자들이 랜턴 덮개를 여는 데 걸리는 반응 시간이 포함되었기 때문이다.

빛의 속도에 대한 최초의 의미 있는 결과는 1676년 덴마크의 천문학자인 올레 뢰머(Ole Christensen Rømer, 1644~1710년)가 구했다. 그는 목성의 위성들 중 하나인 이오(Io)가 목성의 뒤로 사라지는 '식' 현상이 발생할 때 이오가 목성 뒤에 숨어 있는 시간이 지구의 공전 궤도상의 위치에 따라 바뀌는 결과에 주목했다. 그는 지구가 자신의 공전 궤도 상에서 목성에 근접하고 있을 경우와 멀어지고 있을 때 이오에서 출발한 빛이 지구에 도착하기까지 가로질러야 하는 길이가 달라진다는 사실을 이용해 광속을 구했다. 뢰머는 당시 알려진 지구의 공전 궤도와 월식이 진행되는 시각에 대한 측정 결과를 바탕으로 빛의 속도가 초속 21만 2000킬로미터 정도일 것이라고 계산했다. 이 결과는 오늘날 알려진 광속의 3분의 2 정도에 해당하지만 당시의 천문학적 지식에 비추어 봤을 때에는 그리 나쁘지 않은 결과였고, 적어도 빛의 속도가 무한하지는 않다는 점을 명확히 보여 주었다.

뢰머의 계산 후 빛의 속도를 지상에서 측정하려는 시도가 이어졌다. 오늘날 알려진 광속과 비슷한 수치를 1849년에 최초로 구한 사람은 프랑스 과학자 이폴리트 피조(Armand Hippolyte Louis Fizeau, 1819~1896년)였다. 그는 멀리 떨어져 있는 2개의 거울 사이에 회전하는 톱니바퀴를 놓고 톱니 사이로 빛이 지나가는 조건을 측정해 초속 31만 3000킬로미터 정도의 광속을 얻었다. 이 값은 오늘날 알려져 있는 빛의 속도와 비교해도 오차가 수 퍼센트에 불과한 정확한 값이다. 푸코의 진자로 지구 자전을 증명한 프랑스 과학자 레옹 푸코(Jean Bernard Leon Foucault, 1819~1868년)도 회전하는 거울을 이용해 광속 측정값의 정확도를 높이는 데 기여했다.

1970년대에 세상에서 가장 정확한 시계인 세슘(Cs) 원자 시계와 크립톤(Kr) 원자에서 나오는 특정 방출광의 파장을 각각 시간과 길이의 표준으로 삼아 메테인 분자(CH_4)가 흡수하는 특정 전자기파의 파장과 진동수를 측정해서 빛의 속도를 구했는데, 그 값은 초속 2

억 9979만 2458미터였다. 1983년 국제 도량형 총회에서는 이렇게 얻은 광속을 바탕으로 길이의 단위인 미터(m)를 "빛이 진공 중에서 2억 9979만 2458분의 1초 동안 진행한 경로의 길이"로 재정의한다. 이것이 기본 물리 상수(광속)를 기반으로 단위가 다시 정의된 최초의 사례다.[1] 이런 재정의가 가능했던 이유는 이론적으로 광속은 일정하다는 것을 알고 있었기 때문이다. 이로써 광속은 길이 표준의 기준이자 오차를 갖지 않는 근본적인 물리 상수로 재탄생하게 되었다.

그렇지만 이 광속은 어디까지나 빛이 진공 중을 날아갈 때의 속도다. 만약 빛이 진공 속이 아니라 일정한 굴절률을 가진 물질을 통과하게 되면 빛과 물질 사이의 상호 작용으로 인해 그 속도는 줄어든다. 빛이 굴절률이 1.5인 유리 속을 지나갈 때는 진공 중의 광속에 비해 3분의 2 정도의 속도로 진행한다. 오늘날 과학자들은 극저온의 원자들과 레이저에 기반한 정교한 실험을 통해 빛의 속도를 자동차 속도 정도로 줄이거나 빛의 펄스를 순간적으로 멈추게 하는 데에도 성공하고 있다.[2, 3] 이처럼 빛을 조정하는 기술이 비약적으로 발전해 나가면 빛을 이용해 정보를 저장하고 처리하는 다양한 광소자의 개발 및 이에 기반해 컴퓨터의 정보 처리를 빛으로 구현하는 광 컴퓨팅 기술의 질적 도약도 기대할 수 있을 것이다.

빛보다 빠르게

2011년 과학계를 뒤집어 놓았던 화젯거리 중 하나는 빛보다 빠른 입자의 존재 여부였다. 중성 미자(뉴트리노)라는 소립자의 변환 과정을 연구하던 이탈리아 연구팀이 2011년 9월 유럽 입자 물리 연구소(Conseil Européenne pour la Recherche Nucléaire, CERN)에서 생성된 중성 미자가 730킬로미터 떨어진 이탈리아의 검출기에 빛의 속도보다 약간 더 빨리, 시간으로 따지면 빛보다 1억분의 6초 정도 더 빨리 도착했다고 발표한 것이다. 이는 현대 과학을 구성하는 근본 이론 중 하나인 알베르트 아인슈타인(Albert Einstein, 1879~1955년)의 상대성 이론의 결과, 즉 "어떤 물체도 진공에서 빛보다 빠르게 이동할 수 없다."는 결론이 틀릴 수도 있다는 가능성을 시사했다. 현대 물리학의 토대가 뿌리부터 흔들릴 수 있는 상황이었다. 그러나 2012년 2월 실험 장치 일부에 문제가 있는 것으로 밝혀졌고 해당 연구팀은 같은 해 6월에 교토에서 열린 학술 회의에서 이 주장을 공식적으로 철회했다. 혁명적인 주장이 결국 실험 장치 문제에 의한 오류라는 해프닝으로 일단락되면서 아인슈타인의 이론은 틀리지 않았다고 판명된 것이다.

어떤 물체도 빛의 속도보다 빨리 달릴 수 없다는 '사실'은 아인슈타인이 1905년 발표한 특수 상대성 이론의 기본 가설이었다. 당시 스위스 베른의 특허 사무소에서 근무하던 아인슈타인은 1년 동안 세 편의 역사적인 논문을 잇달아 발표했다. 분자나 원자의 존재를 실험적으로 검증할 수 있는 이론적 틀을 제공한 브라운 운동에 대한 논문, 빛의 입자설에 근거해서 광전 효과를 설명함으로써 이후 아인슈타인에게 노벨 물리학상을 안긴 논문, 그리고 마지막으로 특수 상대성 이론에 대한 논문 등이 그것이다. 세 이론 모두 물리학의 근본적인 변화를 이끈 내용을 담고 있었기에 이 논문이 발표된 해를 기적의 해라 부르게 되었고, UN은 이 역사적인 해에서 100년이 지난 2005년을 세계 물리의 해로 지정해 아인슈타인의 업적을 기념한 바 있다.

이때 함께 열린 빛의 축제를 맞아 지구 전역에서 빛의 릴레이가 펼쳐졌다. 아인슈타인의 사망일인 4월 18일, 그가 말년을 보낸 미국의 프린스턴에서 서쪽으로 출발한 빛은 세계 각국 10만여 명이 참가해 펼친 빛의 릴레이를 통해 24시간 동안 지구를 한 바퀴 돌고 다시 프린스턴으로 되돌아갔다. 국내에서는 2005 물리의 해 행사 조직 위원회 주관으로 축제가 진행됐는데, 같은 해 4월 19일 저녁 8시 광케이블을 통해 태평양을 횡단한 빛이 일본을 거쳐 부산에 도착한 후 전국 곳곳의 산봉우리 위에서 대기하던 과학자들과 일반 시민들의 할로겐 손전등을 거치며 서울 쪽으로 연결되었고 이후 북한 개성과 중국으로 보내졌다.

아인슈타인의 업적을 기리는 전 세계적인 축제가 왜 빛이라는 테마를 중심으로 진행된 것일까? 그것은 현대 과학의 기반을 이루고 있는 아인슈타인의 이론들의 중심에 빛이 자리 잡고 있기 때문이다. 1905년 아인슈타인이 26세의 젊은 나이에 발표한 특수 상대성 이론은 빛의 속도는 유한하고 관측자의 속도와 무관하게 일정하다는 가정에서 출발했다. 시속 100킬로미터로 경부 고속 도로 위를 달리는 자동차 안에 앉아서 고속 도로와 나란히 놓인 철로 위를 같은 방향으로 달리는 고속 열차를 바라본다고 하자. 열차의 속도가 시속 250킬로미터라면 내가 느끼는 열차의 상대 속도는 열차의 속도에서 자동차의 속도를 뺀 시속 150킬로미터가 된다. 만약 내가 탄 자동차가 열차와 동일한 속도로 나란히 달린다면 나의 눈에 열차는 정지해 있는 것처럼 느껴질 것이다. 하지만 빛은 이렇게 행동하지 않는다. 시속 250킬로미터로 달리는 기차에서 보든지 초속 11킬로미터로 날아가는 로켓 안에서 측정하든지 진공 속의 빛은 언제나 어느 방향으로나 1초에 29만 9792.458킬로미터를 날아간다. 심지어 빛의 속도에 근접한 엄청난 속도로 따라가면서 빛이 정지해 있는 모습을 보고자 하더라도 나에 고정된 좌표계에서 빛은 항상 초속 29만 9792.458킬로미터라는 절대 속도를 유지한다.

특수 상대성 이론을 통해 광속이 우주의 절대적인 기준으로 등극하면서 시간과 공간, 물질과 에너지, 시간의 동시성과 같이 절대적이라 생각했던 개념들의 지위가 흔들렸다. 상대성 이론은 아이작 뉴턴(Isaac Newton, 1643~1727년)이 고전 역학에서 가정했던 절대 시간, 절대 공간의 개념을 부정하고 공간과 시간이 서로 뒤얽혀 있으며 물체의 운동 상태에 따라 시간 지연이나 길이 수축, 질량 증가와 같은 현상이 발생할 수 있음을 예견했다. 이러한 예측은 그 동안 수없이 많은 실험 속에서 검증되어 왔고 현대 과학과 첨단 기술의 바탕이 되었으며 미술과 영화를 포함해 문화사적으로도 큰 영향을 미쳤다.

위성 항법 장치(Global Positioning System, GPS)의 경우 약 2만 킬로미터 상공에서 돌고 있는 GPS 위성과 지구 표면 사이에서 상대성 이론에 따라 발생하는 시간 차이를 보정해 줌으로써 정밀한 위치 추적이 가능하게 되었다.[4] 이뿐 아니라 광전 효과가 활용된 반도체 칩을 포함한 디지털 카메라, 아인슈타인의 유도 방출 이론에 근거한 레이저, 질량(m)도 에너지(E)의 한 형태임을 보여 준 과학 역사상 가장 유명한 공식인 $E=mc^2$에 근거해서 탄생한 원자력 발전소나 핵무기 등, 현대의 문명은 아인슈타인이 남긴 과학적 유산으로 가득 차 있다. 특히 광속(c)의 제곱을 매개로 해서 물질의 질량이 막대한 에너지로 바뀔 수 있음을 보인 자신의 이론이 원자폭탄의 개발로 이어지자 아인슈타인은 강대국 사이에 벌어지던 핵 경쟁에 반대하는 평화 운동에 뛰어들었고 죽기 일주일 전에도 핵무기 개발을 반대하는 서명이 담긴 편지를 미국 대통령에게 발송했다.

2012년 6월, 아인슈타인의 상대성 이론은 결국 틀리지 않은 것으로 결론이 났고 많은 물리학자들은 당연하다는 표정을 짓거나 안도의 한숨을 쉬었다. 그렇지만 이것이 결코 이 위대한 과학자의 이론이 영원히 완벽한 진리로 남는다는 의미는 아닐 것이다. 수백 년 동안 거시적 물체들의 운동을 완벽히 설명하는 법칙으로 인식되었던 뉴턴의 고전 역학이 원자와 같은 미시 세계나 빛의 속도에 근접한 소립자들의 운동을 정확히 설명하지 못하고 한계를 드러낸 것처럼, 현대 과학의 두 축인 상대성 이론과 양자 역학 역시 끊임없는 도전과 검증 속에서 어떤 새로운 혁명적 변모를 겪을지 알 수 없는 일이다. 기존의 모든 이론이 합리적 의심과 검증의 대상이라는 점은 과학의 가장 핵심적인 속성 중 하나이기 때문이다.

아인슈타인, 인터스텔라

2015년은 UN이 정한 세계 빛과 광기술의 해(International Year of Light and Light-based Technologies)였다.[5] 전 세계 85개국, 100여 개 이상의 기관이 참여한 이 행사는 빛과 광기술의 중요성을 공유하고 인류가 당면한 다양한 문제에서 광기술이 어떻게 해법을 제시하며 지속 가능한 발전을 이끌 수 있는지를 알리기 위해 조직되었다. 2015년을 빛의 해로 지정한 이유는 여러 가지가 있으나 이 해는 우선 이슬람의 과학자 이븐 알 하이삼(Ibn al-Haytham, 965~1040년)이 광학 분야의 업적을 집대성한 『광학의 서(書)』를 출간한 지 1000년이 된 해란 의미가 있다. 이 책은 인간의 시각, 빛의 반사와 굴절 등 광학의 다양한 측면에 대한 뛰어난 업적을 포함하고 있었고, 요하네스 케플러(Johannes Kepler, 1571~1630년)나 뉴턴을 포함한 많은 과학자들에게 커다란 영향을 미쳤다.

21세기에 들어선 시점에서 왜 빛과 광기술이 강조되는 것일까? 하루를 돌이켜보면 그 답이 쉽게 나온다. 인간의 활동 시간을 획기적으로 넓힌 각종 조명 기술, 정보 획득의 주된 통로가 된 최첨단 디스플레이, 정보 전달의 핵심 수단으로 전 세계를 연결하는 광통신 등 오늘날 우리가 누리는 정보 통신 문명을 가능케 한 많은 기술들이 모두 빛과 전자기파를 매개로 구현되고 있다. 빛, 특히 가시광선은 인간의 눈이 직접 느낄 수 있는 전자기파의 일부분이고 우리가 정보를 취득하는 가장 중요한 수단이다. 게다가 우리 눈으로는 감지할 수 없으나 광범위한 분야에서 활용되는 전파나 적외선, 자외선, 엑스선 등 다양한 전자기파를 활용하는 오늘날의 첨단 기술들을 생각하면 빛과 광기술이 없는 현대 사회는 상상할 수 없을 것이다.

아울러 빛은 과학자들이 원자에서 우주까지 엄청난 스케일로 펼쳐져 있는 자연 현상을 더 잘 이해하기 위해 활용하는 주요 수단이다. 빛은 최근 미시 세계에서 벌어지는 동적인 움직임을 추적하고 연구하는 중요한 수단이 되었다. 빠르게 날아가는 총알의 운동을 확인하는 방법은 초고속 카메라로 총알의 궤적을 촬영해 추적하는 것이다. 마찬가지로 우리의 감으로는 상상하기도 힘든 빠르기로 변하고 반응하는 원자나 분자의 움직임을 탐색하기 위해서는 그에 맞는 초고속 카메라가 필요하다. 미시 세계의 경우 1000조분의 1초라는 찰나의 순간만 지속되는 펨토초[6] 펄스 레이저를 이용하면 원자와 분자들의 화학 결합 과정을 구체적으로 들여다볼 수 있다. 즉 원자나 분자가 내는 빛을 분석하거나 이들에 다양한 빛을 쬐며 그 반응을 관측하는 것은 미시 세계를 들여다볼 수 있는 유리창과 같은 것이다. 게다가 펨토초 레이저보다 1000분의 1이나 지속 시간이 짧은 아토초[7] 펄스 레이저를 이용해 미시 세계의 물리학을 보다 근본적인 차원에서 탐색하는 연구도 활발해지고 있다.

가장 큰 스케일의 우주로 눈을 돌려 보면 어떨까? 지구의 궤도에는 허블 망원경을 포함해 먼 별이나 은하가 보내는 빛, 그리고 빅뱅의 잔해인 마이크로파 배경 복사 등 지구로 쏟아지는 온갖 종류의 전자기파를 측정하는 다양한 우주 망원경들이 맹활약 중이다. 이를 이용해 과학자들은 우주의 탄생과 진화의 비밀을 파헤치고 있다. 지상에서는 하와이나 칠레의 고산 지대에 세워진 거대 망원경들이 대기권을 뚫고 내려오는 희미한 빛을 감지한다. 그런데 대기를 구성하는 공기의 밀도 요동은 자신을 통과해 지나가는 별빛을 산란, 굴절시키며 망원경에 맺히는 상을 왜곡시켜 '반짝이는' 별로 만들어 버린다. 과거에는 이를 피하기 위해 대기권 밖으로 망원경을 올려서 해결했지만 요즘에는 공기로 왜곡되는 상을 보정하는 기술이 등장해 지상에서도 매우 선명한 상을 얻을 수 있게 되었다. 여기서 왜곡된 상을 복원하기 위해 동원하는 구원 투수 역시 빛이다.

과학자들은 밝은 별 하나를 타깃으로 삼아 이 반짝이는 별의 상을 측정하면서 형상을 변화시킬 수 있는 반사경과 컴퓨터를 활용, 별의 상이 대기의 흐름으로 왜곡되지 않도록 반사경을 미세하게 조정할 수 있다. 이때 밝은 별 주변의 측정 대상인 별이나 은하를 동일한 조건으로 측정하면서 같은 방식으로 보정하면 대기에 의한 상의 흔들림이 제거된 깨끗한 상을 얻을 수 있다. 상을 얻고자 하는 천체의 방향에 보정에 필요한 밝은 별이 없다면? 전혀 걱정할 필요가 없다. 지상으로부터 약 90킬로미터 위에 존재하는 대기 속 소듐 원자들에 589나노미터의 파장을 가진 레이저를 쏘아 이들을 여기시켜 형광빛을 내게 하면 그 빛을 인공별로 활용할 수 있다.[8] 이러한 적응광학(adaptive optics) 덕분에 천문학자들은 대기권 밖에 망원경을 올리지 않고도 대기 밖 천체들의 선명한 영상을 얻을 수 있다.

그렇지만 빛은 무엇보다도 과학자들에게 깊은 영감을 불러일으키

세계 빛과 광기술의 해 로고의 가운데 원은 태양을 상징하는 그림으로서, 생명의 근원이자 지속성과 보편성을 나타낸다. 태양을 감싸는 둘레의 깃발들은 국제성과 포괄성을 의미하며, 깃발들이 가지는 다양한 색깔들은 광기술이 적용되는 넓은 스펙트럼, 즉 과학, 예술, 문화, 교육 등 다양한 분야를 의미한다.

는 존재였다. 아인슈타인이 젊은 시절 빛과 같은 속도로 날아가는 자신의 모습을 상상하면서 빛에 대해 고찰하며 특수 상대성 이론의 맹아를 싹 틔웠다는 것은 잘 알려진 일화다. SF 영화 「인터스텔라」 붐을 타고 더욱 유명해진 일반 상대성 이론, 이 이론이 예측한 시공간의 휨 역시 태양의 중력장에 의해 휜 시공간을 따라서 꺾어지는 별빛을 측정함으로써 사실로 검증된 바 있다. 2015년을 빛의 해로 정한 또 다른 이유가 바로 아인슈타인의 일반 상대성 이론 100주년이었다는 점도 이런 맥락에서 이해할 수 있다.

요즘은 일반 시민들을 위한 천문대가 전국 곳곳에 생겨서 별을 접할 수 있는 기회가 과거보다 훨씬 많아졌다. 빛 공해를 피해 천문대를 찾아가 우리 태양계의 식구들과 은하수, 그리고 이웃 은하들을 희미하게나마 바라보는 것은 어떨까? 우주의 시작과 별의 탄생, 은하 형성의 비밀을 간직하며 우리 머리 위로 끊임없이 쏟아지는 빛을 상상하며 관측한다면 더 흥미진진할 것 같다.

2장
보이는 빛과 보이지 않는 빛

보이지 않는 빛

햇빛과 같은 백색광이 삼각형 모양의 프리즘을 통과하며 무지갯빛으로 나뉘는 것은 초등학생들도 잘 알고 있는 과학적 상식이다. 방안을 완벽히 어둡게 만든 창문 위 암막 가리개에 작은 구멍을 뚫고 그곳을 통해 흘러들어 오는 한줄기 햇빛을 프리즘에 통과시키면 빨간색에서부터 보라에 이르기까지 아름다운 색깔의 빛들이 각도별로 퍼지며 연속적으로 나타난다. 비가 갠 후에 생기는 무지개도 기본적으로 하늘에 떠 있는 작은 물방울들에 의해 백색광인 햇빛이 색깔별로 다른 각도로 굴절되어 나뉘는 현상이다. 빛의 색깔에 따른 분산은 물이나 유리와 같은 투명한 물질을 빛이 통과할 때 색깔에 따라 빛이 꺾이는 정도가 달라지기 때문이다.[1]

프리즘을 이용해 햇빛을 무지갯빛으로 분리할 수 있는 것은 고대로부터 잘 알려진 현상이었지만, 중세의 사람들은 햇빛 자체가 무지갯빛들로 구성되어 있는 것인지 아니면 프리즘의 유리가 백색인 햇빛을 변질시켜 색깔을 만들어 낸 것인지를 놓고 오랫동안 논쟁해 왔다. 뉴턴은 2개의 프리즘을 역으로 배치한 후에 첫 번째 프리즘을 거치며 분리된 무지갯빛들이 거꾸로 놓인 두 번째 프리즘을 통과해 합쳐지면서 다시 백색광으로 바뀌는 것을 실험으로 확인했다. 이로써 햇빛은 연속적인 다양한 색깔들로 구성되어 있고 이들을 합쳐서 다시 백색광을 만들 수 있음이 증명된 것이다.

뉴턴의 시대로부터 100여 년이 지난 후, 천왕성을 발견한 천문학자인 윌리엄 허셜(Frederick William Herschel, 1738~1822년)은 눈에 보이지는 않지만 따뜻함을 주는 '빛'이 존재한다는 것을 발견했다. 그는 프리즘을 통과해 색깔별로 나뉜 빛의 띠를 조사하다가 빨간색 너머 아무것도 보이지 않는 곳에 온도계를 갖다 대자 온도계의 눈금이 상승하는 현상을 발견했다. 그곳에서는 우리가 오늘날 적외선이라고 부르는, 눈에 보이지 않는 빛이 최초로 인류에게 자기 모습을 드러내고 있었다. 거의 같은 시기인 1801년 독일의 물리학자 빌헬름 리터(Johann Wilhelm Ritter, 1776~1810년)는 가시광 스펙트럼의 보라색 바깥에 놓인 염화은(AgCl) 종이가 변색되는 것을 확인하고 그곳에 자외선이 있음을 발견했다. 이로써 보라색 빛 너머의 공간에 화학 작용을 일으키고 피부를 태우기도 하는 자외선이 존재한다는 것이 알려졌다.

19세기를 거치면서 인간이 눈으로 감지할 수 있는 빛, 즉 가시광선은 전자기파라 부르는 보다 보편적인 파동 현상의 극히 일부분이라는 사실이 차츰 밝혀졌다. 파동은 어떤 속성이 주기적으로 진동하면서 에너지와 운동량을 동반해 퍼져 나가는 현상이다. 음파는 공기라는 매질이, 수면파는 물이, 지진파는 땅이 진동하며 일정한 속도로 전파되는 파동들이다. 전자기파의 경우에는 전기장과 자기장이 동시에 발맞춰 진동하며 1초에 30만 킬로미터라는 엄청난 속도로 퍼져 나가는 현상이다. 전기장과 자기장이 한 번 진동하며 나아가는 거리를 파장이라 하는데, 전자기파는 파장에 따라 분류된다.[2]

오늘날 과학자들은 프리즘 대신 고성능 분광기와 다양한 종류의 검출기를 이용해 전자기파의 광범위한 파장 영역을 모두 검출하고 조사할 수 있다. 현대 과학이 밝힌 전자기파 스펙트럼을 보면 보라색 너머로는 자외선, 엑스선, 감마선 등 파장이 더 짧고 강한 에너지를 가진 빛이 펼쳐져 있고 빨간색에 이웃해서는 적외선, 마이크로파 및 전파 등 파장이 긴 전자기파가 연결되어 있다. 이들은 모두 동일한 속도인 초속 30만 킬로미터 정도의 광속으로 진공을 날아가지만 파장과 진동수를 이용해 구분할 수 있다. 사람의 눈이 인지하는 가시광선의 파장 대역은 380~780나노미터[3]이다.

전자기파의 존재는 전기와 자기에 대한 이론을 통합해 전자기학을 정립한 스코틀랜드 출신의 영국 과학자인 제임스 맥스웰(James Clerk Maxwell, 1831~1879년)에 의해 이론적으로 예측되었다. 독일의 과학자인 하인리히 루돌프 헤르츠(Heinrich Rudolf Hertz, 1857~1894년)는 1882년 정교한 실험을 통해서 전자기파의 존재를 최초로 확인했

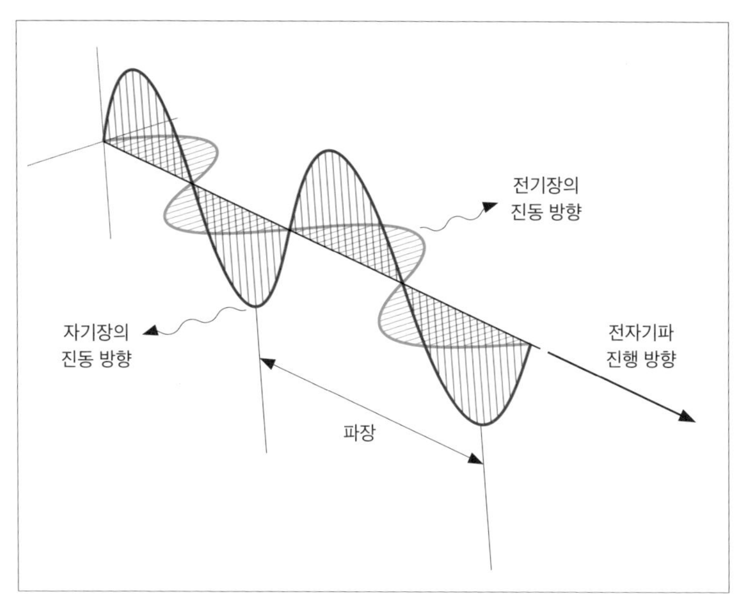

전자기파의 개략도.

다. 헤르츠는 오늘날 우리가 라디오파라고 부르는 전파를 발생시킨 후에 이 전파가 빛과 동일한 방식으로 반사, 굴절, 혹은 간섭할 수 있음을 보여 주었다. 이 전자기파의 발견에 기반해서 이탈리아의 발명가 굴리엘모 마르코니(Guglielmo Marconi, 1874~1937년)는 1901년에 대서양을 마주 보는 두 대륙 간에 무선 신호를 주고받는 데 최초로 성공했다.

인간의 눈은 왜 광범위한 전자기파 영역 중 가시광선만을 감지할 수 있게 된 것일까? 그것은 지구에 에너지를 공급하는 태양빛의 스펙트럼 특성과 관련이 있을 것 같다. 태양에서 방출되는 전자기파의 스펙트럼을 살펴보면 우리 눈이 느낄 수 있는 가시광선의 세기가 가장 높다. 자외선이나 적외선 파장 영역으로 가게 되면 세기가 점점 줄어든다. 인간의 눈은 오랜 세월을 지나며 태양이 보내는 전자기파의 가장 강한 파장 대역만을 보도록 적응하고 진화한 셈이다.

인류는 과학 기술의 진보로 인해 인간의 눈에 보이지 않는 빛들, 즉 적외선이나 자외선을 포함한 전자기파 스펙트럼의 다른 영역들을 '볼' 수 있는 다양한 기술들을 갖게 됐다. 우주를 관찰해 연구하는 천문학자들은 가시광선의 이미지를 담는 망원경뿐 아니라 자외선 망원경, 적외선 망원경, 엑스선 망원경 등 다양한 종류의 망원경을 지구 궤도에 올려 사용함으로써 우주로부터 쏟아지는 전자기파 스펙트럼의 풍부한 정보를 놓치지 않고 분석한다. 보이지 않는 빛을 볼 수 있는 새로운 눈을 가짐으로써 우리는 눈으로 볼 수 있는 세상보다 훨씬 더 풍부한 자연과 우주의 모습을 알아 가고 있는 셈이다.

방울뱀과 유도 미사일

오늘날 우리는 자동 감지기, 즉 센서(sensor)의 시대에 살고 있다. 밤에 아파트에 들어가면 현관 위 천장에 달려 있는 전등이 자동적으로 빛을 밝힌다. 자동문에 다가가면 문이 저절로 열리고, 수도꼭지에 손을 갖다 대기만 해도 물이 나온다. 무인 감시 장치, 유도 미사일, 각종 리모콘 등 일상생활에서부터 군사 기술 분야에 이르기까지 광범위하게 사용되고 있는 센서는 우리 생활을 한층 더 편리하게 만들어 주는 기술임에 틀림없다.

현재 사용되고 있는 자동 감지 기술의 상당수는 적외선이라 부르는 눈에 보이지 않는 빛에 근거를 두고 있다. 프리즘을 통해 백색광을 무지갯빛으로 분해할 때 빨간색의 바깥쪽에 눈에 보이지 않는 열선(熱線)이 존재한다는 사실은 이미 소개한 바 있다. 적외선도 다른 전자기파와 마찬가지로 파장에 따라 세분되는데, 빨간색 옆에 이웃해 있는 단파장의 근적외선에서부터 중적외선, 원적외선(열적외선이라고도 함)으로 갈수록 적외선의 파장이 길어진다.

일정한 온도를 유지하고 있는 모든 물체는 그 온도에 상응하는 전자기파, 혹은 복사선을 방출한다. 물체의 온도가 높을수록 그 물체가 발산하는 전자기파의 세기는 강해지고 스펙트럼의 중심은 짧은 파장으로 이동한다.[4] 용광로에서 철광석을 녹이는 과정을 생각해 보자. 온도를 높이면 쇠가 쇳물로 녹고 달궈지는 과정에서 처음에는 적외선이 방출되다가 온도가 700~800켈빈(K)을 넘어가면 적외선보다 파장이 짧은 검붉은 빛이 나오기 시작한다. 이를 열 복사(熱輻射, thermal radiation)라 한다. 쇳물의 온도가 더 올라가면 방출되는 빛의 색깔은 붉은색으로부터 노란색, 그리고 흰색 계열로 바뀐다. 열 복사의 스펙트럼은 물체의 온도와 직접적으로 관련되어 있다. 표면 온도가 5800켈빈 정도인 태양이 내는 빛의 색감은 백색이지만 태양보다 표면 온도가 더 높은 별들은 푸르스름한 빛을 방출한다. 천문학자들은 별빛의 색깔과 스펙트럼을 이용해 별의 표면 온도를 추정할 수 있다.

가정에서 사용하던 백열등(白熱燈)은 열 복사를 이용한 대표적인 조명 장치다. 백열등 내 텅스텐 필라멘트의 온도는 스위치를 켜면 섭씨 2600도 이상 올라가는데, 이 온도의 물체에서 나오는 전자기파의 가시광선 부분은 노란색 빛에 해당하고 이를 조명에 이용하는 것이다. 그렇지만 백열등에서 방출되는 전자기파 스펙트럼을 분석해 보면 가시광선보다는 눈에 보이지 않는 적외선의 비중이 압도적으로 높음을 알 수 있다.[5] 백열등 주위에 손을 갖다 대거나 태양을 향해 얼굴을 들이댈 때 따뜻함을 느끼는 것은 바로 몸에 의해 흡수되는 적외선 때문이다. 히터를 가열해서 적외선을 방출시켜 난방이나 건조에 이용하는 것은 적외선을 이용하는 대표적인 사례 중 하나이다.

뜨겁게 달구어진 물체가 적외선을 내는 것처럼, 항온동물인 사람도 매우 미약한 양이지만 체온에 대응하는 스펙트럼의 적외선을 방출한다. 신체에서 나오는 적외선을 감지할 수 있는 센서를 이용함으로써 생활은 매우 편리해졌다. 자동문 등은 대개 이 원리를 이용한 것이다. 사람이 다가가면 이 자동 장치들에 달린 적외선 센서에 입력되는 적외선의 양이 바뀌면서 자동으로 문이 열리거나 전등이 켜진다.

사람 몸에서 방출되는 적외선의 분포를 측정해 의료 진단에 이용하기도 한다. 요즘 병원에서는 몸에서 방출되는 적외선 분포를 측정해 신체의 온도 분포를 잰 후 몸의 이상 유무를 판단하는 적외선 체열 측정기가 광범위하게 사용되고 있다. 특정 부위에 염증이 생겨 열이 많이 나면 그 부분의 적외선 세기가 증가하는 원리를 이용한 것이다. 동물 다큐멘터리에 단골로 등장하는 야간 투시경도 동일한 원리로 작동된다는 것을 쉽게 짐작할 수 있을 것이다. 야간에 촬영한 동물들의 이미지란 적외선 감지기에 비친 동물의 적외선 분포 이미지를 사람의 눈이 인식하는 색상을 입힌 영상으로 바꾸어 놓은 것이다.

방울뱀과 같은 일부 동물들은 적외선을 인식하는 능력이 아주 탁월한 감각 기관이 있어서 멀리 떨어져 있는 먹이가 발산하는 적외선을 감지해 사냥에 이용한다. 방울뱀의 영어 이름을 따서 사이드와인더(sidewinder)라고 명명된 적외선 유도 미사일이 있다. 이 미사일의 앞부분에는 적외선 감지기가 붙어 있어 적기의 엔진이나 배기가스에서 나오는 적외선을 끝까지 추적해서 파괴할 때까지 따라다니도록 설계되었다. 명중률을 높이려면 당연히 엔진과 배기 가스를 감지할 수 있도록 적기의 후방에서 발사되는 것이 좋을 것이다. 그렇지만 오늘날에는 적기의 전방에서 발사되어도 비행기 기체와 공기의 마찰로 인해 만들어지는 미세한 열을 감지해서 격추시킬 수 있도록 개량된 미사일도 있다고 한다.

상대방 무기에서 나오는 적외선을 감지해 내려는 기술이 발달해 왔다면 상대방의 적외선 감지 시스템에서 벗어나기 위한 기술도 개발되지 않았을까? 오늘날 공격용 전투기의 엔진이 내는 배기 가스는 보통 하늘을 향해 배출되도록 설계되는 경우가 많다고 한다. 적외선이 가장 많이 나오는 부분을 하늘로 향하도록 설계함으로써 지상에 설치된 적외선 감지기의 감시를 조금이라도 벗어나 보려는 것이다. 함정의 경우는 굴뚝 부분에 특수 냉각 장치를 달아서 배출되는 배기

가스의 온도를 낮추어 적외선 양을 줄인다고 한다.

드라마 「도깨비」에서 푸른 빛을 내뿜는 도깨비의 팔을 잡은 소녀가 뜨거움을 견디지 못하고 놓으며 파랗기에 차가운 줄 알았다고 이야기하는 장면이 나온다. 그에 대한 도깨비의 다음과 같은 대답이 걸작이었다. "본디 파란 불 온도가 더 높다, 문과생." 여기서 파란 불이란 사실 도깨비의 몸에서 나온다는 파란색 빛을 의미한다. 물체의 온도가 뜨거울수록 방출되는 전자기파의 파장이 짧아진다는 것을 함축적으로 요약하고 있다. 드라마를 잘 이해하기 위해서라도 빛에 대한 기본적 상식은 필요한 시대가 된 모양이다.

형광등과 자외선 살균기

1980년대 초 지구 궤도를 돌던 인공위성이 남극 대기권의 성층권에 존재하는 오존층에 뚫려 있는 구멍을 발견했다. 산소 원자(O) 3개가 결합해 만들어지는 오존(O_3) 분자가 집중적으로 모여 있는 오존층은 태양으로부터 오는 자외선을 흡수해서 지표면에 도달하지 않도록 막아주는 '자외선 가리개' 역할을 한다. 오존층이 점점 줄어든다면 지상까지 도달하는 자외선의 양이 증가해 피부암, 백내장 발병률 등이 더 높아질 것이다. 이는 호주와 뉴질랜드 등 남반구 국가들에서는 일정 부분 현실화된 상황이다. 오존층이 더 심하게 훼손된다면 우리는 자외선을 피해 건물 내에 갇혀 생활하는 시대를 맞이할지도 모른다. 다행히 오존층 파괴의 주범이 되는 화학 물질들에 대한 국제적인 규제가 이루어지고 있어 이번 세기 후반에는 파괴된 오존층의 복구가 가능할 것이란 예측도 있다.

자외선이란 가시광선보다 파장이 짧아 눈에 보이지 않는 빛을 가리킨다. 자외선은 보라색(violet) 너머(ultra-)에 위치하므로 영어로 'ultraviolet'이라 부른다. 자외선은 생물에 미치는 영향에 따라 장파장 자외선(UV-A, 315~400나노미터), 중파장 자외선(UV-B, 280~315나노미터), 그리고 단파장 자외선(UV-C, 100~280나노미터)으로 구분된다.[6] 전자기파는 파장이 짧을수록 에너지가 높다. 이는 전자기파의 에너지를 나르는 빛알의 에너지가 파장에 반비례하기 때문이다. 강한 살균력을 지닌 UV-C는 대기권이 완벽히 차단하지만 피부에 홍반을 만들거나 백내장을 유발하기도 하는 UV-B는 약 10퍼센트가 대기에서 흡수되지 않고 지상으로 내려온다.

신체에 대한 영향은 소위 자외선 지수(UV index)로 정량화된다. 자외선 지수는 지면의 자외선 스펙트럼과 자외선의 각 파장에 대한 사람 피부의 반응성, 특히 홍반 형성의 반응성을 고려해 계산된다. 홍반 형성의 반응성은 파장이 짧을수록 커지지만 지면에 도달하는 자외선의 복사량은 파장이 짧을수록 급격히 줄어들기 때문에 자외선 지수를 결정하는 파장 대역은 주로 UV-B가 된다.

자외선 지수는 인간 피부에 변색을 일으키는 자외선의 세기에 선형적으로 비례한다. 자외선 지수가 0이면 자외선 복사가 전혀 없다는 의미이고 10이면 여름철 맑은 날 한낮의 태양빛이 지표면에 만드는 자외선 복사량에 해당한다. 자외선 지수가 높을수록 지면에 도달하는 자외선 복사량이 많아진다. 자외선 지수를 계산할 때는 태양 고도와 거리, 성층권 오존의 상태, 구름의 상태, 공기 오염, 지면의 고도 등을 모두 고려한 컴퓨터 모형이 활용된다고 한다.

고생물학자들은 자외선으로부터 보호되는 바닷속에서만 살던 생물들이 지상으로 진출할 수 있었던 시기는 광합성 작용에 의해 산소(O_2)가 지구 대기권의 주성분이 된 이후라고 보고 있다. 즉 성층권에서 산소가 분해되어 오존층이라는 '자외선 가리개'가 형성되고 나서야 생물들의 지상 생활이 시작되었을 것으로 추정하고 있다. 오존층이 만들어지지 않았다면 무심코 지상으로 올라온 생명체들은 자외선의 공격에 속수무책으로 당할 수밖에 없었을 것이다. 재미있게도 성층권에서 산소 분자를 분해해 오존으로 변환시켜 지상을 자외선의 습격으로부터 보호한 것도 바로 자외선이다. 오존층이 없었다면 생명체의 육상 진출이 힘들었을 터, 이를 만들어 낸 자외선이야말로 지구상의 생명체 번성과 인류 출현의 일등공신이라 할 수 있겠다.

자외선은 가시광선보다 파장이 짧고 에너지가 강해 각종 화학 작용이나 살균 작용을 일으킨다. 대표적인 사례가 바로 식당에서 컵을 살균하는 데 사용되는 자외선 살균기다. 살균기 위에 달려 있는 살균용 전등에는 수은(Hg)이 들어 있다. 수은이 포함된 방전 기체에 전압을 인가해 약한 플라스마를 만들면 에너지를 받는 수은 원자들은 254나노미터 파장의 자외선을 방출하고 이 자외선이 컵에 남아 있는 각종 미생물, 곰팡이, 세균을 제거한다.

살균기 내에 자외선을 방출하는 수은등이 달려 있다는 이야기를 듣고서, "어? 그러면 사무실이나 거실의 천장에 달려 있는 형광등도 수은이 들어있다는데, 거기서도 자외선이 나오는 것 아냐?"라고 의문을 가지는 독자가 있을지도 모르겠다. 그러나 걱정할 필요는 전혀 없다. 일반 조명용 형광등에서 수은이 방출하는 자외선은 유리 내부 표면에 붙어 있는 형광체에 의해 가시광선으로 바뀐다. 게다가 가시광선으로 바뀌지 않는 여분의 자외선은 형광등의 유리가 흡수해 버린다. 따라서 거실에 앉아 TV를 보면서 자외선이 내리쬘까 걱정할 필요는 없다. 같은 맥락으로, 자외선이 인체 내에서 비타민 D를 만든다고 거실이나 사무실의 유리창에 기대어 햇빛을 쪼이면 효과는 전혀 없다. 유리는 비타민 D를 만드는 UV-B를 흡수해 버리기 때문이다.

자외선은 체내에 비타민 D의 합성을 유도하기도 하지만 피부색을 바꾸기도 한다. 우리 피부가 자외선을 흡수하면 그에 반응해 멜라닌 색소를 만들어 차단막을 형성하면서 구리색 피부를 만들어 낸다. 이러한 과정을 응용한 것이 자외선 램프를 달아서 피부를 태우는 인공 선탠(suntan)이다. 모든 일이 그렇듯이 무엇이든 지나치면 문제가 발생할 수 있다. 자외선을 과도하게 쬐면 피부에 축적된 멜라닌 색소가 피부암의 원인이 되는 악성 종양인 흑색종으로 발전할지도 모른다.

이런저런 이유로 자외선은 늦은 봄부터 초가을까지 항상 기피 대상이 되지만 사실 자외선이 인간의 생활과 기술 혁명에서 해 온 중요한 역할은 아무리 강조해도 지나치지 않는다. 형광등은 내부 방전 기체에서 자외선을 먼저 만들고 이를 가시광으로 바꾼다. 살균력이 강한 UV-C를 방출하는 수은등은 각종 살균기나 정수장에서 폭넓게 활용된다. 반도체 공장에서 좁은 선폭을 구현하는 생산 공정에도 자외선 광원은 필수적이다. 최근 반도체 회사들은 파장이 13.5나노미터에 불과한 극자외선(EUV)에 기반한 노광 장비를 이용해 반도체 회로의 선폭을 수 나노미터 수준으로 줄이고 있다.

자외선 덕분에 새로운 예술 문화가 창조되기도 한다. 세계적인 관광 도시인 체코 프라하의 볼거리 중 하나로 마임극 「블랙 시어터」가 있다. 배우들이 특수한 형광 안료로 화장을 하거나 이 안료가 발린 의상을 입고 무대에 서면 블랙 라이트라는 특수 조명이 켜진다. 블랙 라이트는 이름 그대로 사람의 눈에 보이지 않는 빛인 자외선을 방출한다. 이 자외선은 얼굴이나 의상에 묻어 있는 형광 안료에 입사해 가시광선으로 바뀌며 온갖 현란한 색깔을 연출해 낸다. 블랙 라이트에서 나오는 자외선 때문에 공연 관람이 꺼려진다면 기우에 불과하다. 블랙 라이트에서 나오는 자외선 양이란 인체에 영향이 없는 매우 작은 양일 뿐만 아니라 파장이 비교적 긴 자외선이기 때문이다.

편광 선글라스와 브루스터 각

햇빛이 강해지는 늦봄에서 초가을까지는 눈을 보호해야 하는 시기다. 특히 운전을 하거나 해변가에서 물놀이를 즐길 때, 도로나 수면에서 비스듬히 반사되는 강한 빛은 눈에 불쾌감을 준다. 태양빛 속에 포함된 자외선을 오래 쬐면 백내장 등의 안질환에 걸릴 가능성이 높아진다고 한다. 하지만 자외선은 피부에서 비타민 D를 합성하는 긍정적 역할도 있는 만큼 실내에서만 지낼 수는 없는 법, 야외에서는 눈을 보호하는 선글라스를 사용하는 것도 강한 빛의 불쾌감을 줄이는 한 방법이다.

선글라스에는 렌즈에 색소를 넣어 투과되는 빛의 세기를 줄이는 종류도 있고 자외선을 반사 혹은 흡수하는 코팅을 입혀 400나노미터 파장 이하의 전자기파를 차단하는 제품도 있다. 최근에는 자외선뿐 아니라 가시광선 내 단파장 영역의 청색 빛을 차단하는 선글라스도 구할 수 있다. 그렇지만 도로나 물가에서 눈에 들어오는 강한 반사광을 차단하는 목적에는 편광 선글라스가 가장 효율적이다. 여기에는 빛의 파동으로서의 성질인 편광(polarization)이 관련되어 있다.

전자기파의 일종인 빛은 횡파로서 빛의 진행 방향에 대해 수직인 방향으로 전기장과 자기장 성분이 발맞추어 함께 진동한다. 이때 전기장의 진동 방향 혹은 진동 방식에 의해 편광이 정의된다.[7] 특히 전기장이 선의 형태를 그리며 진동하는 편광을 선형 편광이라 부른다. 태양이나 조명은 일반적으로 모든 방향으로 진동하는 편광이 무작위적으로 섞여 있는 빛을 보내는데 이를 무편광된 빛이라 부른다. 반면 레이저 빔은 특정 방향으로 진동하는 전기장 성분을 가진 편광된 빛이다.

흥미로운 현상은 이 무편광 빛이 굴절률이 다른 두 매질이 만나는 매끈한 표면에 부딪힐 때 발생한다. 해변의 모래사장에서 바다를 바라본다고 하자. 저 멀리 작열하는 태양 빛이 바다에 비스듬히 부딪히며 반사되어 눈에 들어오고 있다. 내가 바라보는 시선 방향으로 다가

오는 무편광된 햇빛의 편광은 바다의 표면에 대해 수평인 성분과 대략적으로 수직인 성분으로 나누어 생각할 수 있다. 즉 무작위적으로 진동하는 햇빛의 편광을 수직으로 진동하는 성분과 수평으로 진동하는 성분의 합 혹은 중첩으로 간주하는 것이다.

맥스웰이 정리한 전자기 이론에 따르면 매끈한 표면에서 빛의 평균 반사율은 반사되는 각도가 커질수록, 즉 반사광이 표면에 가깝게 더 비스듬히 누울수록 증가한다. 조명등 아래 비닐 코팅으로 덮인 책을 놓고 눈의 각도를 달리해 보면 표면을 더 비스듬히 바라볼수록 조명빛이 강해지는 것을 쉽게 알 수 있다. 재미있는 것은 수평 편광의 빛과 수직 편광의 빛이 표면에서 반사되는 정도가 다르다는 것이다. 특히 수직 편광된 빛의 경우 특정 입사각에서 반사가 전혀 되지 않는 현상이 발생한다. 이 입사각을 브루스터 각(Brewster's angle)이라 부른다.[8]

빛이 매질과 매질 사이에서 반사되고 굴절되는 현상은 빛과 매질을 구성하는 원자들과의 상호 작용으로 발생한다. 빛의 진동하는 전기장이 원자에 입사되면 원자핵을 도는 가벼운 전자가 전기장에 반응해 진동을 한다. 전자처럼 전하를 띠고 있는 입자가 진동을 하면 주변으로 이차파에 해당하는 전자기파를 방출한다. 이때 전자가 진동하는 방향을 따라서는 전자기파가 방출되지 않고 진동 방향에 수직인 방향으로 가장 강한 전자기파가 방출된다. 비유하자면 지구의 남북 방향으로 진동하는 전자는 남극이나 북극으로는 전자기파를 보내지 않고 적도 방향으로 집중적으로 발산한다. 따라서 수평으로

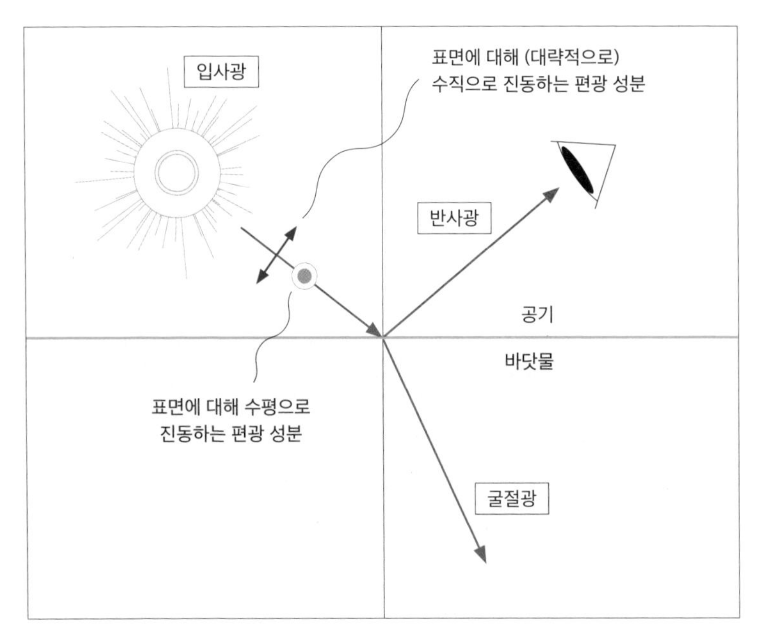

편광 그래프 설명.

진동하는(우리가 보면 좌우로 진동하는) 전기장에 흔들리는 전자는 시선 방향으로 빛을 많이 보내지만 수직에 가까운 편광은 전자를 주로 시선 방향으로 진동시키기 때문에 우리가 바라 보는 방향으로는 빛을 별로 보내지 못한다. 이것은 수직 편광된 빛의 시선 방향으로의 반사율이 매우 낮다는 것을 의미한다.

정리하자면 바닷물이나 도로의 표면에서 반사되어 눈에 들어오는 강한 빛은 주로 수평으로 진동하는 편광 성분을 많이 포함하고 있다. 따라서 수평의 편광 성분만을 차단하는 편광판[9]으로 선글라스를 만들면 강한 반사광을 차단해 불쾌감을 줄이며 눈도 보호할 수 있다. 강태공들의 경우 편광 선글라스를 껴서 반사광을 줄이면 물속의 물고기를 훨씬 더 선명히 볼 수 있다. 브루스터 각에 기반한 광학 소자들은 다양한 분야에서 응용되고 있다. 레이저의 경우 특정 편광 성분의 빛을 100퍼센트 통과시키기 위해 브루스터 각으로 기울어진 유리를 이용한다.

빛과 물질의 상호 작용은 하늘에서 오는 푸른 빛들도 편광시킨다. 햇빛이 대기를 통과하며 상공의 공기 분자들을 전기장으로 진동시키면 전자들이 이에 발맞춰 흔들리면서 입사된 빛과 동일한 색깔의 빛을 사방으로 퍼뜨린다. 이를 빛의 레일리 산란(Rayleigh scattering)이라 한다. 그런데 공기 분자처럼 작은 입자의 경우 가시광선의 다양한 색깔 중 파장이 짧은 파란색이나 보라색을 훨씬 더 강하게 산란시킨다. 이 레일리 산란에 의해서 강하게 산란되는 파란 빛이 우리 눈에 주로 들어오기 때문에 청명한 날씨의 대기는 파란색으로 보이는 것이다.

이제 눈앞에서 햇빛이 대기를 가로지르는 상황을 상상해 보자. 햇빛이 왼쪽에서 오른쪽으로 공기 분자들을 산란시키며 지나갈 때 횡파인 빛의 무편광 상태는 수직 편광과 수평 편광으로 나누어 볼 수 있다. 여기서 수평 편광의 진동 방향은 빛이 진행하는 좌우 방향이 아니라 그에 직각인, 즉 이 지면으로 설명하자면 지면에 수직인 시선 방향을 의미한다. 공기 분자의 원자핵을 도는 전자를 수직으로 진동시키는 수직 편광은 우리의 시선 방향으로 산란광을 많이 보내지만 수평 편광에 의해 시선 방향을 따라 진동하는 전자는 산란광을 많이 보내지 못한다. 따라서 깨끗한 대기에서 눈으로 들어오는 파란색 빛은 주로 수직으로 편광된 빛이다. 이때 수직 편광을 주로 통과시키는 선글라스를 끼고 있으면 밝은 파란색 하늘을 그대로 볼 수 있지만 선글라스를 90도 돌리면 하늘이 어둡게 보이는 것을 확인할 수 있다. 사진 작가들은 사진기 앞에 선형 편광자를 낀 후에 편광자의 투과축을 돌려 파란 하늘의 색감과 밝기를 조절하며 풍경 사진을 촬영하곤 한다.

무편광된 빛이 지배하는 일상 생활에서 빛의 반사는 약간이라도 편광된 빛을 만들어 낸다. 자외선이 강해지는 시기에는 눈에 보이지도 않고 느낄 수도 없지만 물질과 빛의 상호 작용으로 만들어지는 편광의 장단에 잘 적응하며 대처해야 한다. 그래야 눈을 오랫동안 건강히 보호할 수 있기 때문이다.

3장
빛을 보는 법

눈의 구조와 시각

사람이 가지고 있는 오감(시각, 후각, 청각, 촉각, 미각) 중에서 가장 중요한 감각을 꼽으라고 한다면 대부분의 사람들은 시각(視覺)을 꼽을 것이다. 그만큼 볼 수 있는 능력은 일상에서 가장 중요한 역할을 담당하는 감각이다. 사람이 감각 기관을 통해서 획득하는 정보의 80퍼센트 이상이 시각을 통해서 얻어진다고 한다. 이런 이유로 인해 시각은 예로부터 많은 과학자들과 철학자들의 관심과 사색의 대상이 되어 왔다.

과연 본다는 것은 무엇인가? 사물을 보고 인지하는 과정을 신체의 생리적 측면을 중심으로 추적해 보자. 시각의 출발점은 사물들의 표면에서 반사되어 우리 눈에 들어오는 가시광선이다. 태양광이나 조명등에서 출발한 빛의 스펙트럼은 사물에 부딪혀 일부가 흡수되며 변조되고 나머지 부분이 반사되어 눈에 들어온다.

눈에 들어온 빛이 우선 만나는 것은 각막이다. 각막은 흔히 눈을 보호하는 가장 바깥 조직이면서 동시에 빛을 모아서 망막에 맺히도록 굴절시키는 렌즈의 역할도 한다. 각막을 지난 빛은 홍채에 둘러싸인 눈동자(동공)를 통과하고 수정체를 지나간다. 홍채는 매우 유연하게 수축되거나 확장될 수 있는데 이 움직임에 의해 눈동자의 크기가 바뀌면서 눈에 들어오는 빛의 양이 조절된다. 밝은 환경에서는 눈동자의 지름이 약 3.5밀리미터로 줄어들지만, 컴컴한 방안에서는 8밀리미터까지 확장되어 최대한 많은 빛을 받아들일 준비를 한다. 인종에 따라 다른 눈의 색깔은 바로 홍채의 색에 의해서 결정된다.

홍채 바로 뒤에 렌즈 모양을 한 수정체는 모양체라는 강한 근육에 의해 형태가 바뀌면서 각막에 의해서 굴절된 빛의 초점을 미세하게 조정해 우리가 보는 대상이 망막 위에 정확히 맺히도록 한다. 이 수정체의 유연성에 의해 먼 곳의 사물과 가까운 곳의 사물을 모두 볼 수 있는 것이다. 만약 나이가 들거나 다른 환경적 요인에 의해 수정체의 모양을 변화시키는 눈의 근력이 떨어지면 바라보는 대상의 초점을 망막 위에 정확히 형성시키지 못한다. 그래서 흔히 원시나 근시라고 부르는 현상이 나타나고 안경이나 콘택트 렌즈의 도움을 받아 조절하는 것이다.

상이 맺히는 망막은 카메라로 비유하자면 필름[1]에 해당하는 부분으로써, 빛을 감지하는 시각세포가 분포해 있어서 입사되는 빛을 전기적인 신호로 바꾼다. 시각세포는 세포의 모양에 따라 원추세포

(cone cell)와 막대세포(rod cell)[2]로 나뉜다. 한낮의 밝은 환경 아래에서는 원추세포가 활동하고 한밤중처럼 어두운 환경에서는 빛에 훨씬 더 민감한 막대세포가 원추세포를 대신해서 빛을 감지한다.[3] 막대세포는 한 종류인데 빛의 밝기만을 감지하는 세포로서 희미한 빛의 명암만을 구별한다. 반면에 원추세포는 색상과 밝기를 동시에 느낄 수 있도록 세 종류로 구성되어 있다. 막대세포와 원추세포가 감지할 수 있는 빛의 세기의 범위는 매우 넓어서 밤하늘의 매우 희미한 별빛에서부터 (아주 짧은 시간 동안이지만) 대낮의 태양빛과 같이 매우 밝은 빛도 감지할 수 있다. 눈을 단일 감지기로 본다면 인간이 만든 어떤 인공적인 광검출기보다 더 뛰어난 성능을 나타내는 것이다.

빛을 감지한 시각세포에서 생성되는 전기적인 펄스 신호들은 시신경 섬유 다발을 거쳐 뇌로 전달된다. 뉴런으로 불리는 신경세포들은 끊임없이 점멸하는 전기적 신호를 뇌로 운반한다. 뇌에 전달된 전기적인 시각 정보는 뇌의 뒤에 있는 후두엽에서 처리되고 영상으로 전환된다. 후두엽의 대뇌피질인 시각피질에서 처리되고 형성된 영상 정보는 기억을 저장하는 장소인 해마에서 과거의 정보들과 비교되어 판단된 후 전체 대뇌 피질로 전달된다고 알려져 있다.

생리적 과정이 시각 능력을 다 설명하지는 못한다. 인간은 눈을 감고 있는 상태에서도 자신의 마음속에 시각을 만들어 낼 수 있기 때문이다. 꿈을 꿀 때 사람의 눈은 매우 활발히 움직인다는 사실도 같은 맥락에서 바라볼 수 있다. 어린 시절 백내장으로 시력을 잃은 50대 미국인 남성이 수술을 통해서 시력을 회복한 경우가 있다. 그는 생리적

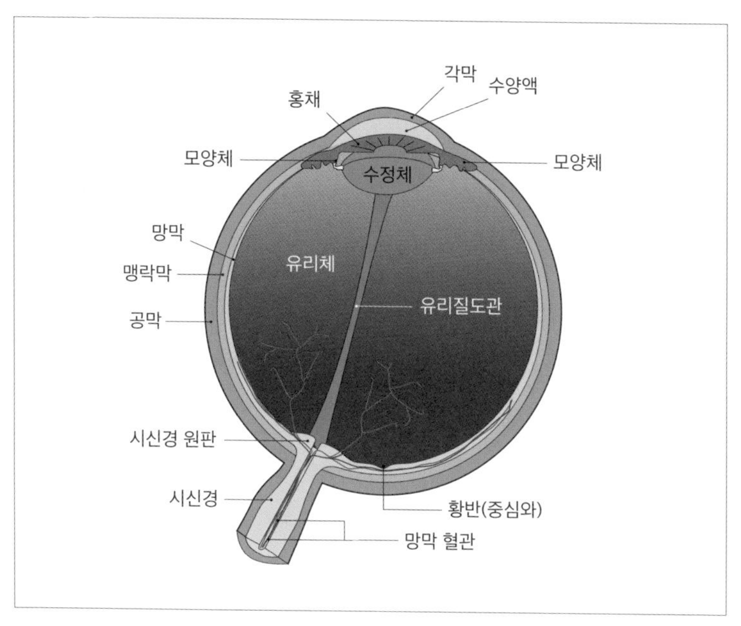

눈의 내부 구조.

으로 볼 수 있는 능력은 회복했지만 자신이 본 것을 도저히 이해할 수 없었다고 한다. 즉 거리를 가늠할 수도 없었고 자신이 본 사물들 사이의 공간적 관계도 판단할 수 없었다. 오직 손으로 사물들을 만져 보고 느낀 후에 그 사물들을 이해할 수 있었다.

결국 눈에서 뇌로 시각 정보가 전달되는 생리적 과정과 인간의 마음과 기억에 의해 가공되고 판단되는 과정은 서로 보완적인 과정으로서 인간의 시각 능력을 형성하는 두 기둥인 것 같다. 눈으로 보는 것과 마음으로 보는 것은 서로 떼려야 뗄 수 없는 과정이 아닐까?

달빛은 공평한가

"오 문, 마이 문, 가지려는 게 아냐, 네가 나에게 이리 눈부신 건, 내가 너무나 짙은 밤이기 때문인 걸." 인기 드라마 주제곡 「디어문」의 작사가는 달빛이 공평하다는 생각을 하며 노랫말을 지었다고 했다. 달빛은 밝을 때보다 어두울 때 더 잘 보이는 빛이고 어두운 곳에서도 구석구석까지 받을 수 있어 공평한 빛이라고 생각했다는 것이다. 달빛은 정말 공평한가? 시적 감성으로 탄생한 아름다운 가사에 과학의 잣대를 들이대는 것만큼 어리석은 일은 없을 것이다. 그래도 이런 노랫말을 배태할 정도의 감수성에는 정직한 관찰력도 함께였을 것 같다는 생각이 들었다.

사람의 눈은 놀랄 정도로 뛰어난 능력을 가진 빛 감지기다. 칠흑같이 어두운 밤의 희미한 별빛에서부터 (순간적으로) 밝은 태양빛까지 감지할 수 있는 도구가 바로 인간의 눈이다. 인간이 인지할 수 있는 가장 희미한 빛과 순간적으로 인지할 수 있는 가장 밝은 빛 사이의 밝기는 1:1조(1:10^{12}) 정도로 차이가 난다.[4] 인간의 눈이 손상을 입지 않으면서 연속적으로 볼 수 있는 최대 밝기[5]와 비교해 봐도 1:1000만(1:10^{7}) 정도로 변하는 밝기를 인지할 수 있는 것이다.

물론 한 순간에 이 정도로 큰 폭으로 변하는 밝기를 모두 지각할 수는 없다. 어떤 조명 환경에 적응된 눈은 주변의 사물을 1:100 정도, 혹은 그보다 조금 더 넓은 영역의 밝기 단계로만 구분할 수 있다. 보이는 전경에서 구분할 수 있는 밝기 영역을 넘어서 더 밝은 장면은 그냥 밝음이고 이보다 더 어두운 곳도 그냥 어둠으로만 느낀다. 만약 그 상태보다 더 어둡거나 더 밝은 곳으로 이동하면 새로운 환경에 맞춰 눈이 다시 적응하면서 1:100 정도의 밝기 단계로 주변을 파악하고 인식한다. 이런 적응 과정을 단계적으로 거치면 어둠 속의 극히 희미한 물체로부터 밝은 대낮의 태양빛까지 인지할 수 있는 능력을 갖추게 된다.

깜깜한 방에서 갑자기 조명을 켜는 상황처럼 주변이 어두운 곳에서 갑자기 밝은 곳으로 변했을 때 눈은 잠깐 동안은 눈부심을 느끼지만 몇 초가 지나면 밝은 환경에 바로 적응한다. 이를 명순응(明順應)이라 한다. 반면에 밝은 운동장에서 놀다가 깜깜한 창고로 숨어 들어가는 경우처럼 갑자기 어두운 곳으로 들어갔을 때의 눈의 적응 과정, 즉 암순응(暗順應) 과정은 생각보다 복잡하다. 어두운 공간에 들어간 후 눈은 우선 밝은 환경에서 작동하던 원추세포를 사용해 어둠을 인지하려 한다. 5~10분간 지속되는 이 과정에서 원추세포의 감도는 계속 높아진다. 만약 해당 공간의 밝기가 원추세포의 최고 감도로도 인지하지 못할 정도로 어둡다면 그 다음에는 감도가 훨씬 높은 막대세포가 역할을 이어받는다. 어둠의 상태에 따라 막대세포는 30분~1시간 내에 암순응 과정을 거치며 어둠 속 사물을 판별할 정도로 감도를 높인다. 막대세포의 최대 감도에서 눈의 능력은 완벽한 어둠 속에서 20~25킬로미터 떨어진 곳에 놓인 촛불의 희미한 빛을 느낄 수 있을 정도라고 한다.

눈의 적응은 밝기에만 국한된 것은 아니다. 인간의 시각 체계는 색순응(色順應) 과정을 통해 주변의 지배적인 색상 환경에 적응할 수 있다. 즉 조명의 스펙트럼이 달라져 물체의 반사 스펙트럼의 변화가 심하더라도 실제 지각되는 물체의 색은 조명에 따라 큰 차이가 나지 않도록 적응한다는 것이다. 예를 들어 푸르스름한 느낌의 차가운 백색 조명 아래에서나 노란색을 띠는 따뜻한 조명 아래에서나 A4 용지는 거의 동일한 백색으로 보인다. 색순응 과정을 통해 다양한 조명 환경에서도 거의 일관되게 보이는 색상의 도움을 받아 물체를 구분할 수 있는 이런 특성을 색 항상성(color constancy)이라 부른다.[6]

달빛을 노래한 가사로 돌아가 보자. 달빛은 어두울 때 더 잘 보일까? 맞는 이야기다. 인간은 어둠 속에서 밝기의 변화를 더 잘 인지하는 능력을 타고났다. 아마 먼 과거에 깊은 어둠 속에서 움직이는 맹수들을 피하며 생존했던 환경이 키운 능력인지도 모르겠다. 10 정도의 밝기 속에서 1이나 2가 바뀌는 건 쉽게 인지할 수 있지만 동일한 변화를 1000 정도의 밝기 속에서 알아차리는 것은 쉽지 않은 일이다. 한낮에 하늘에 떠 있는 낮달은 의식적으로 찾아 봐야 하지만 어두운 밤하늘에서 달을 찾는 건 누워서 떡 먹기만큼 쉽다. 그런 달빛이 세상을 비출 때 도로나 지형을 따라 만들어지는 빛의 길은 어둠 속에서 선명히 보일 것이다. 눈의 이와 같은 비선형적 반응은 디스플레이의 설계에도 고려해야 할 중요한 요소로, 객관적 밝기와 눈의 반응성 사이의 관계를 고려한 보정 작업이 수행된다.

달빛은 공평한가? 태양빛은 지구 위 생명의 근원이다. 태초의 생명을 만들고 지금처럼 번창시킨 원동력이자 위대한 에너지의 보고다.

그러나 태양은 인간의 접근을 허용치 않을 정도로 힘이 센 존재였다. 인간의 주목을 허용하지 않을 정도로 밝은 존재였다. 세계의 대부분의 문화에 태양을 숭배하고 태양신을 섬기던 역사와 신화가 남아 있는 것은 매우 자연스럽다. 태양의 힘을 살짝 빌려 어둠을 구석구석 비추는 달빛은 우리의 먼 선조들에게는 사방이 깜깜한 한밤중에 의지해야만 하는 유일한 구원의 손길이었을 것이다. 그런 면에서 달빛은 분명 공평했을 것이고 지금도 공평하다.

우주가 내린 축복, 시각과 색상

사람의 눈은 오랜 시간에 걸쳐 이루어진 생물학적 진화의 산물이지만 눈이 우리에게 주는 놀라운 기능들을 살펴보면 흡사 우주의 진화가 인간에게 내린 가장 값진 선물처럼 느껴지기도 한다. 인간은 보는 대상의 세밀한 부분까지 볼 수 있고, 입체적으로 보며 대상의 움직임도 빠르게 감지할 수 있다. 그렇지만 무엇보다도 인간은 물체나 빛의 색깔을 매우 자세히 구별하면서 자연의 풍부한 색감을 느낄 수 있다. 이는 망막 상에 존재하는 시각세포 중 원추세포의 작용에 기인한 것이다.

개인에 따라 편차가 있지만 사람의 망막에는 대략 500만 개의 원추세포와 1억 개의 막대세포가 존재한다. 원추세포에는 세 종류가 있는데, 빛의 자극에 대해 각각 적색, 녹색, 청색 빛에 대해 높은 감도를 가진 적추체, 녹추체, 청추체[7]로 구분된다. 세 종류의 원추세포가 감지하는 정보를 근거로 뇌에서 매우 복잡한 정보 처리가 이루어지고, 그 결과로 사물의 색상이 인지되는 것으로 알려져 있다. 비록 눈에 들어오는 두 종류의 빛의 스펙트럼이 다르더라도 두 빛 모두 세 원추세포를 자극시키는 정도가 동일하다면 이 빛들은 우리에게 동일한 색으로 인식된다.[8] 빛의 삼원색(빨간색, 초록색, 파란색)을 혼합해서 다양한 색깔을 만드는 디스플레이의 혼색 원리도 같은 맥락으로 이해할 수 있다.

망막 상의 원추세포 중 하나 이상에 문제가 생기면 어떻게 될까? 빨간색, 초록색, 파란색 중 하나 이상의 색깔을 느끼지 못하게 된다. 흔히 색각 이상(색맹)이라 불리는 증상이다. 가장 흔한 색각 이상은 빨간색을 보지 못하는 적색각 이상과 초록색을 인식하지 못하는 초록색각 이상으로서, 전자의 경우에는 빨간색과 초록색을 구분할 수 없고 후자의 경우에는 초록색을 인식할 수가 없다. 색각 이상을 일으키는 유전자는 X 염색체에 존재하는 열성 유전자다. 따라서 남성의 경우는 XY 염색체 중 하나뿐인 X에 문제가 생기면 색각 이상을 일으키지만, 여성의 경우는 XX 염색체 중 하나만 정상이어도 색각 이상을 느끼지 않는다. 이 때문에 남성에게서 여성보다 더 높은 비율로 색각 이상이 나타나는데 우리나라의 경우 남성의 약 6퍼센트, 여성의 약 0.4퍼센트가 적록 색각 이상을 가지고 있다고 한다.

매우 드물기는 하지만 세 가지 원추세포에 모두 문제가 생겨서 색깔 자체를 인식하지 못하는 전(全)색각 이상의 경우도 전체 인구의 0.003퍼센트 정도에서 발생한다고 한다. 흑백 TV의 화면처럼 명암의

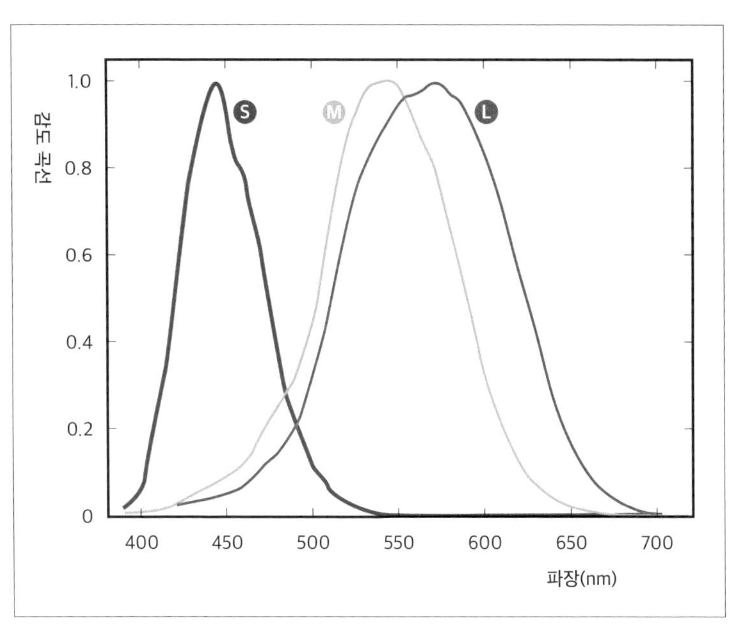

적추체(L), 녹추체(M), 청추체(S)의 파장에 따른 감도 곡선.

구분만 존재하는 회색 톤의 세상이 어떤 세상일지 궁금하다면 빛이 매우 희미한 밤을 떠올려 보기 바란다. 원추세포는 빛의 세기가 매우 약한 환경에서는 작동하지 않기 때문에 한밤중에는 감도가 훨씬 좋은 막대세포가 작동해 시각의 역할을 떠맡게 된다. 막대세포는 원추세포와는 달리 오직 빛의 밝기만을 느끼는 한 종류의 세포로 구성되어 있다. 따라서 야간의 세상에서는 색깔의 구분이 매우 희미해지거나 오직 흑백의 세상으로만 보인다.

사람과 달리 포유동물들은 원추세포의 종류가 두 종류에 불과해 일부 영장류를 제외하면 색깔을 제대로 구분하지 못한다. 흔히 투우

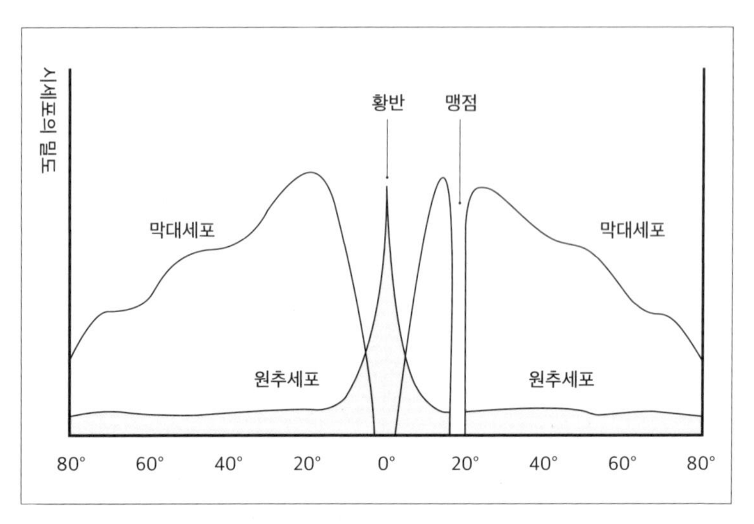

망막 상 원추세포 및 막대세포의 분포. 황반이 놓인 곳의 위치는 0도이고 황반에서 멀어질수록 각도가 커진다.

경기에서 사용되는 붉은 천은 황소를 흥분시키기 위한 것으로 잘못 알려져 있지만, 황소는 색깔을 구분하지 못하기 때문에 흰색 천을 사용해도 황소를 자극시킬 수 있다. 천의 색깔을 빨간색으로 선택한 것은 황소보다는 투우 경기를 관람하는 사람들을 흥분시키는 것이 주목적이다.

동물들이 감지하는 빛의 파장 영역은 사람이 볼 수 있는 가시광선과는 다른 경우가 많다. 바퀴벌레를 포함하는 많은 곤충들은 붉은색 파장 대역을 보지 못한다. 그래서 붉은 등을 켜 놓으면 바퀴벌레는 빛이 전혀 없는 암흑 상태와 동일하다고 느끼며 스멀스멀 기어 나와서 방안을 돌아다닌다. 꿀벌을 비롯한 몇몇 곤충들과 조류는 사람이 보지 못하는 자외선을 볼 수 있다. 화려한 색깔로 치장된 꽃들 중에는 꽃잎 위에 꿀이 들어있는 중심부가 잘 인지되도록 자외선을 반사하는 띠가 형성되어 있는 종류들이 있다. 자외선을 볼 수 있는 곤충들을 유혹해 꿀을 먹이고 꽃가루를 묻히기 위한 일종의 표시등인 것이다.

지구상의 무수히 많은 생명체 중 시각 능력의 면에서 일등을 꼽으라면 어떤 생명체를 들 수 있을까? 아마도 갯가재라 불리는 바다 생물일 것이다. 갯가재는 종류에 따라 시각세포를 12~16종류나 가지고 있어서 적외선에서 자외선을 포함하는 넓은 대역의 전자기파를 감지할 수 있다. 게다가 빛의 편광 상태까지 구분할 수 있는 능력도 있다고 한다. 이런 능력은 아마도 매우 다양한 색으로 아름답게 치장된 짝을 고르기 위한 진화의 산물일 것이다. 진화의 맥락에서 시각의 원리를 이해하는 일은 아직도 현재 진행형이다.

눈의 특이점, 황반과 맹점

우리가 물체를 볼 때는 보는 대상에 눈의 초점을 맞춘다. 이 경우 바라보는 대상의 상은 망막 위 특정 위치에 맺히는데 이 영역을 황반(fovea) 혹은 중심와라 부른다. 사람은 눈의 초점을 맞춰 바라보는 영역에 대해서는 매우 세밀한 부분까지 구분해 내는 능력이 있다. 그렇지만 주시하는 부분을 제외한 나머지 영역에 대해서 우리 눈은 상당히 둔감한 편이다. 책을 읽고 있는 상황을 고려해 보자. 여러분이 응시하는 작은 면적에 놓인 글자나 기호는 아무리 작고 복잡하더라도 읽는 데 거의 문제가 없다. 그렇지만 눈의 초점을 한곳에 고정시킨 상태에서 주변의 영역을 의식해 보면 글자들이 있다는 점은 인지하지만 개개의 글자들이 무엇인지는 구분할 수 없다.

이런 사실은 망막 상에 퍼져 있는 시각세포의 분균일한 분포에 기인한다. 밝은 환경에서 작동하는 원추세포는 시야의 중심에 대응되는 망막 위 황반에 집중적으로 모여 있다. 지름이 1밀리미터 정도인 황반에서 멀어질수록 원추세포의 숫자는 급격히 줄어든다. 눈이 초점을 맞춰 보는 대상의 이미지는 원추세포의 밀도가 높고 따라서 세밀한 구분이 가능한 이 황반 위에 맺힌다. 따라서 우리는 오직 시야의 중심에 들어오는, 그래서 황반 위에 맺히는 이미지만을 자세히 분별해 낼 수 있는 것이다.

어두운 곳에서 희미한 빛을 인식하는 막대세포의 분포는 원추세포와는 사뭇 다르다. 원추세포보다 숫자가 훨씬 많은 막대세포는 황반에는 존재하지 않고 황반 주위에 퍼져 있다. 따라서 한밤중에 매우 희미한 물체를 볼 때, 그 물체를 직접 주시해 보면 잘 보이지 않는다. 물체의 상이 맺히는 곳에는 희미한 빛을 느끼는 막대세포가 없기 때문이다. 그곳에 조밀하게 모여 있는 원추세포는 매우 희미한 빛은 느끼지 못한다. 이러한 경험적 사실은 오래전부터 천문학자들에게 잘 알려져 있었다. 밤하늘에 어두운 별을 관찰할 때 별을 직접 쳐다보면 막대세포가 거의 없는 황반에 별의 이미지가 맺혀 이를 제대로 인식할 수가 없다. 밤에 어두운 별을 잘 보려면 그것을 직접 겨냥해 보지 않고 곁눈질로 보는 것이 중요하다. 황반 주위에 퍼져 있는 막대세포를 이용해야 하기 때문이다. 원추세포와는 다르게 망막에 전체적으로 고르게 퍼져 있는 막대세포는 어둠 속에서 희미하게 움직이는 물체나 동물을 감지하는 데 탁월한 능력을 발휘한다. 이는 과거 오랜 시간 동안 한밤중에 측면에서 몰래 다가오는 맹수들의 습격을 피해야 했던 상황에서 발달한 진화의 산물일 것이다.

망막에 존재하는 또 다른 특이점으로 맹점(盲點, blind spot)이 있다. 흔히 이 단어는 주의가 미치지 못하여 모르고 지나치기 쉬운 잘못된 점을 뜻하는데, 실제 망막 상에 존재하는 특정 부위를 가리키는 말이기도 하다. 망막의 시각세포들이 감지한 신호를 실어 나르는 시신경들이 모여서 빠져나와 뇌를 향하는 이곳에는 어떠한 시각세포도 존재하지 않는다. 따라서 이곳에 사물의 이미지가 맺히면 그것을 인식할 수가 없다. 이런 맥락에서 이곳을 맹점이라 부르는 것이다.

간단한 테스트를 통해서 맹점의 존재를 쉽게 느낄 수가 있다. 검정색 십자와 회색 원이 그려져 있는 그림을 보자. 오른쪽 눈을 손으로 가리고 오른쪽의 십자에 왼쪽 눈의 초점을 맞춘 후, 지면과 눈과의 거리를 조절해 보자. 그럼 특정 거리에서 왼쪽의 회색 원이 사라지는 때가 있다. 이때가 바로 왼쪽 원의 이미지가 왼쪽 눈의 맹점에 맺히는 순간이다. 그곳에는 시각세포가 없으므로 우리는 회색 원을 볼 수 없게 된다.

카메라의 필름 위 어딘가에 문제가 생기면 그 필름으로 인화한 사진의 동일한 위치에 문제가 발생하는 것처럼, 망막 상에 맹점이 있다면 우리가 보는 이미지 위에 아무 것도 보이지 않는 점이 존재해야 하지 않을까? 그렇지만 우리가 바라보고 느끼는 이미지에는 그러한 결점이 없는 것 같다. 왜 그럴까? 여기에는 뇌의 인지 작용이 중요한 역할을 하는 것으로 알려져 있다. 뇌는 시야에 들어오는 정보, 특히 맹점 주위의 정보를 이용해서 맹점의 영역에 있어야 할 이미지를 스스로 만들어서 채운다. 위에서 했던 테스트를 떠올려보자. 왼쪽 원이 보이지 않을 때, 점 주위의 흰색 여백이 회색 원의 위치로까지 확장되는 것처럼 느껴지지 않는가?

수술복이 청록색인 이유는?

사람은 보통 말로 듣는 것보다는 눈으로 직접 본 것을 신뢰하는 경향이 있다. 그만큼 시각으로 받아들인 정보는 확실하다고 느끼는 것 같다. 하지만 상황이나 조건에 따라서 눈은 우리에게 왜곡된 정보를 주기도 한다. 방향이 반대인 두 화살표 사이에 가로로 선분이 놓여 있다. 어느 선분의 길이가 더 길게 보일까? 자로 길이를 재 보면 동일한 길이를 가진 선분에 화살표의 방향만 다르게 표시했다는 것을 바로 알 수 있다. 길이는 똑같지만 화살표의 방향으로 인해 아래 선분의 길이가 더 길어 보인다.

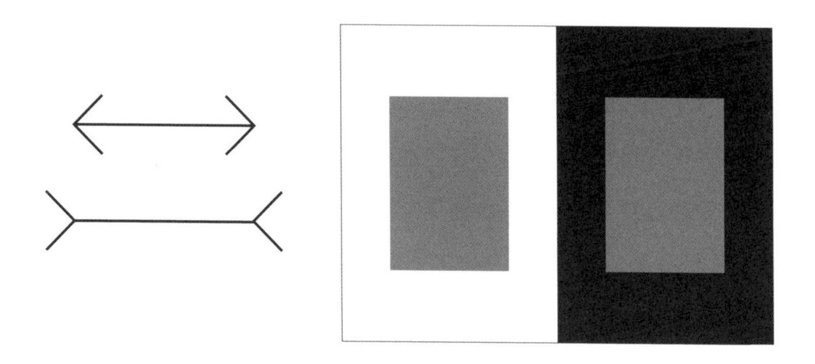

밝기가 동일한 회색 네모를 하얀색 배경과 검정색 배경 위에 놓아 둔 그림의 경우 정확히 동일한 밝기의 회색이지만 검정색으로 둘러싸이면 상대적으로 더 밝아 보인다. 이처럼 주위 배경이나 조건에 의해 일어나는 착시 현상은 시각이 전달하는 정보가 100퍼센트 정확하지는 않다는 것을 보여 주는 예다. 오랜 시간의 진화 과정에서 먹이를 찾거나 맹수를 피하면서 대상을 주위와 차별화해서 보려는 습성이 인지 과정에 내재화되어 다양한 착시 현상이 나타나는 것은 아닌가 생각된다.

착시 현상과 비슷하게 눈이 혼란을 느끼는 현상으로 색채 입체시(chromostereopsis)가 있다. 일반적으로는 두 눈이 보는 장면의 차이를 지각해 거리감을 느끼는 것을 입체시라 한다. 그런데 색채 입체시는 색상의 차이에 의해 발생한다. 하나의 색상을 가진 물체를 보면 물체의 상은 눈의 망막 위에 정확히 맺힌다. 그렇지만 파장이 매우 다른 두 색상, 가령 파란색과 빨간색을 띠는 두 물체를 동시에 쳐다볼 때는 두 색이 동시에 망막 위에 맺히지 않는다. 색깔이 다른 두 빛이 눈을 통과하면서 굴절되는 정도가 달라지는 색수차라는 특성 때문이다. 프리즘이 햇빛을 무지갯빛으로 나눌 수 있는 것도 햇빛을 구성하는 각 색깔들이 프리즘을 거치며 굴절되는 정도가 다르기 때문이다. 빨간색과 파란색의 두 빛이 눈의 각막과 수정체를 통과하면서 굴절되는 정도가 다르기 때문에 두 빛이 동시에 망막에 맺히지 못한다.

입체시를 확인하는 방법은 매우 간단하다. 컴퓨터 모니터 상에 파란색 바탕을 만들고 그 위에 빨간색 도형을 하나 그려 놓는다. 두 색 중 하나가 앞으로 튀어나와 있는 듯한 입체감을 느낄 수 있을 것이다. 빨간색 도형 주위에 굵은 검정 테두리를 둘러 주면 입체감이 더 명확해진다. 이것이 바로 색채 입체시 현상으로써, 두 색상이 망막에 동시에 맺히지 못하고 서로 다른 곳에 상이 맺히기 때문에 발생한다. 과거 중세 시대 일부 화가는 이를 이용해 미술 작품에 입체적 효과를 입히기도 했다.[9] 그렇지만 이런 그림을 오래 보면 눈과 뇌는 시야에 들어오는 전체 이미지의 초점을 맞추려는 노력을 끊임없이 수행하기 때문에 시각 체계에 상당한 스트레스가 주어진다.

눈이 만들어 내는 또 다른 착시의 예로 잔상(殘像) 현상을 들 수 있다. 빨간색을 계속 뚫어지게 쳐다보다가 갑자기 하얀 벽을 쳐다보면 옅은 청록색이 시야에 남는 잔상이 발생한다. 이런 잔상은 사람 눈의 망막에 존재하는 세 종류의 원추세포, 즉 각각 빨간색, 초록색,

파란색 빛의 자극에 가장 민감히 반응하는 적추체, 녹추체, 청추체의 존재와 작용에 의해 일어나는 현상이다. 빨간색을 계속 쳐다보게 되면 세 종류의 시각세포 중에서 빨간색에 반응하는 적추체가 계속 반응하면서 가장 열심히 일을 하는 셈이 된다. 따라서 적추체는 쉽게 피로해진 상태에서 활동성 혹은 반응성이 떨어지지만 녹추체와 청추체는 활동성이 저하되지 않아서 계속 민감하게 반응할 만반의 준비가 되어 있다. 이처럼 세 원추세포 사이의 균형이 깨져 있는 상태에서 갑자기 흰색 벽을 보게 되면 즉각 반응하지 못하는 적추체와는 다르게 별 문제 없이 흰색에 반응하는 녹추체와 청추체의 역할로 인해 백색으로 보여야 할 벽에 빨간색이 부족한 청록색 잔상이 인지되는 것이다.[10]

평상시에는 흰색 가운을 입고 진료를 하는 의사들이 수술할 때는 청록색 수술복으로 갈아 입는 이유도 잔상 효과를 고려한 것이다. 장시간의 수술 동안 계속 빨간색 피를 보아야 하는 상태에서 흰색 가운을 입고 수술에 임한다면 동료의 가운을 볼 때마다 빨간색의 보색인 청록색 잔상이 보이며 수술에 대한 집중력이 떨어질 수 있다. 반면 청록색 수술복을 입으면 수술 도중 청록색 잔상이 생길 여지가 아예 사라져서 장시간의 수술에도 집중력을 방해할 잔상 효과를 걱정할 필요가 없어지는 것이다. 자동차 정지등의 빨간색, 비상구를 표시하는 등의 초록색, 가로등의 황색과 같은 색상들이 특정한 용도를 위해 채택된 연원도 인간의 시각과 관련해 이해할 수 있다.

4장
태양빛과 자연의 교향곡

파란 바다와 전자 레인지

가슴이 탁 트이는 청량감을 안겨 주는 바다를 생각하면 떠오르는 색은 파란색이다. 그런데 막대한 양의 물의 집합체에 불과한 바다는 왜 파란색을 띨까? 수돗물을 유리컵에 받아 놓고 보면 투명하게 보이는 듯한데, 왜 대개 파란색, 푸른색, 혹은 에메랄드 빛으로 바다를 묘사하는 것일까?

우선 색이 무엇인지 되짚어볼 필요가 있다. 햇빛이나 형광등의 빛은 흰색이지만 이 가시광선 속에는 무지갯빛이 골고루 섞여 있다. 햇빛이 프리즘을 통과하며 굴절되어 무지갯빛으로 갈라진다는 사실은 누구나 다 기억을 할 것이다.[1] 이 흰색 빛은 물체의 표면에 부딪혀 일부가 흡수되고 나머지가 반사되면서 일상에서 느끼는 다양한 색깔을 만들어 낸다.

형광등 밑에 놓인 잘 익은 사과 하나를 바라보자. 형광등에서 나온 흰색 빛은 사과에서 반사되어 우리 눈에 들어온다. 사과 표면에 입사되는 빛은 분명히 흰색이지만 사과는 우리 눈에 빨간색으로 보인다. 사과 표면이 빨주노초파남보 중에서 주로 빨간색을 반사하고 나머지 색의 빛들은 흡수하기 때문이다. 병아리가 노란 이유도 마찬가지이다. 햇빛이 병아리의 깃털에 부딪히면 주로 파란색 계열의 빛이 흡수된다. 흡수되지 않고 반사되는 빨간빛과 초록빛이 섞여서 눈에 들어오면 우리는 노란색을 느낀다. 이런 방식으로 물체의 색이 결정되면 이것을 반사색이라 하고 이 과정을 감법 혼색이라 표현한다. 즉 백색의 조명광이 물체에 부딪혀 반사되는 과정에서 특정 색을 흡수해 빼 버림으로써 반사광의 색이 결정되는 것이다. 컬러 프린터를 이용해 흰색 종이에 색깔을 입히는 것이 감법 혼색의 대표적인 예다.

스테인드글라스의 아름다운 색깔도 비슷한 맥락에서 이해된다. 모래와 탄산석회, 탄산소다 등을 녹여 투명한 유리를 만드는 과정에서 첨가하는 금속 산화물의 종류에 따라 색유리의 색상이 달라진다. 이는 금속 산화물에 따라 색유리를 통과하는 백색광 중 흡수되는 색깔이 달라지기 때문이다. 투명한 유리에 코발트를 첨가하면 파란 색 유리가 만들어지는데, 그 이유는 햇빛이 이 유리를 통과하면서 주로 빨간색과 초록색 계열의 성분이 흡수되고 파란색 빛만 통과하기 때문이다. 이렇게 결정되는 색을 우리는 투과색이라 부르고 이 역시 감법 혼색의 한 예다. 물질이 어떤 색깔의 빛을 흡수하는가 하는 것은 그 물질을 구성하는 원자, 분자 및 이들이 결합되는 방법과 관련이 있다. 결합의 방식과 구조 및 대칭성이 해당 물질의 흡수 파장을 결정한다.

왜 바다가 파란 빛깔을 띠는 것일까? 물은 빨간색 계열의 빛을 약간 흡수하는 성질을 가지고 있다. 따라서 햇빛이 바다 표면에 입사되면 비교적 덜 흡수되는 파란색 계열의 빛이 수면 근처에서 더 많이 반사되어 우리 눈에 들어온다. 바다로 들어가도 마찬가지이다. 바다 밑에서 수면 쪽을 바라보면 물속으로 침투해 들어오는 햇빛 중 빨간색 성분이 조금 흡수되면서 바닷물이 다소 푸르스름하게 보인다. 깊이 들어갈수록 이 색깔은 더 진해질 것이다.

이제 물 분자(H_2O)들이 모여 있는 바다가 왜 빨간색 성분의 빛을 흡수하는지 알아볼 차례다. 물 분자는 산소(O) 원자 하나를 놓고 수소(H) 원자 2개가 약 104.5도의 각도로 결합된 구조를 가진다. 수소 원자와 산소 원자는 물 분자 내에서 서로 가까워지거나 멀어지면서 특정한 방식으로 끊임없이 진동하고 있다. 분자들의 진동 운동은 보통 빛의 특정 파장 대역을 흡수하는데, 바닷물을 이루는 물 분자들의 경우는 주로 장파장의 적외선과 빨간색 파장 대역의 일부를 흡수한다.

물 분자의 움직임을 직접 이용하는 경우도 있다. 음식을 데우는 전자 레인지다. 물 분자는 산소가 약간의 음전하를 띠고 두 수소 원자는 양전하를 띠는 극성 분자다. 양전하와 음전하의 중심이 분리되어 있는 극성 분자는 외부 전기장에 반응해 회전하는 성질을 가진다. 전자 레인지의 영어명은 마이크로파 오븐(microwave oven)인데 1초에 24

억 5000만 번 정도 전기장의 극성이 바뀌는 마이크로파를 음식에 쬐어 주기 때문에 붙은 이름이다. 그러면 음식 내 포함된 물 분자들이 마이크로파의 장단에 맞추어 끊임없이 방향을 바꾸고 회전하면서 음식을 구성하는 다른 분자들과 부딪힌다. 북적대는 파티장에서 춤추는 사람들이 서로 부딪히며 열을 내듯이, 물 분자의 격렬한 움직임은 마이크로파의 에너지를 흡수해 음식을 데우는 열 에너지로 변환한다.[2] 물기가 전혀 없는 유리컵이나 도자 그릇을 전자 레인지에 넣고 데우려 해도 거의 뜨거워지지 않는 이유가 여기에 있다.

광산란의 두 얼굴

맑은 가을날 눈부시게 푸른 하늘을 보며 그 속에 빠져들고 싶다는 느낌을 가져보지 않은 사람이 과연 있을까? 푸른 하늘은 고대로부터 인류에게 정서적인 공감뿐 아니라 호기심을 끊임없이 불러일으켜 왔다. 많은 과학자들이 맑은 하늘이 보여 주는 푸른색의 기원을 밝히려고 노력했는데, 레오나르도 다 빈치(Leonardo da Vinci, 1452~1519년)는 하늘에 떠 있는 작고 혼탁한 물체들이 파란색을 만들어 낸다고 설명했고 뉴턴은 빛의 반사와 굴절을 이용해 푸른 하늘을 설명하고자 했다. 푸른 하늘의 원인이 빛의 산란(散亂)이라는 사실은 19세기 말에 와서야 명확히 밝혀졌다.

어두운 방에서 손전등을 켠 후에 몇 미터 떨어져 있는 벽을 향해 빛을 쏴 보자. 빛이 지나가는 궤적이 우리 눈에 쉽게 확인된다. 벽을 향해 나아가는 빛이 방 안에서 떠돌아다니는 먼지들에 의해 산란되면서 사방으로 퍼지고 그중 일부가 우리 눈에 들어오는 것이다. 진공 상태인 우주 공간에서 손전등이나 레이저를 쏘면 먼지로 인한 빛의 산란이 없기 때문에 측면에서 빛의 궤적을 확인하는 건 불가능하다. 그래서 「스타워즈」 같은 공상 과학 영화에서 우주 공간을 날아다니는 레이저 빔이 측면에서 선명히 보이는 장면들은 물리학의 입장에서는 일어날 수 없는 현상이다.

백색인 태양광에는 빨주노초파남보의 무지갯빛 색깔 성분들이 골고루 섞여 있다. 하늘을 가로 질러 가는 태양광은 대기를 통과하면서 대기를 구성하는 다양한 성분들에 의해 산란되어 온갖 방향으로 퍼진다. 구름을 이루는 얼음 알갱이나 물방울처럼 부피가 상대적으로 큰 입자들, 즉 가시광선의 파장(380~780나노미터)에 비해 큰 입자들은 태양빛의 모든 색깔 성분을 비교적 고르게 산란시켜 퍼뜨린다. 그래서 구름을 통과하는 빛은 흰색을 유지하면서 사방으로 퍼져나간다. 아침 무렵 뿌연 대기를 만드는 안개, 화장품을 담는 불투명한 유리병이나 작은 공기방울을 잔뜩 품은 다공성 플라스틱 역시 동일한 원리로 빛을 색깔에 무관하게 골고루 퍼트리기 때문에 뿌연 흰색으로 보이는 것이다.

대기를 구성하는 성분에는 질소, 산소 등의 기체 분자와 매우 미세한 먼지처럼 빛의 파장보다 훨씬 작은 입자들도 있다. 19세기 말 영국의 과학자인 레일리(Lord Rayleigh, 1842~1919년)는 이런 작은 입자들이 일으키는 빛의 산란 과정을 연구하면서 파장이 짧은 파란색 빛이

카시니 탐사선이 찍은 토성의 북반구의 모습.

파장이 긴 붉은색 빛에 비해 훨씬 더 강하게 산란된다는 것을 이론적으로 보였다.[3] 예를 들어 기체 분자나 미세한 입자들은 파장이 450나노미터인 파란색을 600나노미터의 파장을 가진 붉은색보다 약 3.2배 더 많이 산란시킨다. 따라서 우리가 하늘을 바라보면 하늘의 대기를 가로지르는 태양광의 성분 중 대기에 의해 훨씬 더 많이 산란되고 사방으로 퍼지는 파란색 빛이 주로 눈에 들어오는 것이다. 이것이 맑은 하늘이 파랗게 보이는 현상에 대한 물리학의 설명이다.

대기가 없는 달에서 하늘은 어떻게 보일까? 달에는 공기가 없으므로 달의 상공을 가로질러 가는 태양광은 산란되지 않는다. 산란되어 눈에 들어오는 빛이 없으므로 하늘은 검은색으로 보일 것이다. 1969년 달 표면을 최초로 밟은 아폴로 11호의 대원들이 달에서 촬영했던 지구의 모습을 떠올려 보자. 달의 지평선 위로 떠오르는 지구를 담은 이 유명한 사진을 보면 지구 주위의 배경이 온통 검은색 하늘이라는 것을 알 수 있다.

아름다운 푸른색 하늘은 대기를 가진 지구만의 전유물일까? 그렇지는 않은 것 같다. 카시니 탐사선은 2005년에 토성의 북반구 대기에서 푸른 하늘을 촬영한 바 있다.[4] 토성 특유의 노란색 모습에 익숙해져 있던 과학자들에게 토성의 푸른 대기는 놀라움으로 다가왔다. 이 인상적인 장면은 토성의 구름층 위 높은 상공의 대기가 지구의 대기와 같이 파란색 빛을 더 많이 산란시켜 만든 것이다. 지구에서 푸른 하늘을 만드는 산소나 질소 같은 기체 분자 대신 토성에서는 수소 분자가 그 역할을 담당한다.

빛의 산란이 만들어 내는 푸른 하늘의 이란성 쌍둥이는 바로 붉은 노을이다. 태양의 고도가 낮아지는 일출이나 석양 무렵의 태양광은 상대적으로 두터운 대기층을 비스듬하게 통과하면서[5] 우리 눈에 들어온다. 두터운 대기층을 통과하는 동안 산란이 잘 되는 파란색 빛은 사방팔방으로 흩어지면서 빛의 세기가 상대적으로 낮아지고 산란이 잘 되지 않는 붉은색 계열의 빛이 살아남아 우리 눈에 직접 들어오는 것이다. 이로 인해 우리는 석양 무렵의 하늘이 연출하는 환상적인 노을 색을 감상할 수 있다. 전혀 다른 모습으로 다가오는 푸른 하늘과 붉은 노을이 빛의 산란이라는 동일한 원리로 연결되어 있다는 사실이 무척 흥미롭게 느껴진다.

지는 해는 정말 저기에 있는 걸까?

"새벽의 쨍한 차가운 공기, 꽃이 피기 전 부는 달큰한 바람, 해질 무렵 우러나는 노을의 냄새, 어느 하루 눈부시지 않은 날이 없었습니다."[6] 때로는 어느 하루를 눈부신 날로 만들고 때로는 "장엄하면서도 이쁘고, 이쁘면서도 슬프고, 슬프면서도 저리 고운"[7] 존재인 노을은 지구라는 행성이 우리에게 주는 최고의 선물 중 하나일 것이다. 힘든 시기에 팍팍한 삶에 지친 이를 다독여 주기도 하는 석양의 노을 속에서 우리는 인생을 관조하는 힘을 얻기도 한다.

지평선 혹은 수평선 너머로 막 넘어가려는 저 해는 정말 저기에 있는 것일까? 뚱딴지같은 질문일 수도 있지만 이 질문에는 해가 지려는 순간 그 해는 이미 져서 보이는 곳에 있지 않다는 답을 함축하고 있다. 이는 대기에 의한 빛의 굴절 때문이다. 빛이 꺾이는 굴절 현상은 보통 한 물질에 다른 물질로 빛이 비스듬히 입사할 때 발생한다. 공기에서 물이나 유리로 입사하는 빛이 꺾이는 현상이 대표적인 굴절 현상이다. 빛이 꺾이는 정도는 해당 매질의 성질을 나타내고 이는 굴절률이라는 특성으로 표현된다. 두 매질이 만나는 경계면에 수직인 선을 법선이라 했을 때 공기처럼 굴절률이 작은 매질에서 유리처럼 굴절률이 큰 매질로 들어가는 빛은 법선에 가까운 쪽으로 굴절된다.

빛은 공기를 지나갈 때에도 꺾일 수 있다. 공기의 굴절률은 약 1.0003이지만 온도와 압력에 따라 미세하게 바뀐다. 별빛이 반짝거리는 이유도 공기의 요동과 난기류에 따라 공기의 밀도와 굴절률이 수시로 미세하게 바뀌기 때문이다. 특히 대기 중 온도 편차가 심하고 공기의 요동이 심할수록 별빛의 반짝거림은 더 심해진다. 한여름 이글거리는 아스팔트 위의 열기를 통해 보는 풍경이 이지러져 보이는 것도 같은 현상이다. 거대 망원경을 운영하는 천문대에서는 대기의 흔들림으로 별이나 은하의 상이 흐려지는 현상을 방지하기 위해 흔들림을 보정하는 정밀한 광학계를 운영해 깨끗한 상을 얻는 경우가 많다.

대기의 굴절률은 공기의 밀도에 비례한다. 공기의 밀도는 지표면이 가장 높고 고도가 높아질수록 낮아지기 때문에 공기의 굴절률 역시 지표면에서 가장 크고 위로 올라갈수록 줄어든다. 대기에 의한 빛의 굴절 현상이 가장 뚜렷이 일어나는 때는 대기 중 빛의 통과가 가

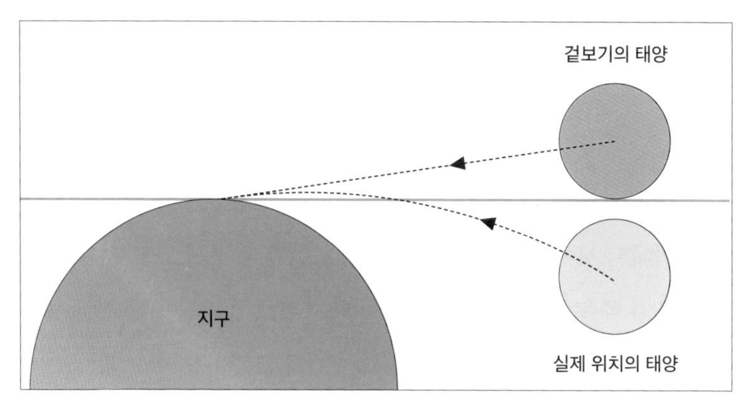

지구의 대기에 의한 햇빛의 굴절을 과장해서 보여 주는 도식.

장 긴 일출이나 석양 무렵이다. 석양 무렵 햇빛이 지구의 대기를 통과하는 과정을 추적해 보자.

지구 대기권에 진입한 햇빛은 처음에는 굴절률이 작은 상층부의 공기를 통과하다가 내려올수록 굴절률이 점점 커지는 지표면으로 휘게 된다. 석양을 구경하는 사람의 눈에는 이처럼 대기에 의해 굴절되어 방향이 꺾인 빛이 들어간다. 그렇지만 사람은 항상 빛이 직진해 들어온다고 느끼기 때문에 눈에 들어오는 빛의 방향을 직선으로 연장한 곳에 해가 있는 것으로 느낀다. 즉 해의 겉보기 위치는 항상 해의 실제 위치보다 더 위에 보인다. 해의 지름에 해당하는 시야각이 30분(0.5도)인데 비해 해가 질 무렵 햇빛이 가장 긴 대기층을 통과하면서 굴절되는 각도는 약 39분이다. 이 사실은 우리 눈에 해의 아래쪽 끝이 지평선 혹은 수평선에 닿는 순간 해는 이미 그 아래 들어가 보이지 않는 곳에 있다는 것을 의미한다. 게다가 해의 위에서 출발한 빛보다 아래에서 출발한 빛이 굴절되는 정도가 더 심하고 이에 따라 해의 아랫부분의 위치를 상대적으로 더 위로 끌어올리기 때문에 석양 무렵 해의 모양은 좌우로 더 퍼져 보이는 타원 형상을 나타낸다.

대기의 굴절 현상이 만드는 또 하나의 착시 현상은 뜨거운 도로나 사막 위에서 보이는 신기루 현상이다. 뜨겁게 달궈진 도로 위의 공기는 온도가 매우 높아 밀도가 작고 차가운 위로 올라갈수록 상대적으로 밀도가 높아진다. 따라서 평상시 대기의 조건과는 다르게 공기의 굴절률이 도로 근처에서 가장 낮고 위로 올라갈수록 높아지는 역전 현상이 발생한다. 이제 뜨거운 도로 위에서 저 멀리 떨어져 있는 숲을 바라본다고 하자. 숲의 나무에서 출발한 빛은 굴절률이 역전된 대기층을 뚫고 오는 과정에서 굴절률이 작은 도로의 바로 위로부터 굴절률이 높은 하늘 쪽으로 서서히 굴절된다. 대기를 뚫고 오는 석양의 빛과는 반대로 휘는 것이다. 이렇게 꺾인 빛은 수평을 기준으로 그 아래 방향에서 눈으로 들어온다. 그러면 사람은 도로 표면이나 그 밑에 숲이 거꾸로 위치해 있는 것으로 느낀다. 뜨거운 사막에서 푸른 하늘이 모래 위에 오아시스처럼 투영되어 보이는 신기루도 동일한 현상이다.

대기처럼 연속적으로 변하는 굴절률을 따라 빛이 곡선으로 굴절되는 속성을 이용한 광학 소자도 있다. 소위 GRIN(gradient-index) 렌즈라 불리는 원통 모양의 광학 렌즈는 중심축의 굴절률이 가장 높고 바깥으로 갈수록 굴절률이 줄어드는 분포를 띠고 있다. 따라서 평행광이 렌즈에 입사하면 바깥으로 입사된 빛은 중앙 쪽으로 더 많이 꺾이고 중앙 부근으로 입사되는 빛은 덜 꺾이면서 렌즈를 통과한 이후 초점에서 만나게 된다. 눈의 수정체도 일종의 GRIN 렌즈다. 중심의 굴절률이 바깥쪽보다 더 크기 때문에 수정체는 형상뿐 아니라 굴절률 분포에 의해서도 빛을 효과적으로 모을 수 있다.

불그스레한 빛깔로 온 천지를 물들이는 석양 무렵의 멋진 경치가 이미 대지 너머로 숨어 버린 태양의 모습을 지구의 대기가 연출한 장면이라는 사실에 약간의 배신감이 들지도 모르겠다. 그러나 빛의 굴절을 통해 아름다운 노을을 조금이라도 더 붙잡아 두는 대기에 오히려 고마움이 느껴지기도 한다.

블러드 문, 블루 문, 슈퍼 문의 삼중주

지구와 태양 사이에 끼어든 달의 뒤편으로 태양이 완전히 사라지는 개기 일식에 비해 태양-지구-달의 순서로 정렬되며 지구 그림자 속으로 달이 숨는 개기 월식은 주목을 덜 받는 것 같다. 이는 아마도 달 뒤로 숨는 태양이 전혀 보이지 않는 개기 일식에 비해 개기 월식에서는 달이 완벽히 사라지지 않고 희미하며 검붉은 자태를 여전히 뽐내기 때문일 것이다.

지구 그림자 속에서도 붉은 빛을 내는 달의 정체는 빛의 굴절 현상과 관련된다. 직진하는 빛은 다른 물질을 비스듬히 만나면 일반적으로 방향이 꺾인다. 공기에서 물로 비스듬히 입사하는 빛은 경계면을 통과할 때 법선, 즉 계면에 수직인 방향에 가깝게 꺾인다. 물의 굴절률이 공기보다 크기 때문이다. 물속에서 헤엄치는 물고기를 물 밖에서 보면 어떻게 보일까? 물고기를 떠난 빛은 굴절률이 작은 공기로 빠져나올 때 법선에서 멀어지는 방향으로 꺾여서 눈에 들어온다. 그런데 사람은 심리적으로 빛이 항상 직진해서 눈에 들어온다고 느끼므로 뇌는 눈에 들어온 빛의 방향을 거슬러 물속으로 직선으로 연장한 곳에 물고기가 있다고 지각한다. 물속의 물체들이 실제 깊이보다 더 위로 떠 있는 것처럼 보이는 것은 이 때문이다.

앞글에서 설명한 것처럼 지구의 대기도 굴절률을 갖는다. 특히 공기 밀도가 낮은 상층부에서 밀도가 높은 지표 쪽으로 내려올수록 공기의 굴절률이 점점 커진다.[8] 따라서 햇빛이 지구 대기의 상층부를 통과해 내려옴에 따라 굴절률이 더 높은 지표면을 향해 서서히 꺾이며 내려오는 각도가 커진다. 이때도 사람은 빛이 직진해 들어온다고 느끼므로 태양은 실제 고도보다 더 높은 곳에서 보인다. 대기를 통과하는 길이가 길수록 굴절되는 정도는 더 심해질 것이다.

개기 월식 때 지구의 그림자 뒤에 숨은 달이 보이는 것도 빛의 굴절 때문이다. 지구의 대기를 통과하는 햇빛이 공기의 굴절률이 더 큰 지표 쪽으로 꺾이면서 구부러지고 그 일부가 지구의 그림자에 숨은 달을 비춘다. 지구의 대기를 이루는 공기 분자들은 햇빛의 성분 중 파장이 긴 붉은 색 계열의 빛을 주로 통과시키고 파장이 짧은 파란색이나 보라색 빛은 대부분 측면으로 산란시키는 성질이 있다.[9] 지구의 긴 대기층을 통과해 살아남은 일출과 일몰의 붉은 빛이 달까지 가서 부딪히고 반사되어 일부가 지구로 되돌아오는 현상, 이것이 개기월식

때 보이는 핏빛 달인 블러드 문의 정체다.

한국천문연구원은 2018년 주목할 천문 현상 중 하나로 1월 31일 밤 9시경 시작하는 개기 월식을 꼽았다. 이 개기 월식이 다른 때보다 더 특별했던 이유는 타원 궤도를 도는 달이 지구에 가까워지며 더 밝고 크게 보이는 슈퍼 문, 한 달에 보름달이 두 번 차오를 때 두 번째 보름달을 일컫는 블루문이 152년 만에 겹친 날이었기 때문이다.

빛의 반사와 빛 기둥

해가 넘어갈 무렵의 아름다운 석양, 불그스름한 태양 위로 치솟는 빛의 기둥을 본 적이 있는가? 러시아나 북유럽 3국처럼 추운 지방에서 자주 나타나는 이 현상은 흔히 '빛 기둥(light pillar)'이라 불린다. 대기 중 떠 있는 얼음 결정에 햇빛이 반사되어 나타나는 현상이다.

빛이 물질을 만나면 물질을 구성하는 수많은 원자들과의 상호 작용에 의해 입사된 빛의 일부가 반사된다. 반사광을 감지함으로써 우리는 사물을 인식하고 구별할 수 있다. 물체는 구성 원자의 종류와 결합 방식에 따라 특정 파장의 전자기파를 흡수하는 대역이 존재한다.[10] 구성 성분에 따라 물체마다 흡수하고 반사하는 파장 대역이 달라지기 때문에 물체는 색상을 나타낸다. 예를 들어 노란 바나나의 경우 파란색 빛을 흡수하는 흡수 대역이 있기 때문에 주로 초록색과 빨간색 빛을 반사시키고 이 반사광은 노란색으로 인지된다. 유리와 같은 투명한 물체는 흡수 파장이 자외선 대역에 위치하고 있어서 가시광선은 통과시키지만 자외선은 대부분 흡수해 차단한다.

물체의 표면에서 반사되는 빛의 패턴은 표면의 상태에 따라 많이 달라진다. 거울이나 유리처럼 매끄러운 표면은 정반사의 성격을 갖는다. 따라서 빛이 입사하는 각도와 동일한 각도로 반사된다. 이 경우 물체와 똑같은 모습의 상을 반사광을 통해 확인할 수 있다. 반면에 흰색 종이처럼 매우 거친 표면 위에 빛이 입사하면 입사 각도에 무관하게 사방으로 빛이 퍼지는 반사 패턴을 보인다. 이런 반사를 완전 확산 반사 혹은 람버시안(Lambertian) 반사라 부른다.[11] 이 경우 물체의 형상이나 세기에 대한 정보는 사라질 수밖에 없다. 빛을 람버시안 패턴으로 반사시키는 표면은 우리가 어느 방향에서 바라보나 모두 동일한 밝기로 보인다. 표면 처리를 하지 않은 원목의 표면이나 달의 표면이 람버시안 반사의 또 다른 예다.

일상생활에서 보는 많은 물체들의 표면이 보이는 반사 패턴은 정반사와 완전 확산 반사의 중간에 위치해 있다. 즉 반사광의 패턴에 정반사의 성분과 확산 반사의 성분이 혼재되어 있는 것이다. 이 경우에는 입사광을 보내는 물체의 형상이 흐려진 형태로 희미하게 보인다. 바람 한 점 없이 잔잔한 날 호수의 물은 주위의 배경을 거울처럼 깨끗하게 비춰주는 정반사 표면으로 기능을 하지만 바람이 불어 잔물결이 일면 빛이 다양한 각도로 흩어지면서 물에 비친 배경의 이미지가 흐려지는 것도 같은 맥락으로 이해할 수 있다.

빛 기둥의 이야기로 돌아가 보자. 높은 고도의 대기 속에서 수증기가 응결해 얼음 결정을 만들 때는 물 분자의 특이한 형상과 수소

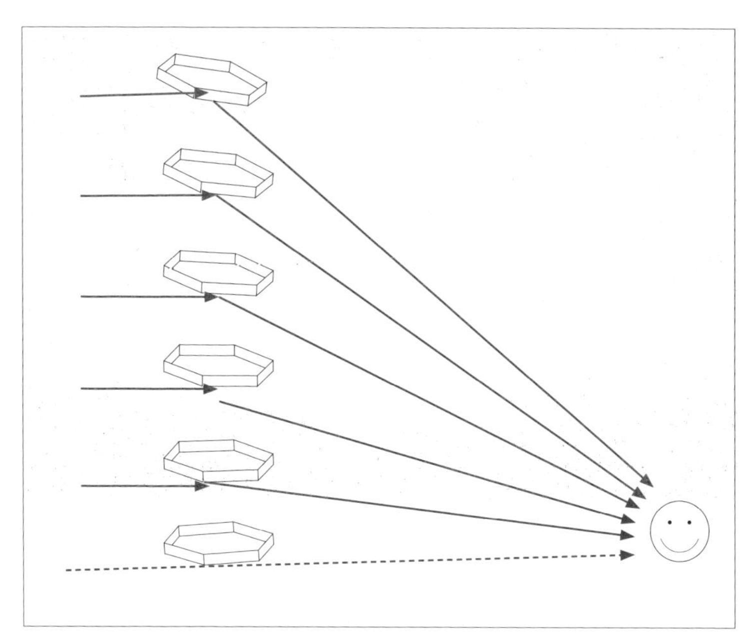

빛 기둥의 형성 원리. 낮은 고도의 태양으로부터 오는 평행광이 육각형 얼음 결정의 아랫면에 부딪히고 반사되어 우리 눈에 들어온다. 눈에 들어오는 각도가 조금씩 달라서 우리 눈에는 빛의 기둥으로 인지된다.

결합에 의해 육각형의 기둥이나 판상으로 결정이 자란다. 이 얼음 결정들이 햇빛을 만나면 햇무리나 환일, 채운과 같은 아름다운 대기 현상이 만들어진다. 특히 차가운 대기 속에 얇은 판상의 얼음 결정들이 편대 비행하듯 나란히 떠 있게 되면 결정의 위아래 표면은 입사되는 빛에 대해 훌륭한 거울면으로 작용한다.

지평선 뒤로 넘어가기 전 수평으로 직진하며 대기를 통과하는 햇빛을 상상해 보자. 대기 중에 떠 있는 판상 결정이 완벽히 수평을 유

석양 무렵 태양 위에 형성된 빛의 기둥이 보인다.

지한다면 햇빛의 입장에서는 결정의 위아래 표면이 보이지 않을 것이다. 바람 속에서 계속 흔들리며 조금씩 기울어지는 판상 얼음은 지나가는 햇빛에게 아랫면을 내어 주기도 한다. 그때 아랫면을 맞고 반사되는 빛이 우리 눈에 들어올 것이다. 눈에 입사되는 빛의 고도는 판상 얼음이 더 기울수록 높아지게 된다. 얼음 결정은 대기 중에서 다양한 각도로 흔들릴 것이기 때문에 반사되는 빛의 각도도 다양하다. 석양을 바라보고 있을 때 태양의 위로 다양한 고도에서 눈으로 들어오는 빛의 무리를 우리는 빛의 기둥으로 느끼게 된다.

판상 결정의 윗면에 부딪히며 반사되는 빛은 어떻게 될까? 하늘로 날아가기 때문에 이 빛을 보는 건 불가능하지 않을까? 그렇지는 않다. 비행기를 타고 내려다볼 때 가끔 보이는 영일(映日, subsun)[12] 현상이 있다. 구름 속 판상 결정들이 수평을 유지하고 있을 때 이들의 표면이 창공의 해로부터 내리쬐는 빛을 반사하면 우리 눈에는 타원형의 길쭉한 반사광이 보인다.

구름은 셀 수 없을 정도로 많은 수의 물방울과 얼음 알갱이들이 모여 있는 변화무쌍한 존재이자 신비로운 광학 현상들을 연출하는 뛰어난 감독이다. 이제 아름다운 석양을 보더라도, 비행기에서 구름을 내려보더라도 그저 무심히 보지는 말자. 무수히 많은 얼음 결정들이 조화롭게 협력해서 펼치는 의외의 선물이 숨어 있을지도 모르니 말이다.

5장
빛의 사계

아침 하늘을 바라보며

맑게 갠 어느 가을날 아침, 점점이 뿌려진 흰 구름을 감싸 안은 파란 하늘을 보면서 지구를 둘러싼 대기 속에서 숨 쉬고 살아갈 수 있다는 사실에 고마움을 느낀 적이 있을 것이다. 대기와 그 속으로 풍성하게 쏟아지는 햇살이야말로 하늘이 펼치는 경이로운 연극의 연출자다. 햇빛이 지구의 대기에 들어오면 빛은 대기를 구성하는 물질들과 상호 작용을 한다. 대기를 이루는 기체 분자들을 빛이 흔들어 대면 분자들을 구성하는 전하들이 빛의 장단에 맞추어 진동하면서 사방으로 산란되는 빛을 만들어 낸다. 공기 분자처럼 작은 입자들을 만난 햇빛은 주로 파장이 짧은 파란색이 산란되면서 사방으로 퍼져 나간다. 하늘을 가득 채운 대기는 단파장의 파란색을 사방으로 퍼뜨리는 광원이 되고 이로 인해 맑은 하늘이 눈부신 파란색으로 보인다.

반면에 구름을 이루는 물방울이나 얼음 알갱이들처럼 커다란 입자들이 일으키는 빛의 산란은 파장에 대한 의존성이 약하기 때문에 색깔을 가리지 않고 빛을 고르게 퍼뜨린다. 햇빛을 이루는 무지갯빛의 모든 색상이 고르게 퍼지고 섞여 눈에 들어오니 구름은 우리에게 흰색으로 보이게 된다.

파란 하늘과 하얀 구름이 지구의 대기가 들려주는 이야기의 끝이라면 하늘은 매우 단조로운 대상으로 느껴질 수도 있다. 다행히도 하늘은 자신의 한 귀퉁이에 찬란한 보석 같은 아름다움을 숨겨 놓기도 한다. 장거리 비행기가 나는 고도 부근에서는 제법 커다란 얼음 결정들이 자주 생긴다. 물 분자들이 이루는 특이한 수소 결합으로 인해 이 얼음들은 보통 육각형의 판상이나 기둥 모양으로 자라게 된다. 이 육각형 얼음 결정은 바로 천연 프리즘의 역할을 할 수 있다. 프리즘을 거치는 백색광이 무지갯빛으로 나눠지듯이 육각 얼음 결정들도 햇빛을 무지갯빛으로 분리한다. 이 천연 프리즘으로 인해 하늘에는 아름다운 무지갯빛 대기 현상이 자주 나타난다.

하늘에 둥둥 떠 있는 육각 결정의 어느 면으로 햇빛이 들어가 어느 면으로 굴절되어 나오는지에 따라 다채로운 빛의 현상이 펼쳐진다. 얼음 결정의 사각형 측면으로 들어가 다른 옆면으로 나오는 햇빛들은 보통 22도의 각도로 꺾인다. 이 굴절된 광선이 태양을 중심으로 22도의 방향에 동그란 빛의 무리를 만드는데 이것이 바로 햇무리(halo)라 불리는 현상이다. 달의 주위에 생기는 빛의 고리는 물론 달무리라 불린다. 얼음 결정이 생기는 고도가 태양 근처인 경우에는 태양의 좌우 22도 방향에 엷은 혹은 강한 빛을 내뿜는 또 다른 빛의 무리가 좌우 대칭으로 떠 있는 현상도 보일지 모른다. 이것은 특히 추운 지방에서 자주 나타나는 환일(sun dog) 현상이다. 햇무리나 환일 모두 얼음 결정을 거치면서 빛이 색깔별로 퍼지기 때문에 희미한 무지갯빛을 띤다.

결정의 위의 육각면으로 빛이 들어가 옆면으로 나오거나 그 반대로 옆으로 들어가 아랫면으로 빠져나오면 어떻게 될까? 우리 눈과 시각 체계는 빛이 눈에 들어오는 각도의 방향에 그 빛의 현상이 존재한다고 느낀다. 따라서 꺾이는 각도에 따라 하늘의 높은 곳 혹은 수평보다 약간 높은 곳에 선명한 무지갯빛의 띠가 보일 수 있다. 천정호(circumzenithal arc) 혹은 수평호(circumhorizontal arc)라 부르는 현상이 그것이다. 이는 비가 갠 뒤 나타나는 통상적인 무지개와는 형상과 위치가 많이 다르다. 하늘에 떠 있는 얼음 조각이 만드는 이 빛의 현상들은 드물지는 않지만 관심을 기울이지 않으면 쉽게 보기 힘들다. 하늘이라는 무대 위에서 얼음 결정들이 펼쳐 보이는 이 다채로운 빛의 변주곡은 자연이 우리에게 주는 최고의 선물 중 하나일 것이다.

햇빛과 하늘이 빚어낸 자연의 교향곡, 채운

몇 해 전 여름 춘천에서는 유난히 무지개가 자주 보였다. 시원한 소나기가 내린 후 춘천을 둘러싼 산자락을 배경으로 대지 위에 우뚝 선 반원의 장관은 지금도 눈에 선하다. 비 온 직후 대기를 둥둥 떠다니는 커다란 물방울 속으로 햇빛이 들어가면 이 빛은 물방울로 들어갈 때와 방울 뒷면에서 반사된 후 오던 방향으로 다시 빠져나가는 과정에서 두 번의 굴절을 겪는다. 프리즘을 거친 흰색 빛이 색깔별로 다르게 굴절되며 무지갯빛으로 퍼지듯이 물방울을 빠져나오는 햇빛 역시 빨주노초파남보의 빛깔로 나눠진다. 물방울에서 빠져나오는 위치에 따라 세기가 강한 1차 무지개와 그 위에 다소 약한 세기의 2차 무지개가 함께 보이곤 한다. 조금만 주의를 기울여 보면 1차 무지개와 2차 무지개의 색깔 배열이 반대라는 것도 알 수 있다.[1]

무지개가 위로 볼록한 반원으로 보이는데 비해 예로부터 상서로운 징조로 여겨진 채운(彩雲)은 보통 수평으로 생기거나 아래로 약간 굴곡진 상태로 보인다. 채운이 생기는 원인은 몇 가지가 있는데, 그중 하나는 구름을 이루는 작은 물방울이나 얼음 알갱이에 부딪힌 빛의 에돌이(회절) 현상이다. 에돌이 현상은 빛이 전자기파의 식구로서 파동의 속성을 갖고 있기 때문에 발생한다. 모든 파동은 방해물을 만나면 에돌아가는 성질이 있다. 파도가 방파제 사이의 물길을 통과할 때 방파제의 뒤로 돌아가는 것이나 벽의 뒤에 서 있어 보이지 않는 사람이 내가 지르는 소리(음파)를 들을 수 있는 것도 장애물을 돌아가는 파동의 에돌이 때문이다. 에돌이의 정도는 빛의 파장에 의존하기 때문에, 색깔에 따라 햇빛의 퍼지는 각도가 달라지고 이로 인해 채운이 발생할 수 있다. 매우 작은 홈들로 구성된 CD나 DVD로 흰색 빛을 반사시켜 보자. 나란한 홈들이 일으키는 회절로 인해 반사광의 퍼지는 각도가 색깔별로 달라지면서 무지갯빛으로 보이는 것을 확

2017년 6월 12일 춘천 하늘에서 보인 채운.

인할 수 있다.

채운을 만드는 또 다른 원인은 대기 속 육각형의 얼음 결정들이다. 4장에서 설명한 것처럼 얼음 결정은 육각형 판상 혹은 기둥 모양으로 자란다. 높은 고도의 차가운 구름 속에서 만들어지는 이런 얼음 결정들은 통과되는 햇빛을 굴절시키며 무지개처럼 색깔별로 빛을 퍼뜨린다. 얼음 결정이 프리즘의 역할을 하며 색에 따라 빛을 다른 각도로 굴절시키기 때문이다. 빛이 입사되고 굴절되는 결정 면과 이로 인해 정해지는 굴절 각도에 따라 해를 중심으로 원형으로 보이는 햇무리가 생기기도 하고 높은 하늘에 보이는 천정호가 만들어지기도 한다. 육각형 얼음 결정의 측면으로 들어가 아랫면으로 빠져나오며 굴절되는 빛은 수평호라 불리는 무지갯빛 띠를 낮은 고도에 펼쳐 보인다.[2] 채운은 높은 고도에서 내려온 태양빛이 얼음 결정이라는 프리즘을 지나면서 굴절되어 빚어진 자연의 예술 작품일까, 작은 물방울들이 에돌이라는 협동 연주를 통해 만들어 낸 빛의 음악일까?

빛이 어떤 대상을 만나 파동으로써 에돌아 갈 것인지 아니면 광선처럼 직진하다가 굴절될 것인지를 결정하는 기준은 대기 속 물방울이나 얼음 알갱이의 크기다. 머리카락 굵기의 100분의 1 정도에 불과한 빛의 파장보다 훨씬 큰 얼음 결정이나 물방울은 빛의 굴절 및 반사를 일으키며 수평호나 천정호를 포함하는 무지갯빛 띠나 햇무리를 만든다. 빛의 파장 정도 혹은 이보다 작은 물방울이나 얼음 알갱이는 회절을 일으키며 회절형 채운이나 코로나를 만들게 된다.

빛과 색의 향연

가을은 단풍의 계절이다. 겨울나기를 준비하는 숲에 펼쳐진 색의 향연에 우리의 마음도 덩달아 설렌다. 첫서리가 내리고 일교차가 커지는 시기에 초록색 잎을 노란색과 붉은색으로 바꾸며 온 산을 물들이는 단풍, 그 화려한 변신의 원인은 무엇일까?

식물이 초록색을 띠는 것은 광합성에 관련된 엽록체 속의 엽록소 때문이다. 태양에서 오는 빛은 빨간색에서 보라까지 무지갯빛을 모두 포함하기 때문에 흰색으로 지각된다. 엽록소는 빨간색과 파란색 빛을 강하게 흡수해 광합성에 활용하고 초록색 계열의 빛을 반사한다. 잎 속에는 노란색과 주황색을 반사하며 광합성을 돕는 카로테노이드(carotenoid)계의 색소들도 존재하지만 그 양이 적어 초록색에 묻혀 버린다.

가을로 접어들면서 엽록소의 생산이 줄거나 멈추게 되면 카로테노이드는 자신의 존재감을 드러내며 잎을 점차 노란색이나 주황색으로 변화시킨다. 일부 식물은 가을이 되면 안토시아닌(anthocyanin)이라는 새로운 색소를 만들어 내기도 한다. 이 색소는 빨간색 파장 대역의 빛을 반사시키며 단풍 특유의 진홍색으로 잎을 물들인다. 결국 단풍의 화려한 색깔들을 빚어내는 것은 잎 속의 다양한 색소들에 의한 빛의 선택적 흡수와 반사 작용이다.

햇빛이나 조명광의 스펙트럼의 일부를 흡수하고 나머지를 반사하는 것은 물체가 자신의 색을 드러내는 기본 원리다. 3장에서 설명했듯이 사람 눈의 망막에는 파란색과 초록색, 빨간색 파장 대역의 빛을 각각 인지하는 세 종류의 원추세포가 있다. 이들이 감지하는 빛의 상대적인 양에 의해 뇌가 인지하는 색이 결정된다. 백색광에서 파란색을 흡수해 빼 버린 후 눈에 입사시키면 이 빛은 빨간색과 초록색을 느끼는 원추세포들만을 동시에 자극하면서 뇌에 의해 노란색 빛으로 지각된다. 컬러 프린터가 청록, 노랑, 심홍색 잉크를 조합해 빛의 특정 파장 대역을 선택적으로 흡수하며 다양한 색을 종이에 입히거나, 스테인드글라스가 야외 광을 선택적으로 투과하며 다양한 색을 연출하는 것도 같은 원리에 기반한다.[3]

이제 좀 더 깊이 들어가 보자. 20세기에 확립된 현대 물리학 덕분에 우리는 원자 속 전자가 불연속적인 특정 에너지 상태(준위)만 가질 수 있고, 이로 인해 원자는 특정 파장의 빛만 흡수하거나 방출한다는 것을 안다. 이 고유한 선 스펙트럼은 해당 원자를 구분하는 지문과 같은 것이다. 그런데 원자들이 결합해 구성된 분자는 전자의 에너지 상태에 더해 분자의 진동과 회전 에너지 상태까지 반영된 매우 촘촘하고 복잡한 에너지 준위 구조를 나타낸다. 그래서 특정 분자가 촘촘히 들어있는 물질에 빛이 입사되면 일정한 범위의 파장 성분들을 흡수하는 넓은 흡수 대역이 나타나고 나머지 파장 대역의 빛은 반사한다. 어떤 파장 대역의 빛을 흡수하고 반사하는가에 따라 해당 분자로 구성된 물질의 색이 결정된다.

결국 가을 한철 온 산을 뒤덮는 단풍의 장관은 퇴각하는 엽록소의 자리를 차지한 색소 분자들이 추는 춤에 빛이 장단을 맞추며 빚어내는 자연의 합주곡이다. 현재 인류는 수천 종의 염료와 안료 분자를 개발해 온갖 색상을 구현할 수 있는 능력을 갖게 되었다. 그러나 TV의 화려한 영상이 실제의 풍경과 똑같지 않은 것처럼, 염료로 물들인 다채로운 색상들이 고혹스러운 단풍의 아름다움을 완벽히 대신할 수는 없을 것이다.

소양강변에 핀 나무서리의 비밀

먼동이 터오는 새벽, 겨울이 한창인 춘천의 소양강에 물안개가 자욱이 피어오른다. 영하로 훌쩍 내려간 날씨에 안개 속 물방울들이 위태롭게 강물 위를 떠다닌다. 바람에 밀려난 물방울이 소양강변의 나무에 부딪히며 순식간에 얼음으로 변해 달라붙는다. 그 위에 다른 물방울들이 부딪혀 얼면서 겹겹이 쌓여간다. 가지 위에서 거친 바람을 견디며 응집하는 얼음 알갱이들이 산능선을 넘어와 쏟아지는 햇빛을 흩뿌리며 찬란함으로 빛난다. 나무 서리(상고대)의 장관이 소양강변을 온통 뒤덮는 순간이다.

한파가 자주 찾아오는 춘천의 겨울에는 소양강변에 상고대라 불리는 환상적인 작품이 자주 펼쳐지며 전국의 사진 작가들을 불러모은다. 표준국어대사전에 따르면 순 우리말인 상고대는 나무나 풀에 내려 눈처럼 된 서리를 뜻한다. 그러나 엄밀히 말해 상고대와 서리는 다르다. 서리는 추운 날씨에 공기 중 수증기가 차가운 표면에 직접 동결되며 생기는데 반해 상고대는 안개처럼 공기 중에 떠 있는 물방울들이 물체의 표면에 부딪히며 결빙되어 형성된다. 강을 따라 흐르는 소양강댐의 발전 용수는 비교적 수온이 높기 때문에 추운 날씨에도 풍성한 물안개를 만들어 낸다. 그런데 영하 10도를 밑도는 한파 속에 피어오른 안개 속 물방울들이 어떻게 얼지 않고 액체 상태를 유지하며 떠도는 것일까?

교과서에는 물의 끓는점인 섭씨 100도와 어는점인 0도 사이의 온도 구간에서 물은 액체 상태를 유지한다고 적혀 있지만 물은 훨씬 더 넓은 온도 범위에서 액체로 존재할 수도 있다. 보통 컵에 담긴 물이 냉각되어 0도에 도달하면 곧 얼음이 생긴다. 물속에 떠다니는 불순물이나 용기 표면의 미세한 거칠기가 얼음이 손쉽게 생성될 수 있는 핵, 즉 동결의 중심 역할을 하기 때문이다. 그런데 불순물이 없는 깨끗한 물이 매우 매끈한 용기에 담겨 있다면 영하로 내려가도 쉽게 얼지 않는다. 영하 41도까지 물을 얼리지 않고 냉각했다는 연구 결과도 있다. 이런 물을 과냉각(supercooled) 물이라 한다. 냉각뿐 아니다. 1972년 한 과학자는 물과 섞이지 않는 액체 속에 고순도의 물방울을 띄워 용기와의 접촉을 차단한 후 그 물방울을 가열해 섭씨 280도까지 끓지 않음을 보인 바 있다.[4]

물은 얼음보다 에너지가 높다. 분자들이 자유롭게 돌아다니는 물이 육각형의 결정 구조 속에 분자들이 묶여 있는 얼음보다 에너지가 높음은 당연하다. 따라서 얼음을 녹일 때는 에너지가 필요하지만 물이 얼면 에너지가 방출된다. 이를 잠열이라 한다. 영하 속 과냉각 물도 액체이기 때문에 고체인 얼음보다 에너지가 높다. 과냉각 물의 운명은 매끈한 언덕의 꼭대기에 놓인 공의 처지와 비슷하다. 언덕 위에서 위태롭게 버티다가 작은 요동에도 굴러 떨어지며 위치 에너지가 줄어드는 공처럼, 이미 얼음이 되고도 남았을 혹한 속에서 액체 상태를 유지하던 과냉각 물은 작은 충격에도 쉽게 얼음으로 바뀐다. 새벽녘 소양강 위를 떠돌며 과냉각된 물방울들이 나뭇가지에 부딪히는 순간 얼음이 되어 눈꽃으로 피어나는 것은 이 때문이다.

지구는 물이 풍부한 행성이다. 알맞은 두께에 수증기를 잔뜩 머금은 지구의 대기는 1년 내내 다채로운 기상 현상을 펼쳐 보인다. 한여름 창공으로 치솟아 화려함을 뽐내는 무지개도, 한겨울 소양강변을 온통 하얗게 물들이는 상고대도, 연기자는 모두 물방울과 햇빛이다. 오늘도 대기라는 걸출한 연출가가 올리는 찬란한 연극이 물의 행성, 지구 위에서 펼쳐지고 있다.

6장
목성에서 번개가 친다면

지구의 번개와 목성의 번개

여름은 대기가 불안정해지면서 소나기와 번개가 자주 발생하는 계절이다. 번개는 화재를 유발하거나 전기 시스템을 손상시킬 수도 있고 항공기 운항의 위험 요인이 되기도 한다. 대규모의 번개와 이를 뒤따르는 천둥이 주는 공포심으로 인해 과거의 인류는 번개를 신으로 여기거나 신이 분노한 징표로 받아들였다.

번개는 급격한 상승 기류를 포함하는 적란운에서 주로 발생한다. 건조한 겨울철 우리가 흔히 마찰에 의해 정전기를 경험하듯이 적란운에 포함된 미세한 얼음 알갱이와 비교적 큰 싸락눈의 충돌은 양쪽에 정전기를 만든다. 비교적 가벼운 얼음 알갱이는 양의 전하로 대전되어 위로 올라가고 무거운 싸락눈은 음의 전하를 띠며 뇌우의 아래에 자리 잡는다. 구름에 축적되는 이 대량의 전하는 구름 내부 혹은 구름과 지상 사이에 수천만 볼트 이상의 엄청난 전압을 형성한다. 이로 인해 중성의 공기가 이온화되고 전류가 통할 수 있는 전도성 채널이 만들어지면 이 길을 통해 구름 내 축적된 전하가 한꺼번에 방전되면서 순식간에 거대한 전류의 흐름, 즉 번개가 발생한다. 번개 내 플라스마의 온도는 수만 도에 달할 정도로 뜨겁기 때문에 주변의 공기가 폭발적으로 팽창하면서 충격파를 형성해, 우리가 천둥이라 부르는 격렬한 소리를 만든다.

번개는 지구상에서 1초에 40여 회 이상, 1년이면 약 10억 번 이상 발생한다고 한다. 우리에게는 구름에서 지상을 향해 내리치는 벼락이 가장 친숙하지만 사실 구름 내부 혹은 구름과 구름 사이에서 치는 번개가 더 보편적인 현상이다. 번개를 형성하는 적란운은 공기의 대류가 활발한 곳에서 만들어지므로 지구상에서 번개를 가장 자주 볼 수 있는 곳은 열대 지방이다.

자연에서, 혹은 인류의 역사 속에서 파괴적인 역할만 해 왔을 법한 번개도 지구 생태계의 입장에서는 긍정적인 역할을 한다. 생명체에게 무용한 기체 질소는 번개가 내리칠 때 방출되는 엄청난 에너지의 도움을 받아 동식물에 유용한 고정 질소로 변한다. 독일의 프리츠 하버(Fritz Haber, 1868~1934년)가 20세기에 질소 비료를 만드는 공법을 발명하기 전에는 세균과 번개가 고정 질소 형성의 주요한 원인이었다.

2018년 과학자들은 목성 주위를 돌고 있는 탐사선 주노(Juno)가 조사한 목성의 번개 현상에 대한 흥미로운 결과를 발표했다.[1] 번개

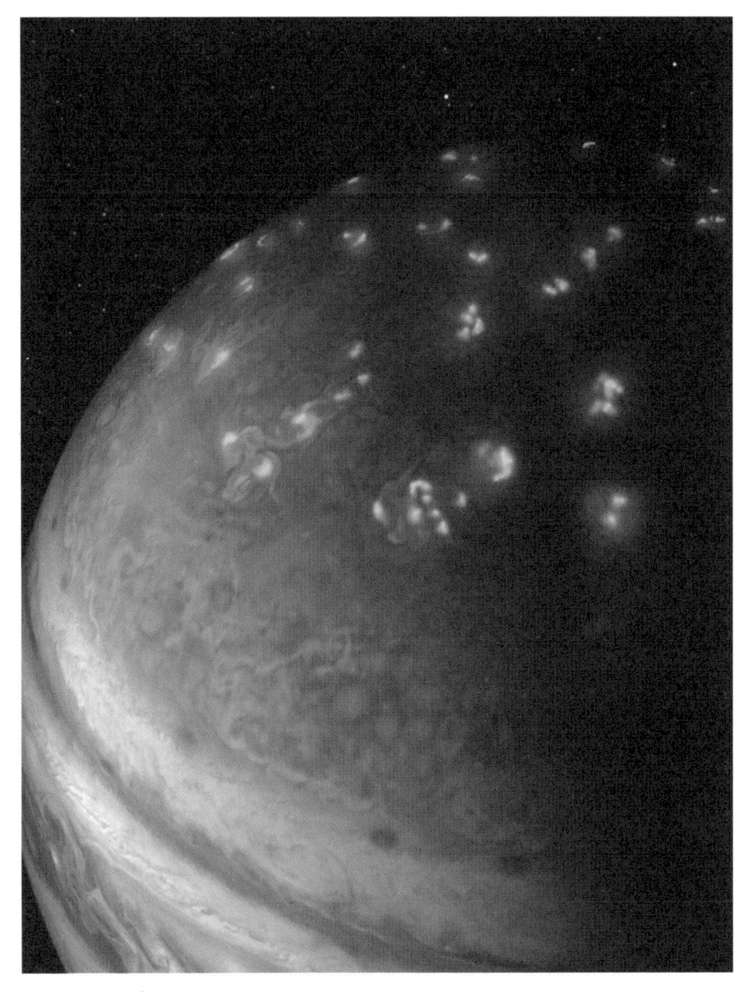

목성의 북극 지역에서 관측된 번개.

가 칠 때는 다양한 주파수의 전자기파가 형성된다. 그런데 주노에 달려 있는 광대역 전파 검출기의 측정 결과에 따르면 목성과 지구의 번개 발생 유형이 놀랄 정도로 유사했다. 주노의 검출기에 기록된 메가헤르츠(MHz)에서 기가헤르츠(GHz)에 걸쳐 있는 전파의 주파수 분포가 지구의 번개가 만드는 스펙트럼과 매우 흡사하다는 것이다.[2] 이 연구 결과는 다른 한편으로 지구에서는 적도 지역에서 번개 활동이 가장 활발하지만 목성의 경우 북극이 번개의 주요 활동 무대라는 차이점도 밝혔다.[3] 이런 연구가 가능했던 이유는 탐사선 주노가 이전의 어떤 탐사선보다 더 가까운 거리에서 목성을 선회하며 탐색했기 때문이었다.

번개의 발생은 행성 내 대기의 흐름, 특히 뜨거운 공기가 상승하는 대류 현상이 활발한 지역에 대한 정보를 준다. 즉 목성의 북극에 번개 발생이 집중되어 있다는 점은 목성 내부의 열 에너지가 북극에서 가장 활발히 외부로 방출되고 있음을 의미한다. 목성을 포함한 행성들의 번개 연구는 바로 해당 행성의 대기 순환과 에너지의 흐름에 대한 우리의 이해를 증진시킬 것이다. 지구에서는 각지에 설치된 전파 검출 장치와 저궤도 위성들의 측정 결과를 종합적으로 분석해서 번개의 발생 영역을 추적하며 체계적으로 연구가 진행되고 있다. 언젠가 목성의 대기 속과 궤도에도 다양한 측정 장비가 설치되어 태양계의 맏형인 목성 내부의 비밀을 더 깊이 파헤칠 날이 오기를 기대해 본다.

번개의 비밀을 드러낸 우주선

여름철 요란하게 내리는 비는 흔히 천둥 번개를 동반한다. 번쩍거림과 굉음을 동반하며 대지를 뒤흔드는 천둥 번개는 항상 가슴 속 깊은 곳에 원초적 두려움을 불러일으킨다. 국제 우주 정거장에서 촬영한 영상들을 보면 대기권 구름 속에서 끊임없이 발생하는 번개를 쉽게 알아볼 수 있다. 번개를 연구하는 학자들에 따르면 대기권에서는 1초에 수십 번, 1년에 10억 번 이상 번개가 발생한다.

벤저민 프랭클린(Benjamin Franklin, 1706~1790년)이 18세기 중반 연을 이용해 수행한 선구적 실험 덕분에 번개가 전기 현상임을 확인한 이래 번개와 뇌우(雷雨)에 관한 다양한 연구가 이루어져 왔다. 그러나 많은 과학자들은 인류에게 번개 현상이 아직도 심해와 같이 많은 부분이 이해되지 않는 미지의 영역으로 남아 있다고 생각한다. 뇌우의 상층부인 성층권과 전리권[4]에서 엄청난 규모의 다양한 번개가 발생한다는 것을 알게 된 것은 1990년 이후였고, 뇌우가 고에너지의 전자기파인 감마선을 방출하거나 고에너지의 전자들을 형성한다는 사실이 알려진 것은 21세기에 들어서였다. 그런데 번개 연구 중 과학자들을 가장 곤혹스럽게 만드는 부분은 번개가 어떤 경로를 거쳐 형성되는지를 아직도 정확히 이해하지 못한다는 점이다.

인류의 문명과 함께해 왔던 보편적인 자연 현상인 번개에 대해 이처럼 무지한 것은 그만큼 뇌우와 번개를 연구하는 것이 어렵다는 것을 의미한다. 양(+) 혹은 음(-)으로 대전된 대규모 전하들과 이들이 만드는 높은 전압이 형성된 뇌우 속의 거친 환경으로 검출 장치를 보내는 것도 쉽지 않지만 풍선 등의 비행 기구 자체가 뇌우에 영향을 주거나 번개에 의해 검출기가 파손되는 어려움도 많았을 것이다. 따라서 뇌우를 원격 계측으로 연구하는 실험들이 고안되고 있다.

몇 년 전 네덜란드를 중심으로 한 대규모의 국제 연구진이 우주에서 날아오는 고에너지 입자의 흐름인 우주선(宇宙線, cosmic ray)[5]을 번개 연구에 활용한 흥미로운 연구 결과를 발표한 바 있다.[6] 지구에 입사되는 고에너지의 우주선 입자들은 대기권의 공기 분자들과 부딪히며 전하를 띤 대전 입자 다발이라는 부산물을 만들어 낸다. 전하를 띤 입자들이 자기장 속에서 움직이면 로렌츠(Lorentz) 힘을 받아 원운동이나 나선 운동을 한다. 우주선이 만든 대전 입자 다발이 지구의 자기장 속에서 가속되어 움직이면서 전파 펄스를 만든다는 것은 이미 잘 알려져 있었다.[7] 전파는 전자기파 스펙트럼에서 30헤르츠~300기가헤르츠 대역의 진동수를 가진 전자기파를 일컫는다. 그런데 이 입자 다발들이 뇌우 속을 통과하면 구름 속의 전하 분포가 입자 다발의 운동에 영향을 미치며 이들이 만드는 전파에도 그 흔적을 남긴다.

뇌우가 입자 다발들에 새긴 흔적을 찾기 위해 국제 연구진은 유럽의 여러 나라에 설치되어 있는 전파 안테나를 동원해 입자 다발이 방출하는 전파를 추적해 왔다. 762개의 입자 다발들을 추적한 연구진이 확인한 것은 맑은 날씨와 천둥 번개가 치는 날씨 속에서 측정된 전파 펄스의 편광 특성[8]이 확연히 다르다는 것이었다. 이 차이를 컴퓨터 시뮬레이션을 통해 재현함으로써 연구진은 뇌우 속 전하 분포를 최초로 들여다볼 수 있었다. 이런 원격 연구의 성과가 쌓이게 되면 곧 뇌우 속에서 번개가 어떻게 탄생하는지를 밝힐 수 있을 것으로 기대된다.

살다 보면 가끔 전혀 관련이 없을 법한 사람들이나 사건들의 연관성을 확인하고 신기해 할 때가 종종 있다. 과학 연구도 마찬가지다. 전혀 관련성이 없어 보이는 우주에서 날아오는 입자들의 부산물과 번개의 연결 고리를 파헤침으로써 과학자들은 번개의 비밀을 드러내는 단초를 만들어 냈다. 이런 참신한 연구가 가능했던 것은 39개 연구 기관이 참여한 국제적 연구 네트워크의 힘과 더불어 천문학 분야에 사용되던 실험 기법을 활용하는 등 다양한 분야를 아우르는 융합 연구의 흐름에 기인한 바가 클 것이다. 그렇지만 개인적으로는 무엇보다도 어떤 현상을 완전히 새로운 각도에서 바라볼 수 있는 과학적 상상력이 중요한 역할을 했을 것이라 생각한다. 자연에 대한 호기심과 상상력을 간직하며 세계 곳곳에서 자연 현상의 근원을 파헤치고 있는 과학자들의 열정과 활약에 뜨거운 갈채를 보낸다.

메테인과 온실 효과

오늘날 지구 온난화와 기후 위기는 인류가 당면한 가장 심각한 문제 중 하나로 다가와 현실 속에 자리 잡고 있다. 그 하나의 사례로 북극의 영구 동토층이 녹으며 메테인(CH_4)과 이산화탄소(CO_2) 등 온실 기체의 방출이 급증하고 있다는 연구 결과들이 속속들이 발표되는 최근 추세를 들 수 있다.[9] 북극권의 동토층 속에는 오랫동안 축적되어 온 막대한 양의 동식물의 사체, 즉 유기 탄소가 언 채로 묻혀 있다. 지구 온난화로 인해 지층이 녹으면서 미생물이 유기 물질을 분해해 온실 기체를 생성하고 있는 것이다.

특히 메테인은 대기 중 농도가 이산화탄소의 0.5퍼센트에 불과하지만 온실 효과에 대한 기여도는 이산화탄소의 3분의 1에 달할 정도로 온실 효과가 큰 기체다. 따라서 메테인 기체의 농도 상승이 지구 온난화를 가속시킬 가능성에 대한 우려도 높아지고 있다. 도대체 온실 효과가 무엇이기에 지구의 대기에 소량 존재하는 이산화탄소나 메테인이 문제가 되는 것일까?

사실 온실 기체에 의한 지구 온난화 현상은 온실이나 비닐 하우스의 보온 효과와는 큰 관계가 없다. 온실이나 비닐 하우스의 경우에는 내부의 공기를 외부와 차단해서 태양빛에 의해 데워진 지표면의 열과 이를 흡수한 따뜻한 공기가 대류에 의해 손실되는 것을 방지함으로써 내부 온도를 유지한다. 만약 온실의 천장에 작은 구멍이라도 하나 뚫리면 위로 올라가는 따뜻한 공기가 빠져나가면서 온실의 온도가 급락할 것이다.

이산화탄소와 메테인 같은 온실 기체와 지구 온난화 사이의 관계를 이해하기 위해서는 지구에 공급되는 태양의 복사 에너지가 어떤 경로로 나누어지고 저장되고 다시 우주로 돌아가는지를 살펴봐야 한다. 표면 온도가 약 5800도인 태양은 자외선, 가시광선, 적외선을 포함한 다양한 스펙트럼의 전자기파를 우주 공간으로 보낸다. 지구에 도달한 전자기파 중 절반 정도가 대기를 통과해 표면에 도착한 후 흡수되어 지구의 온도를 일정하게 유지시킨다. 온도를 가진 모든 물체는 그 온도에 해당하는 전자기파를 방출한다. 이는 열적인 평형 상태에 있는 물체 내 원자들의 열적 운동과 관련되어 있다. 전하를 가진 입자들의 운동(진동)은 전자기파의 방출을 유도한다. 사람의 몸에서는 가시광선보다 파장이 긴 적외선이 나온다. 사람의 체온과 비슷한 온도를 가진 지구도 적외선을 방출한다.

지구가 자신이 받은 태양 에너지와 똑같은 양의 에너지를 우주로 되돌려 보낸다면 지구의 온도는 일정하게 유지될 것이다. 문제는 대기권을 구성하는 특정 분자들이 가시광선은 그대로 통과시키면서 지표면에서 방출되는 적외선은 매우 잘 흡수한다는 것이다. 기체 분자들은 분자 구조에 따라 고유한 진동수로 진동할 수 있다. 즉 에너지를 받아 들뜨면서 자신만의 고유한 춤을 추는 것이다.[10] 지표면이 방출하는 적외선 에너지를 흡수해 그 장단에 맞춰 춤출 수 있는 기체가 바로 이산화탄소, 메테인, 수증기와 같은 온실 기체다. 반면에 대기의 대부분을 구성하는 질소나 산소 분자는 적외선을 흡수하지 않고 그대로 통과시킨다.

적외선을 흡수해 진동하는 분자들은 흡수한 적외선을 다시 사방으로 방출하는데, 일부는 지표면으로 향하고 나머지는 우주 공간으로 빠져나간다. 만약 지구 표면에 흡수되는 태양 에너지와 대기 중에서 온실 기체 분자들로부터 방출되어 지구로 향하는 적외선 에너지에 비해 우주 공간으로 빠져나가는 적외선 에너지가 더 작다면 지구의 온도는 올라가게 될 것이다. 이것이 바로 대기권 중 온실 기체의 농도가 높아질 경우 예상되는 상황이다. 즉 온실 기체는 열적 평형을 위해 지구 밖을 향해 방출되어야 할 에너지의 일부를 붙잡아 다시 지구로 돌려보내는 역할을 한다.

잘 알려진 물리 법칙들과 매우 단순화한 모형에 근거해 전개한 설명과 이해가 실제 우리가 최근 경험하고 있는 구체적인 기후 변화와 어떻게 관련되어 있는지에 대해서는 아마도 또 다른 차원의 논의가 필요할 것이다. 왜냐하면 온실 효과와 지구 온난화에 대한 보다 실질적이고 구체적인 이해를 위해서는 공기의 대류, 고도별 온실 기체의 농도 등 매우 다양한 요인들에 대한 보다 엄밀한 실험과 조사에 바탕한 구체적인 연구가 뒤따라야 하기 때문이다.

이산화탄소나 메테인 기체에 붙은 온실 기체라는 낙인은 이 기체들에 대한 부정적 이미지를 강화해 왔다. 그러나 이들이 형성한 온실 효과는 사실 지구의 온도를 생명체가 탄생하고 번성할 정도로 올리고 유지시키는 데 있어 핵심적 역할을 해 왔다. 과학자들은 온실 기체가 포함된 대기가 없었다면 지구의 기온은 영하 20도 정도로 떨어졌을 것으로 추정하고 있다. 문제는 온실 효과가 아니다. 온실 효과는 지구 생명체의 존속을 위해 반드시 필요하다. 인간의 산업 활동과 문명이 발생시킨 여분의 과도한 온실 효과가 문제인 것이다.

오늘날 이산화탄소와 메테인 기체의 농도는 빙하 속 공기방울에 새겨져 기록된 지난 80만 년 동안의 수치를 훌쩍 뛰어 넘으며 매년 최고치를 경신하고 있다.[11] 2020년 5월 현재 약 417ppm[12]에 도달한 이산화탄소의 농도는 세기말에는 600ppm 가까이 올라갈 것으로 예상된다고 한다. 이러한 추세가 지속된다면 21세기의 끝에는 어떤 모습의 지구가 우리를 기다리고 있을까? 녹고 있는 북극권에 대한 우울한 소식이 지면의 한 면을 채울 때 다른 한편에서는 메테인 기체의 규제를 완화하겠다는 미국 정부의 정책이 보도된다.

일부의 이런 역주행에도 불구하고 온실 기체를 줄이기 위한 각국의 다양한 노력은 계속 이어지고 있다. 각국이 배출하는 온실 기체의 양을 규제하기 위한 국제 협약인 교토 의정서가 채택되어 발효 중에 있고 신재생 에너지를 활용하는 산업 분야에 대규모의 투자도 이어지고 있다. 이런 흐름은 새롭게 떠오르고 있는 녹색 산업을 선점하여 새로운 성장 동력으로 삼기 위한 각국의 발 빠른 움직임에 기인한 탓도 있지만 무엇보다도 더 이상 인류의 산업 활동을 지난 100년과 같은 방식으로 유지해서는 인류의 문명 자체가 위태로워질 수 있다는 근본적인 위기 의식에서 비롯된 것으로 보인다. 이제 지구 온난화의 저지는 더 나은 환경을 위한 선택 사항이 아니라 인류의 생존을 위한 마지노선이라는 인식이 자리 잡아 가고 있다.

오존층에 대한 새로운 위협

지구의 보호막인 오존층과 같은 복잡한 대기의 구성과 변화에 대한 정확한 예측과 진단은 때로 서로 상충되는 경우도 있다. 2019년

초 언론에 등장한 두 건의 소식도 오존층의 회복에 관해 상반되는 두 경향성을 다루고 있었다. 4년마다 발표되는 남극 상공의 오존 구멍에 대한 보고서는 훼손된 남극 오존층이 회복되고 있음을 전한 반면, 최근 발표된 한 국제 연구팀의 논문은 오존층 파괴에 기여하는 클로로포름($CHCl_3$)의 농도가 증가하고 있다는 결과를 보고했다.[13] 한국이 포함된 국제 연구팀은 전 세계 13곳의 관측 지점에서 클로로포름의 농도를 측정한 결과 중국의 동부 지역에서 클로로포름의 배출량이 최근 급증한 것을 확인했다. 이로 인해 현재 회복되고 있는 오존층의 회복 속도가 늦춰질 것이라는 예상도 제기되었다. 성층권 내 고도 30킬로미터 정도에 위치한 오존층에서 어떤 일이 벌어지고 있는 것일까?

대기권을 벗어나면 우린 우주의 적대적 환경에 놓인다. 태양이 방출하는 고에너지의 입자 흐름인 태양풍과 자외선 및 엑스선 등 단파장 전자기파는 연약한 생명체에 치명적이다. 지구는 이에 대해 3중의 방어막을 만들어 생명체가 번성할 조건을 갖추고 있다. 태양풍의 하전 입자들의 방향을 꺾어 지구를 휘감아 지나가게 만드는 지구의 자기장이 첫 번째 방어막이라면 약 80킬로미터 상공에서 엑스선과 진공 자외선을 흡수하며 분해되는 희박한 공기층이 두 번째 방어막이다.[14] 약 30킬로미터 상공에서 인체에 해로운 나머지 자외선을 흡수하는 오존층이 마지막 방어막 역할을 한다.

오존은 3개의 산소 원자가 결합한 분자로써 사람의 호흡기 질환 등을 유도하는 해로운 물질이다. 그러나 생명체에게 성층권의 오존층은 강력한 선크림의 역할을 하는 고마운 존재다. 태양에서 오는 자외선 중 생물에 해로운 단파장의 자외선을 대부분 흡수해 버리기 때문이다. 성층권에 존재하는 산소 분자의 일부는 자외선을 흡수해 분해되고 오존으로 변하면서 일정량의 오존이 자외선에 대한 수비대로 성층권에 포진해 있다.[15] 200나노미터 이하의 자외선은 공기 중 산소와 질소 분자가 흡수하는데 반해 오존층은 200~315나노미터 파장의 자외선을 대부분 흡수한다.

오존층에 대한 위협은 인간의 발명품에서 시작됐다. 1920년대 냉각기의 냉매로 개발된, 흔히 프레온 기체로 알려진 염화불화탄소는 그 사용이 급증하면서 반세기 이상 지구의 대기로 퍼져나갔다. 화학적으로 매우 안정적인 이 물질은 대기에 오래 머무르며 성층권으로도 확산되다가 성층권에서 만난 자외선에 의해 분해되며 염소 원자(Cl)를 지속적으로 방출했다. 문제는 염소가 오존을 분해하면서 성층권의 오존 농도를 줄이는 데 막강한 힘을 발휘한다는 점이다. 특히 남극의 추운 환경에서 성층권에 생기는 구름 속 얼음 알갱이들은 그곳까지 올라간 염소 화합물의 염소 방출을 촉진하는 촉매 역할을 하며 남극의 오존층을 대규모로 사라지게 만드는 원인이 되었다.[16]

가장 성공적인 환경 협약으로 평가받는 1987년의 몬트리올 의정서와 뒤이은 각종 협약으로 국제 사회는 염화불화탄소 계열 물질의 생산과 사용을 전면 금지해 왔다. 세계 기상 기구의 정기적인 조사에서 남극의 오존 구멍은 21세기 들어 조금씩 줄어들고 있음이 확인되었다. 반면에 대기 중 체류 시간이 짧아 규제의 대상이 되지 않았던 클로로포름 등의 화합물이 중국을 중심으로 급격히 방출된다는 사실이 확인되면서 오존층의 새로운 위협으로 부상하고 있다. 이는 특히 중위도 지역의 오존층 두께를 줄이며 인구 밀집 지역인 이 지역의 거주자들에게 새로운 위협이 되고 있다.

우주에서 바라보는 지구의 대기는 너무나 얇고 연약해 보인다. 그 얇은 껍질이 우주의 냉혹한 환경으로부터 지구의 생명체를 지키고 품어 왔다. 그간의 국제적 활동은 인류의 노력으로 대기라는 보호막의 상처가 치유될 수 있다는 가능성을 보여 주었다. 그러나 새로운 오존 파괴 물질의 급증은 이러한 인류의 자정 노력이 얼마나 손쉽게 훼손될 수 있는지도 알려 준다. 오존층의 소멸은 지구 생태계에 회복 불능의 파괴를 일으킬 것임이 분명하다. 오존층의 완전한 복구를 향한 인류의 지혜와 협력이 어느 때보다 더 절실한 때다.

2부

인간이 만든 빚

7장
인공 광원이 펼치는 빛의 세계

새로운 빛의 탄생을 향한 도전

2014년 노벨 물리학상 수상자로 청색 고체 발광 다이오드(Light Emitting Diode, LED)를 발명한 아카사키 이사무(Akasaki Isamu, 1929년~), 아마노 히로시(Amano Hiroshi, 1960년~), 나카무라 슈지(Nakamura Shuji, 1954년~)가 선정되었을 때, 램프처럼 오래된 기술에 노벨상이 수여된 데 의아해 하던 사람들이 있었다. 그런데 노벨 물리학상 수상의 역사를 보면 물리적 현상 뒤에 숨은 근본적 원리를 발견했던 이들도 많지만 광섬유나 레이저, 전하 결합 소자(CCD)처럼 일상과 문명을 혁신한 기술들을 발명한 과학자들도 다수 포함되어 있다. 게다가 삶의 절반을 이루는 밤을 밝혀서 낮을 연장시키는 조명 기술의 혁신이 우리에게 미치는 영향력이란 생각보다 훨씬 막대한 것이다.

인류는 과거 대부분의 시기에 연료를 태워 빛을 얻었다. 나무, 각종 기름, 석탄 기체 등을 연소시키는 과정에서 발생하는 빛을 조명으로 이용한 것이다. 19세기에 두 탄소 전극 사이에 고전압을 걸어서 일종의 인공 번개인 아크(arc) 방전을 발생시켜 빛을 얻는 아크등이 등장하기도 했지만 지난 한 세기 인류의 밤을 견고히 밝힌 전기 조명의 대표 주자는 백열등과 형광등이었다.

백열등은 공기를 뺀 유리 전구 속 필라멘트가 전류에 의해 고온으로 달궈지면서 나오는 백열광을 이용한 것이다. 그러나 섭씨 2500도 이상으로 달궈지는 필라멘트는 가시광선보다는 적외선(열선)을 압도적으로 많이 방출한다. 공급되는 전기 에너지의 5퍼센트 정도만 가시광으로 바꾸는 백열등이 에너지 절감이 강조되는 이 세기를 버텨내지 못하고 역사의 뒤안길로 사라져가는 것은 당연한 수순처럼 보인다.

지금도 사무실과 가정을 환히 밝히고 있는 형광등은 어떨까? 형광등이 사실 눈에 안 보이는 자외선을 내는 램프라는 것을 아는 사람들은 많지 않다. 유리관 속에 봉입된 수은(Hg)과 불활성 기체[1]를 방전시키면 강한 자외선이 방출된다. 이를 그대로 이용하면 살균과 소독에 쓰이는 자외선 램프가 되지만 형광체라는 물질로 램프 내부를 코팅하면 자외선이 형광체를 거쳐 가시광선으로 바뀌면서 백색 조명등이 된다. 입력된 전기 에너지의 25퍼센트 정도를 빛으로 바꾸는 형광등은 백열등보다 에너지 효율이 높아 지금도 광범위하게 사용되고 있다. 그렇지만 수은이라는 유해 물질이 함유되어 있다는 치명적 약점과 LED의 확장 속에서 형광등 역시 조명의 무대에서 떠날 운명에 놓이리라는 점은 분명해 보인다.

1990년대 중반 처음 등장한 작은 청색 반도체 광원이 일으킨 혁명은 어디까지 와 있을까? 반도체의 종류에 따라 다채로운 색상을 낼 수 있고 점광원의 특성상 다양한 형상으로 디자인할 수 있다는 장점으로 인해 LED는 이제 디스플레이용 광원뿐 아니라 일반 조명의 각 분야에 광범위하게 활용되고 있다. 게다가 반도체 광원의 속성상 점멸이 자유롭고 디지털 제어가 용이하기 때문에 LED는 사물 인터넷의 시대에 정보를 전달하는 수단으로, 다양한 센서를 결합한 지능형 조명 시스템으로 진화하고 있는 중이다.

이런 일반 조명과는 달리 단 하나의 파장, 단 하나의 색만을 내는 레이저는 매우 독특한 광원이다. 빛의 위상 관계가 상당히 오랜 시간과 긴 거리 동안 일정하게 유지되는 결맞음(coherence) 광원의 특성상 레이저는 직진성을 가지며 먼 거리를 진행하는 단색광이라는 독보적 위치를 갖는다. 산업계의 각종 가공용 레이저에서부터 라식 수술 등 의료용 레이저, 일상생활 속에 사용되는 스캐너, 바코드, 레이저 프린터 등에 이르기까지 레이저의 응용 분야는 실로 광범위하고 다양하다. 특히 매우 짧은 시간 동안 파워를 집중할 수 있는 펄스 레이저는 원자-분자 동역학 연구나 핵융합 연구 등 다양한 분야에서 쓰임새를 넓혀가고 있다.

4차 산업 혁명, 인공 지능과 빅 데이터의 구호가 요란한 요즘은 혁신적 기술에 대한 요구도 함께 늘어나고 있다. 특히 전 지구적 기후 변화와 환경 위기에 능동적으로 대처하기 위한 과학자, 공학자의 노력도 더 빨라지고 있다. 지구 전체 발전량의 무려 4분의 1을 소비하는 조명 기술도 예외는 아니다. 그만큼 에너지 절감형 조명의 개발이 인류의 에너지 소비 규모에 미칠 영향은 막대하다. 그렇다고 혁신적 아이디어가 미래에 전부 현실화될 수는 없을 것이다. 백열등의 성공 뒤에는 수없이 많은 필라멘트 재료를 실험한 토머스 에디슨(Thomas Edison, 1847~1931년)의 끈질긴 노력이, 청색 LED의 개발 뒤에는 노벨상 수상자들이 수행했던 수천 번의 지난한 실험이 있었다. 혁신의 시작이 창의적 아이디어라면 이의 현실화를 뒷받침하는 것은 각고의 노력임이 분명해 보인다. 지난 한 세기와는 근본적으로 다른 특성의 조명 기술이 자리를 잡고 있는 21세기에는 혁신적 기술과 신조명의 융합이 새로운 기술적 조류로 자리 잡을 것이다.

밤의 장막을 걷어낸 백열전구

상용화된 지 벌써 100년이 훌쩍 지난 백열전구는 현재 조명 시장에서 퇴출의 과정을 밟고 있지만, 이 전구가 지난 시기 인류에게 미친 영향은 실로 막대했다. 백열전구의 몸체에 해당하는 둥그런 유리구 내에는 꾸불꾸불한 필라멘트가 지지대와 도입선에 의해 고정되어 있고, 전원 스위치를 켜서 전류를 흘려보내면 필라멘트의 온도가 자체 저항으로 발생하는 열에 의해 무려 섭씨 2600도 혹은 이보다 더 높은 온도로 달구어진다. 고온으로 가열된 물체가 빛을 방출하는 현상인 열 복사는 물체를 구성하는 원자들의 격렬한 열 운동과 관련이 있다. 원자를 구성하는 전하를 띤 입자들(전자와 원자핵)의 격렬한 진동은 전자기파를 방출하기 때문이다.

고온의 물체가 내는 빛의 색깔은 물체의 온도에 의존한다. 뜨겁게 달구어진 용광로 내부의 쇳물이 내는 빛의 색깔을 예로 들어보자. 쇳물의 온도가 올라가면 검붉은 색의 빛이 나오다가 노란색을 거쳐 점차적으로 흰색 빛으로 바뀌게 된다. 수천 도의 온도를 정확히 잴 수 있는 온도계가 없던 옛날에는 쇳물에서 나오는 빛의 색깔로 온도를 추정하곤 했다. 백열전구도 마찬가지다. 필라멘트가 충분히 달구어지지 않아 필라멘트의 온도가 낮은 경우에는 주로 빨간색 성분의 빛이 방출되지만 온도가 올라가면 초록색의 비중이 늘어나면서 노란색 계열의 빛으로 바뀐다. 즉 필라멘트의 온도가 방출되는 빛의 스펙트럼을 결정하는 것이다. 백열전구의 스펙트럼은 흑체 복사[2]가 방출하는 스펙트럼과 매우 유사하다. 따라서 백열전구의 스펙트럼과 거의 동일한 스펙트럼을 방출하는 흑체의 온도를 해당 백열전구의 상관색온도(correlated color temperature)라고 부른다. 가정에서 사용하는 일반적인 백열전구의 상관색온도는 2600~3000켈빈 정도다.[3]

필라멘트가 끊어지면 백열전구의 수명은 끝난다. 수명이 다한 백열전구를 가만히 흔들어 보면 끊어진 필라멘트가 흔들리면서 가벼운 소리가 나는 것을 경험할 수 있다. 백열전구는 필라멘트의 온도가 높을수록 더 많은 빛을 내놓기 때문에 오늘날에는 높은 온도에도 오래 견딜 수 있는 텅스텐(W) 필라멘트를 사용한다. 텅스텐의 녹는점은 무려 섭씨 3410도나 되기 때문이다. 이렇게 녹는점이 높은 텅스텐 필라멘트도 백열전구 내에서 고온으로 달구어지면 끊임없이 증발하면서 얇아진다. 텅스텐의 증발을 막기 위해 오늘날에는 보통 질소(N_2)나 아르곤(Ar)처럼 화학적으로 안정한 기체를 전구 내에 함께 봉입한다.

에디슨이 백열전구를 발명한 초기부터 텅스텐 필라멘트가 쓰였던 것은 아니다. 에디슨은 자신의 연구팀과 함께 종이나 대나무 등 각종 섬유를 태워 얻은 수백 가지 종류의 탄소 필라멘트를 끊임없이 테스트했다. 1879년 10월 22일 에디슨의 멘로파크 실험실에서는 무명실을 탄화(炭化)해 얻은 탄소 필라멘트가 진공 유리구 내에서 빛을 발하면서 무려 14시간 30분을 버텼다. 이 빛은 본격적인 인공 조명 시대의 개막을 알리는 신호탄이었다. 다양한 종류의 탄소 필라멘트는 1910년 미국의 윌리엄 쿨리지(William D. Coolidge, 1873~1975년)가 텅스텐을 가늘게 뽑아내는 데 성공하면서 텅스텐 필라멘트로 교체됐다.

에디슨이 백열전구를 최초로 생각해 낸 사람은 아니다. 백열전구의 개념은 그 이전부터 널리 알려져 있었고 실제로 1860년에 영국의 물리학자이자 발명가인 조지프 스완(Joseph Swan, 1828~1914년)이 탄소 필라멘트를 시험한 바도 있다. 에디슨이 진정으로 발명한 것은 장시간 버틸 수 있는 필라멘트의 재질과 더불어 전기를 효율적으로 생산하고 배분해 조명등을 밝힐 수 있었던 전기 조명 시스템이었다. 그는 기업 자본의 재정 지원을 끌어들이면서 현대적인 의미의 대규모 연구실을 운영했고 이를 통해 전구뿐 아니라 발전기, 도선, 절연체 등 조명 및 전력 공급 네트워크의 각 요소에 대해 끊임없이 실험을 수행하고 상용화하고자 했던 것이다.

백열전구가 방출하는 스펙트럼의 대부분은 눈에 보이지 않는 적외선이다. 백열전구는 자신이 사용하는 전체 전기 에너지의 불과 5퍼센트 정도만 빛으로 바꾼다는 치명적 단점을 가지고 있다. 오늘날에는 백열전구보다 발광 효율이 5배 더 뛰어난 형광등이 조명의 주류가 되었고 최근에는 효율과 수명 면에서 형광등을 능가하는 고체 발광 다이오드, 즉 LED가 영역을 급속히 넓히고 있다. 그렇지만 백열전구는 특유한 따뜻함과 자연스러운 물체색의 연출[4]로 인해 지난 20세기에 인류의 사랑을 듬뿍 받은 전기 램프이다. 어린 시절 앞마당의 한켠에서 노란색 따뜻함으로 어둠을 밝혀 주던 백열전구에 대한 아스라한 기억은 영원한 추억으로 남을 것 같다.

빛의 연금술, 형광체

까마득히 먼 옛날, 햇빛이 사라진 후의 칠흑 같은 밤은 인류의 먼 조상들에게 공포의 대상이었을 것이다. 어둠 속에 출몰하는 맹수들의 공격을 피하기 위해 인간은 처음에는 번개나 산불 등으로 발화하는 자연의 불을 이용하기 시작했고, 그 불을 길들이면서 무엇인가 연소시켜 빛을 얻는 기술을 발전시켜 왔다. 양초나 등(燈)을 만들어 사용하면서 식물의 기름, 동물의 수지, 석유 등 다양한 물질을 연소시켜서 빛을 얻었다.

오늘날 스위치만 켜면 조명 빛을 얻는 것이 너무나 당연하고 자연스러운 일이 되었지만, 지난 인류의 역사 속에서 최초의 전깃불이라 할 수 있는 아크등[5]이 사용되기 시작한 것은 겨우 150여 년 전이었다. 보다 밝고 아름다운 빛을 만들어 내고자 하는 인간의 노력으로 오늘날 우리는 매우 다양한 인공 광원들을 이용할 수 있게 되었다. 그리고 이 과정에서 가장 커다란 역할을 한 물질을 꼽으라고 한다면 '형광체(螢光體, 혹은 형광 물질)'를 들 수 있을 것이다.

형광체란 외부로부터 에너지를 받아서 그 에너지의 일부를 빛(가시광선)으로 바꾸는 물질들을 통틀어 일컫는 말이다. 형광체에 공급하는 에너지는 자외선, 전자빔, 전기 에너지, 열 에너지 등 매우 다양한 형태를 띤다. 최초의 형광체는 1603년 이탈리아의 한 연금술사에 의해 합성된 태양석이었다. 햇빛 아래 두었다가 어두운 곳으로 옮겨 놓으면 빛을 발산하던 태양석은 황산바륨($BaSO_4$)에 불순물이 포함되어 있던 물질로 추정된다.

형광체는 일반 조명 분야에서 약방의 감초 격으로 자주 쓰이는 물질이 되었다. 일반 조명으로 광범위하게 사용되는 형광등이 가장 대표적인 예라 할 수 있다. 깨진 형광등을 보게 되면 형광등의 몸체를 이루는 유리의 내벽에 하얀 가루가 코팅되어 있는 것을 볼 수 있는데 이것이 바로 형광체다. 형광등 내부에는 보통 아르곤 등 비활성 기체와 액체 금속인 수은이 함께 봉입되어 있다. 스위치를 켜면 형광등 내부의 양쪽에 있는 전극에 전압이 가해지면서 전자가 방출된다. 전압에 의해 고속으로 가속된 전자는 내부 기체 원자들과 부딪히며 수은과 아르곤 기체가 전리되어 이온과 전자가 공존하는 방전 플라스마가 만들어진다. 플라스마를 이루는 전자가 중성의 수은 원자에 충돌하면 그 에너지를 흡수한 수은 원자는 자외선을 방출하며 에너지를 잃고 원래의 상태로 돌아온다.[6] 자외선 자체는 눈으로 볼 수 없지만 이 자외선이 형광체를 만나면 가시광선으로 바뀌어 어둠을 밝혀준다. 형광등에는 일반적으로 자외선을 받아 그 에너지를 빨간색, 초록색, 파란색 빛으로 변환시키는 세 종류의 형광체를 섞어 사용한다. 그래서 우리 눈에는 이 세 색상의 빛이 섞인 흰색 빛이 보이는 것이다.

백색 LED 조명의 경우에도 빛을 만드는 과정에 형광체가 사용되는 경우가 대부분이다. 백색 LED는 청색 LED 칩 위에 형광체를 코팅해서 구현한다. LED 칩에서 방출되는 파란색 빛을 노란색 빛으로 바꾸어 주는 황색 형광체, 혹은 초록색과 붉은색으로 바꾸어 주는 적록 형광체가 주로 사용되고 있다.

시각 정보를 빛의 형태로 전달하는 디스플레이의 경우는 어떨까? 과거 오랜 기간 동안 가장 친숙한 디스플레이였던 브라운관 방식의 TV는 형광체를 디스플레이에 이용한 가장 대표적 사례라 할 수 있다. 브라운관 방식 디스플레이의 화면을 구성하는 각 화소(pixel)들은 빨간색, 초록색, 파란색 빛을 발산할 수 있는 형광체들이 규칙적인 형태로 배열되어 있다. 브라운관의 뒤쪽에 있는 전자총이 화면의 각 화소에 전자빔을 쏘아대면 고속으로 움직이는 전자빔의 운동 에너지가 형광체 화소에 전달되면서 가시광선으로 변환된다. 한 화소를 구성하는 세 종류의 형광체 패턴(빨간색, 초록색, 파란색)에 에너지를 공급하는 전자빔의 세기를 바꾸면 화소의 밝기와 색상을 조절할 수 있고 이를 통해 아름다운 총천연색 화면이 구현된다.

더 아름답고 밝은 빛을 만들어 내고자 하는 인간의 노력은 오늘날 매우 다양한 종류의 형광체 합성 기술 및 이와 관련된 산업 분야를 일으켰다. 날로 발전해 가는 조명과 디스플레이 기술의 이면에는 이런 빛의 연금술과 이를 발전시켜 온 현대의 연금술사들이 펼친 노력이 자리 잡고 있는 것이다.

형광등의 변신은 무죄

한국에서 미국 공군 소속 기상병으로 근무하기도 했던 예술가 댄 플래빈(Dan Flavin, 1933~1996년)은 형광등을 오브제로 활용, 독창적인 설치 작품을 추구한 것으로 유명하다. 1963~1974년 제작된 그의 초기 작품 14점이 전시된 전시회 '위대한 빛'[7]을 방문한 적이 있다. 미니멀리즘 예술의 거장다운 그의 예술적 관점이 형광등이라는 단순한 조명을 통해 어떻게 드러나 있을까?

오늘날의 형광등은 최초로 발명된 1930년대와 기본적으로 동일한 구동 방식으로 빛을 만들어 낸다. 형광등 내부에 봉입된 비활성 기체에 전기 에너지를 공급하면 약한 플라스마가 형성되면서 자외선이 방출된다. 몸에 해롭고 강한 살균력을 지닌 이 단파장 자외선을 그대로 활용하면 살균용 수은등으로 응용할 수 있다. 반면에 형광등의 유리관 내벽에 형광체를 코팅하면 방출된 자외선이 형광 물질에 흡수되어 가시광선으로 바뀐다. 이 형광체란 물질로 인해 조명등의

2018년 롯데뮤지엄에서 열린 '위대한 빛' 전시회 전경. 「무제(당신, 하이너에게 사랑과 존경을 담아)」를 사진에 담아 보았다.

이름이 형광등이라 명명되었다.

형광등이 다양한 색을 낼 수 있는 비밀은 바로 형광체에 있다. 일반 조명용 형광등의 개별 형광체 입자들은 빛의 삼원색(빨간색, 초록색, 파란색) 중 하나를 방출하지만 전체적으로는 세 가지 색이 섞여 백색광이 만들어진다. 빛의 삼원색을 적절히 섞으면 인간의 눈이 인지하는 대부분의 색을 구현할 수 있다. 따라서 세 종류의 형광 물질을 적당한 비율로 섞어서 다양한 색채의 형광등을 만든다. 자외선을 받아 초록색과 빨간색 빛으로 바꾸는 두 종류의 형광 물질을 섞으면 노란색 빛이 나온다. 형광등의 은은한 빛은 표면의 확산 특성과 관련되어 있다. 형광 물질 입자들이 고르게 코팅된 표면에서 만들어지는 빛은 사방으로 고른 밝기를 제공하는 람버시안[8] 확산광의 분포를 형성하고 이것이 형광등의 은은한 분위기를 연출한다.

형광등은 원형이나 U자형, 혹은 나선으로 꼬인 형상처럼 다양한 모양으로 제작될 수 있다. 그런데 플래빈은 자신의 작품에 주로 직선 모양의 직관형 형광등을 사용했다. 플래빈의 전시 공간에서 형광등은 조연이 아니라 주연이다. 기하학적 형상으로 배치된 발광체들이 은은한 빛을 뿜어내며 어떤 의도를 가진 양 관객들을 기다리고 있었다. 관람자는 형광등이 만들어 낸 빛의 공간 속으로 걸어 들어가 빛과 만나고 빛과 연결되어 끝내는 작품의 일부가 된다. 빛의 공간 속에서 움직이는 관람자들은 새로운 공간을 점유해 가며 작품의 모습을 끊임없이 변화시킨다. 다양한 색조의 형광등은 위치와 각도를 바꾸는 사람들에게, 그리고 움직이는 사람들로 인해 매 순간 다른 모습으로 다가온다.

이런 경험은 일정한 위치에 서서 거리를 유지하며 바라보는 미술작품을 감상할 때와는 확연히 다른 느낌이었다. 미술관의 작품들은 조명의 빛을 반사함으로써 자신의 존재를 드러낸다. 조명의 조사 각도와 밝기, 색감에 의존할 수밖에 없는 그들은 객관적인 감상물로 대상화된다. 반면에 플래빈이 만든 빛의 공간은 사람의 능동적 참여를 유도하는 수용의 공간이다. 관객은 작품을 감상하는 주체이자 동시에 작품 속으로 걸어 들어가 작품의 일부를 이루는 객체가 되는 경험을 통해 능동적 감상이라는 소중한 경험을 얻는다.

환경 유해 물질 중 하나인 수은을 사용하는 형광등은 머지않은 미래에 일상 생활에서 사라질 존재다. 발광 다이오드에 기반한 새로운 조명들이 그 자리를 차지해 들어오고 있다. 그래서 이런 작품으로 형광등의 존재가 먼 미래까지 이어질 수 있다는 것은 기분 좋은 일이다. 형광등만의 독특한 느낌과 색감, 양 끝단의 흑화된 자국까지, 형광등의 고유한 형상과 빛의 분포가 만들어 낸 공간에 푹 잠겨 빛을 느껴 본다.

가로등이 주로 노란색을 띠는 이유는?

강원도처럼 산이 많은 지역으로 가려면 수많은 터널들을 통과한다. 밝은 낮에 갑자기 어두운 터널에 들어가면 눈이 어둠에 바로 적응하지 못하기 때문에 보통 터널 입구와 출구에는 터널 중간보다 램프의 숫자를 늘려서 조명의 밝기가 서서히 줄어들거나 늘어나도록 한다.

터널 속 조명의 빛깔을 떠올려 보자. 우리가 일반 가정에서 사용하는 전등의 빛깔이 주로 흰색인 데 반해서 터널 내 조명 빛깔은 예전에는 노란색을 띠는 경우가 많았고 요즘도 어렵지 않게 찾아볼 수 있다. 한밤중 골목길을 비추는 가로등 역시 황색 빛을 내는 전구가 많이 사용된다. 너무 친숙하다 보니 무심코 지나치게 되는 이 조명의 색에는 어떤 비밀이 숨어 있을까?

터널등이나 가로등으로 많이 쓰이는 황색 전등은 소듐등 혹은 소듐 램프라고 불리는 전등이다. 소듐(Sodium, 나트륨)은 원자 번호가 11번인 가벼운 알칼리계 원소로서 소금(NaCl)을 구성하는 두 원소 중 하나이기도 하다. 소듐등을 만들 때는 보통 네온과 소듐을 램프 내부에 같이 봉입한다. 램프를 점등시키면 처음에는 네온 기체가 내는 붉은 빛이 방출되지만 전등의 온도가 올라감에 따라 소듐이 증발하면서 전기 아크 방전[9]이 만들어지고 소듐의 방전 색깔인 황색 빛이 발생한다. 이 황색 빛은 보통 소듐의 D선이라 불리는, 589나노미터 근처의 두 파장으로 이루어진 빛으로써 다른 색깔의 빛이 섞여 있지 않은 순수한 단색광(單色光)에 가깝다.

저압 소듐등은 한 가지 색깔의 빛만을 내기 때문에 가정이나 사무실용 조명으로는 사용할 수가 없다. 황색 빛만 방출하는 전등 밑에서는 물체의 색깔들을 제대로 구분할 수 없기 때문이다. 그렇지만 색깔의 구분이 그렇게 중요하지 않은 장소, 특히 야간의 옥외용 조명으로써 소듐등은 많은 장점들을 가지고 있다. 수은도 포함되는 고압 소듐등은 저압 전등에 비해 스펙트럼이 넓어져 흰색에 가까워지지만 그래도 소듐 특유의 황색 색감이 강하게 남아 있다.

물체색을 충분히 연출하지 못하는 소듐등을 사용하는 이유는 무엇일까? 우선 소듐등은 단일 색깔을 내는 광원이기 때문에 물체의 형태를 인식하는 데 유리하다. 특히 야간에 도로 위에 존재하는 요철들을 잘 식별할 수 있게 해 준다. 두 번째로, 소듐등이 내는 황색 빛은 안개나 매연이 있는 조건에서 보다 멀리까지 퍼져 나간다. 이것은 보통 파장이 길어질수록 산란이 덜 되고 멀리까지 진행하는 빛의 특성에 기인한다. 브레이크 등으로써 가시광선 중 파장이 가장 긴 빨간색 램프를 이용하는 것도 같은 이유 때문이다. 소듐등은 안개 낀 상황에서 운전자의 투시성을 좋게 해서 교통 사고를 방지하는 데 일조한다.

마지막으로, 소듐등은 발광 효율이 매우 높아 야간에 적은 전기에너지로도 밝은 빛을 만들어 내는 데 절대적으로 유리하다. 효율이 높은 이유는 바로 사람 눈의 감도 곡선 때문이다. 시각 체계는 각 파장별로 동일한 양의 빛이 들어오더라도 그 빛의 색깔에 따라 차별 대우를 하며 받아들인다. 즉 인간의 시각은 파장이 555나노미터인 초록색 빛에 가장 잘 반응하는 데 반해 파란색과 빨간색 쪽으로 갈수록 밝기를 감지하는 정도가 줄어든다.[10] 이들의 바깥쪽에 존재하는 자외선과 적외선은 아예 감지하지 못한다.

소듐등이 내는 589나노미터 파장의 황색 빛은 초록색 빛의 근처에 자리 잡고 있기 때문에 사람의 눈이 가장 잘 인지할 수 있는 파장 영역에 속한다. 동일한 전기 에너지를 쓰더라도 소듐등이 만드는 빛의 양, 즉 사람의 눈이 인지하는 빛의 양은 가정에서 사용하는 형광등의 2배 정도이다. 높은 밝기를 유지해야 하는 가로등이나 터널 내 조명등으로 소듐등은 이상적인 광원이라 할 수 있겠다.

8장
LED와 21세기

빛을 내는 반도체, LED

인류사에서 가장 획기적인 전환점을 들라면 그중 하나는 인간이 불을 이용하게 된 시점일 것이다. 알타미라 동굴 벽화의 옆에 석등이 발견된 것처럼 불은 인간의 활동 범위를 어둠 속으로 연장했고 문명의 태동을 이끌어 내는 데 기여했다. 인류는 오랜 시간 동안 인공적인 빛을 얻기 위해 '화염'을 이용했다. 모닥불, 기름 램프, 가스등, 양초 등이 대표적인 예이다. 이들은 모두 높은 온도에서 화석 연료나 다른 뭔가를 태워서 빛을 얻는 도구들이다. 그러나 이러한 조명은 연기와 그을음, 냄새뿐 아니라 항상 화재의 위험이 동반됐다. 지난 세기 인류가 사용해 왔던 백열등과 형광등은 이런 문제점들을 개선한 인공 조명 광원으로 각광을 받았다.

인공 빛을 만드는 또 다른 방식으로는 반도체를 이용하는 방법이 있다. 흔히 반도체를 컴퓨터에 사용되는 메모리나 전기 소자를 만드는 소재로만 생각하기 쉽지만, 최근 우리 생활에 급속도로 파고들고 있는 신조명인 발광 다이오드나 레이저 다이오드(laser diode)가 바로 반도체에 기반해 만들어지는 고체 광원이다.

물질을 구분하는 기준 중 하나는 전기(전류)가 어느 정도 잘 통하는가, 거꾸로 전기 저항이 얼마나 작은가이다. 반도체는 전기를 통하지 않는 절연체(부도체)와 금속처럼 전기가 매우 잘 통하는 도체의 중간 상태의 성질을 가진 물질이다. LED를 구성하는 다이오드는 음의 전하를 띠는 전자(electron)를 공급하는 n형 반도체와 전자를 받아들일 수 있는 빈자리를 가진 p형 반도체를 접합해 놓은 구조로 이루어져 있다.[1]

p형 반도체 내에서 전자를 받아들이는 구멍들은 양의 전하처럼 행동하는데 이를 정공(hole)이라 부른다. LED에 전압을 가하면[2] 전자와 정공이 이동하다가 n형과 p형 반도체가 붙어 있는 접합면에서 만나 자신들이 가지고 있던 에너지의 일부를 빛으로 방출한다.

LED에 사용되는 반도체의 종류와 조성에 따라 빨간색, 초록색, 파란색과 같은 다양한 색깔의 빛을 낼 수 있을 뿐 아니라 눈에 보이지 않는 자외선이나 적외선을 방출하는 LED를 구현하기도 한다. 특히 1990년대 들어서 파란색 파장 대역의 빛을 낼 수 있는 실용적인 청색 LED가 개발되면서 LED 상용화의 새로운 전기가 마련되었다.[3] 청색 LED에 황색 형광체를 덮어서 청색 빛과 황색 빛을 섞어 새로운 방식으로 백색광을 구현하는 것이 가능해진 것이다. 여기서 황색 형광체는 청색 빛을 흡수한 후 황색 빛을 방출하는 물질을 일컫는다. 황색 형광체 대신 녹색 형광체와 적색 형광체를 섞어서 청색 LED와 결합해 사용하기도 한다. 또는, 형광체를 사용하지 않고 빨간색, 초록색, 파란색 빛을 내는 세 종류 LED 칩을 조합해서 흰색을 얻거나 형광등과 비슷하게 자외선을 내는 LED에 적녹청 삼색 형광체를 덮어서 자외선을 흰색으로 바꾸는 방식이 이용되기도 한다. 그렇지만 요즘 디스플레이와 일반 조명에 사용되는 대부분의 백색 LED는 청색 LED 칩 위에 형광체를 도포하는 방식으로 백색을 구현한다.

LED의 다른 적용 분야에는 어떤 것들이 있을까? 우선 거리의 교통 신호등을 예로 들어보자. 과거에는 커다란 할로겐 전구에 색유리를 끼운 신호등이 주로 사용되었지만 요즘은 어디를 가나 매우 밝고 작은 램프들이 촘촘히 동심원으로 배열된 신호등을 볼 수 있다. 이 작은 점광원(點光源) 하나하나가 바로 LED다. 구형 신호등보다 더 선명하고 밝은 빛을 낼 수 있고 소비 전력이 줄어들 뿐 아니라 수명도 길어진다. LED는 신호등뿐만 아니라 전광판과 같은 대형 디스플레이나 다리, 빌딩, 관광 명소의 장식용 경관 조명으로도 광범위하게 사용되고 있다.

LED 조명의 개화를 보여 주었던 가장 극적인 사례 중 하나는 아마도 그 규모와 화려함으로 인해 전 세계의 시선을 끌었던 2008년 베이징 하계 올림픽이었을 것이다. 개막식에서 공중에 떠올랐던 거대한 오륜기나 중국 역사를 화려하게 보여 준 두루마기 화폭에는 각각 수만 개의 LED가 사용되었다. 박태환 선수가 금메달을 땄던 수영장 워

3색 LED.

터 큐브를 밤새 화려하게 수놓은 것도 50여 만 개의 LED 조명이었다. 그렇지만 오늘날 LED는 특수 조명의 영역을 넘어 이미 우리 생활 깊숙이 들어와 있는 주요한 조명 기술이 되었다. 노트북이나 컴퓨터 모니터에서부터 TV에 이르기까지 액정 표시 장치(Liquid Crystal Display, LCD) 화면을 사용하는 대부분의 디스플레이에는 백색 LED가 들어가 있어서 화면을 통해 흘러나오는 빛을 만들어 낸다.[4]

가정용 조명을 형광등에서 LED로 바꾸는 가정도 계속 늘고 있다. 이런 추세는 전 세계적으로 진행되고 있어 많은 나라들이 효율이 나쁜 백열등이나 유해 물질이 들어 있는 형광등의 사용을 줄이고 효율이 좋은 LED를 보급시키기 위한 각종 정책과 투자를 시행하고 있다. 우리나라의 경우도 전기 소비량의 약 18퍼센트를 조명 기기가 차지하고 있기 때문에 LED와 같은 효율적인 조명의 확대는 에너지 소비 및 이산화탄소 배출량을 줄이는 데 크게 기여할 것으로 기대된다.

최근에는 기존의 무기 물질을 이용한 반도체 대신에 유기 물질을 사용하는 유기 발광 다이오드(Organic LED, OLED)가 개발되어 디스플레이 분야에 적용되고 있다. 휴대폰과 태블릿 등 소형 디스플레이 분야에서는 이미 상당한 시장 점유율을 보이고 있고 대형 TV 분야에도 OLED TV의 활약이 증가하고 있다. OLED는 구부러지는 롤러블(rollable) 디스플레이나 플렉서블(flexible) 디스플레이 등 새로운 형태의 디스플레이 신기술로 진화를 거듭하고 있다.

몇 년 전만 해도 LED 조명은 형광등보다 비쌌으나 최근의 LED 조명은 가격 경쟁력까지 확보하며 적용 분야가 급속히 확대되고 있다.

현재의 기술 개발 속도를 고려하면 LED가 일반 조명의 자리를 완전히 차지할 날도 그리 멀지는 않은 것 같다. 반세기 전에 진공관을 트랜지스터가 대체했듯이 말이다.

청색 LED가 펼치는 제 2의 빛의 혁명

노벨 물리학상이 이 분야에서 가장 중요한 발견 또는 발명을 한 사람에게 주어져야 한다는 선정 기준을 떠올려보면 2014년의 노벨 물리학상은 청색 LED를 발명해 빛의 혁명을 주도한 세 사람의 업적에 대한 당연한 대가로 생각된다. 조명 기술의 혁신을 이끈 청색 LED가 과연 어디에서 활용되고 있을까? 컴퓨터 모니터나 대형 TV 속에 숨어 흰색 빛을 만들어 내는 백라이트(backlight) 광원은 십중팔구 청색 LED를 품고 있다. 블루레이 플레이어, 휴대폰이나 태블릿, 책상 위 스탠드와 손전등, 경기장의 전광판이나 대형 건물 위 광고판, 야경을 더욱 빛내는 건물이나 다리 위 경관 조명에 이르기까지 빛을 만들어 내는 장치나 제품 속에서는 대부분 청색 LED가 주연을 담당하며 화려한 빛의 향연을 지휘하고 있다.

반도체에 적당한 불순물을 주입해서 (-)의 전자가 풍부한 n형 반도체와 (+)의 정공(전자가 비어 있는 자리)이 풍부한 p형 반도체를 만들어 붙인 후 전류를 흘리면 전자와 정공의 결합에 의해 빛이 발생한다. 만들어지는 빛의 색깔은 사용된 반도체의 종류와 조성 등에 따라 달라진다. 1950년대 말 빨간색 LED가 개발되어 간단한 표시등이나 계산기 표시창 등에 사용되기 시작했고 그 이후 노란색과 녹색 LED가 개발되면서 응용 범위가 넓어지게 되었다. 그러나 많은 연구자들의 노력에도 불구하고 1990년대 이전에는 청색 LED가 개발되지 못해 LED의 응용 범위가 제한적일 수밖에 없었다. 청색이 없다면 백색광을 만들지 못하기 때문에 디스플레이나 조명과 같은 중요한 응용 분야로 LED가 확대될 수는 없는 일이었다. 세 수상자들은 청색 LED를 성공적으로 개발함으로써 백열등을 발명한 에디슨 이후 제2의 빛의 혁명을 일으켰다.

청색 LED는 주기율표 상 3족과 5족 원소를 조합한 질화갈륨(GaN)에 인듐(In)을 섞은 질화물 반도체(InGaN)를 이용해 구현되었다. 개발 당시 가장 커다란 걸림돌은 우수한 질의 GaN 단결정을 얇게 성장시키고 이를 p형 반도체로 바꾸는 것이었다. 대학과 중소 기업에서 연구하던 세 수상자는 각각 수많은 시행 착오와 각고의 노력을 통해 1990년대 초 고품질 GaN을 성장시키는 데 성공했고 이를 통해 고효율의 청색 LED를 만들어 낼 수 있었다.[5] 이 청색 LED에 초록색과 적색 LED를 결합하거나 적절한 형광 물질을 코팅해서 백색 LED 조명을 구현할 수 있는 시대가 마침내 도래한 것이다.

물론 여느 기술과 같이 청색 LED 역시 개발 초기에는 매우 비싸고 발광 효율이 낮았지만, LED 광원의 잠재력에 주목한 연구자들의 노력으로 인해 광효율과 성능이 놀랄 정도로 빠르게 개선되었다. 반도체 산업에서 이야기되는 무어(Moore)의 법칙과 비슷하게 LED 역시 하이츠(Haitz)의 법칙에 따라 10년마다 발광 출력은 대략 20배씩 증가하고 가격은 10분의 1씩 감소해 왔다. 사람의 눈이 인식하는 빛의 양은 루멘(lumen)[6]이라는 단위로 표현한다. 백열등의 발광량이 와트당 15루멘 정도에 불과하고 형광등은 70~80루멘인데 반해, 2014년 한 LED 회사가 발표한 백색 LED의 발광 효율은 와트당 무려 300루멘에 달했다고 하니[7] 전 세계 전력 생산량의 4분의 1을 소비하는 조명 분야에서 LED의 기술 혁신이 에너지 절감에 얼마나 큰 기여를 할지 충분히 예상할 수 있다.

2000년대 들어 LED 광원의 주된 응용 분야는 액정 표시 장치(LCD)와 같은 디스플레이용 광원 장치로 확대되었다. LCD용 백라이트에 형광등 대신 백색 LED가 적용됨으로써 더 얇고, 더 효율이 좋은 디스플레이가 구현될 수 있었다. 풍부한 색감을 연출하는 용도로는 백색 LED 대신 적녹청 삼색 LED의 조합이 사용됐다. 최근 LED는 디스플레이용 광원의 영역을 벗어나 일반 조명으로 그 분야를 급속히 확대하고 있다. 이제 LED 광원이 멀지 않은 미래에 현재의 조명 광원을 모두 대체하리라는 데에는 이견이 없는 것 같다. 하지만 이런 기술의 전환이 단순히 형광등이나 백열등을 LED로 대체한다는 의미는 결코 아니다. LED가 가지는 디지털 광원이라는 속성은 기존의 조명이 가지는 수동적 조광 기능을 넘어 매우 혁신적이고 능동적인 기능과 풍부한 가능성을 제공한다.

LED는 특성상 모래알 정도 크기의 칩에서 빛을 발하는 점광원에 가깝다. LED가 구현할 수 있는 발광 파장은 적외선 및 자외선뿐 아니라 빨간색에서 파란색까지 가시광선의 모든 색깔을 포함하고 있다. 이처럼 다채로운 색깔의 점광원들을 조합함으로써 얻을 수 있는 유연성은 각 개인의 상황이나 감성에 조응하는 색상과 밝기의 빛을 실시간으로 연출하는 감성 조명의 출현을 가능케 한다. 인간의 생체 리듬에 부합해 건강을 유지하거나 생산성 향상에 도움을 주는 조명, 식물의 성장을 촉진하고 영양 성분을 조절하며 농업의 혁신을 가져올 조명 등 스마트 바이오 조명의 도래는 이미 부분적으로 현실화되고 있다. 또 하나의 중요한 가능성은 LED와 기존 반도체 기술과의 융합을 통해 현실화될 수 있다. LED 칩에 다양한 센서와 전자 소자 및 광학 부품 등을 집적하면 실내에 있는 사람들의 동선을 센서를 통해 파악하며 조명광의 방향이나 세기, 스펙트럼까지 조절하는 지능형 조명의 구현이 가능해진다. 이러한 조명이 가시광 무선 통신[8]으로 네트워크와 연결된다면 또 다른 차원의 정보 전송이 가능해질 뿐 아니라 스마트 그리드와 연결되어 효율적인 전력 관리에도 기여할 수 있을 것이다.

에디슨의 백열등에서 출발한 1세대 인공 광원의 혁명은 이제 서서히 막을 내려가고 있다. 수은이라는 유해 물질을 쓸 수밖에 없는 형광등 역시 가까운 미래에 시장에서 퇴출될 운명에 놓일 것 같다. 지난 140년간 인류의 밤을 비춘 백열등과 형광등을 제치며 바통을 이어받은 LED가 펼칠 제2의 빛의 혁명이 앞으로의 100년을 어떻게 바꿔 놓을지 자못 기대가 크다.

자연에서 배우는 지혜

LED는 부피가 작고 에너지 효율이 좋으며 다양한 색감을 자유로이 구현할 수 있어 각광받고 있지만 LED가 등장한 후로 발광 효율과 밝기를 개선하기 위한 연구자들의 끊임없는 노력이 없었다면 LED의 현재는 없었을 것이다. LED의 약점 중 하나는 빛이 반도체 내부, 즉 p형 반도체와 n형 반도체의 접합면에서 만들어진다는 것이다. 반도체와 같은 물질 내에서 빛이 만들어지면 생성된 빛의 상당량이 반도체와 공기의 표면에서 반사되어 내부로 돌아가 버린다. 이는 기본적으로 반도체와 공기가 가지는 굴절률의 차이 때문이다. 공기의 굴절률은 약 1인데 반해 대표적인 반도체 물질인 실리콘(Si)의 굴절률은 3.67, 청색 LED를 구성하는 질화갈륨의 굴절률은 2.4 정도다.

빛은 굴절률이 서로 다른 두 물질 사이의 경계에서 일부는 반사되고 일부는 투과되면서 굴절되는 성질이 있다. 굴절률이 1.33인 물속에서 물 밖 공기로 레이저빔을 쏜다고 해 보자. 굴절률이 높은 물에서 출발해 굴절률이 낮은 공기와의 경계면에 비스듬히 부딪힌 빛은 진행하던 방향을 기준으로 경계면에 수직인 법선으로부터 더 멀어지는 방향으로 꺾인다.[9] 따라서 물속에서 쏘는 레이저빔의 각도를 점점 더 기울이면 특정한 입사 각도에 대해서는 공기 중 빛이 꺾이는 굴절 각도가 90도가 될 것이다. 이 조건을 만족하는 입사각을 임계각(critical angle)이라 한다.[10] 만약 계면에 입사되는 빛의 입사각이 임계각보다 더 커지면 그 빛은 물 밖으로 빠져나가지 못하고 전부 물속으로 되돌아간다. 이 현상을 내부 전반사(total internal reflection)라 한다. 물속에 잠수해 있을 때 똑같이 잠수해서 나를 향해 헤엄쳐 오는 상대의 모습이 물의 표면에 거울처럼 비쳐 보이는 것도 상대의 몸에서 떠난 빛의 일부가 물 밖으로 나가지 못하고 내부 전반사를 통해 내 눈에 들어오기 때문이다.

빛이 특정한 조건에서 굴절률이 큰 매질에서 빠져나오지 못하는 내부 전반사 현상은 다양한 광학 소자에서 매우 유용하게 사용된다. 가장 대표적인 사례는 광통신에 사용되는 광섬유다. 광섬유를 구성하는 유리 가닥은 가운데 있는 굴절률이 큰 코어(core)라는 유리 재질을 굴절률이 다소 작은 클래딩(cladding)이라는 유리가 감싸는 구조를 가진다. 따라서 굴절률이 큰 코어에 적절한 각도로 빛(적외선)을 넣으면 코어와 클래딩의 계면에서 계속 내부 전반사를 하면서 먼 거리를 진행할 수 있다. 그 외 빛의 방향을 45도 혹은 90도로 틀어 주는 직각 프리즘에도 전반사의 원리가 적용된다.

어떤 경우에는 매우 유용한 내부 전반사 현상이 LED의 경우에는 골치 아픈 문제가 된다. 굴절률이 2.4인 LED 내부에서 빛이 만들어졌다고 해 보자. 이때 LED와 공기 사이에 형성되는 임계각은 약 24.6도이다. 따라서 법선에 대해 24.6도보다 더 큰 각도로 입사하는 모든 빛은 공기로 탈출하지 못하고 반도체 내부로 다시 돌아간다. 내부에서 만들어진 빛 중 전반사로 다시 갇히는 빛의 비중은 무려 73퍼센트나 된다. 이런 문제는 OLED에서도 동일하게 발생한다.

반도체의 내부에 갇힌 빛을 빼내는 것은 LED의 효율을 올리고 상

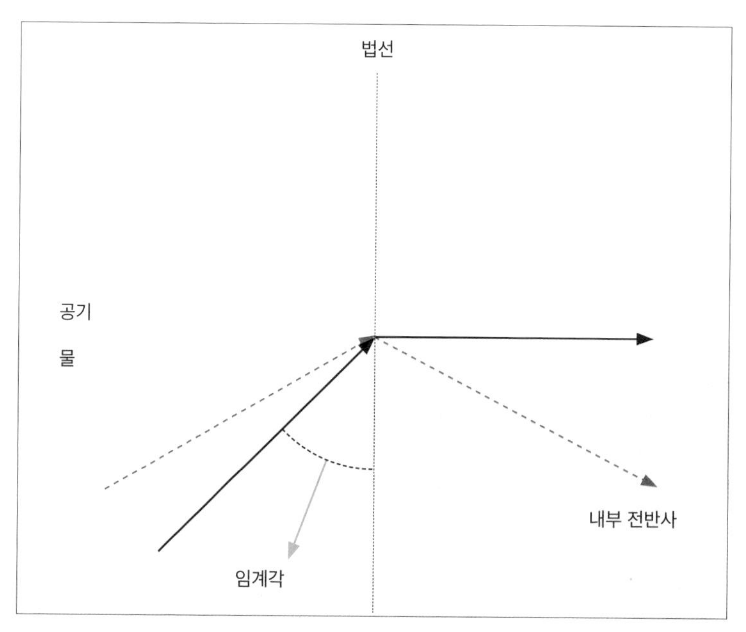

임계각과 내부 전반사.

용화를 촉진하는 데 있어 매우 중요한 기술적 이슈였다. 이 문제를 해결하기 위해 연구자들은 다양한 방법을 활용했다. 가장 대표적으로는 LED의 매끈한 표면에 다양한 형상을 새기거나 표면을 거칠게 만들어서 빛이 반사되지 않고 밖으로 나오게 하는 것이다. 작은 형상의 마이크로 렌즈를 LED 표면에 새기면 갇혀 있는 빛을 밖으로 빼내는 데 매우 효과적이다. 때로는 LED 내부에 적당한 패턴을 새겨 빛의 방향을 퍼뜨리면서 전반사가 일어날 조건을 완화시키기도 한다. 내부에 갇힌 빛을 빼내는 광추출 기술은 LED의 발광 효율을 획기적으로 향상시키는 데 큰 역할을 해 왔다.

때로는 자연으로부터 지혜를 빌려 오기도 한다. 국내의 한 연구진은 반딧불이가 빛을 내는 발광 기관의 표피에 있는 미세한 형상을 조사해서 LED의 렌즈로 활용한 연구 결과를 발표했다.[11] 반딧불이는 배에 위치한 기관에서 나오는 빛을 상대방에 대한 구애 신호로 활용하는데, 배의 표피에는 머리카락 굵기의 1000분의 1 정도에 불과한 미세 패턴이 새겨져 있다. 이 구조가 표피와 공기 사이의 경계에서 빛의 투과를 도와 손실 없이 빛이 빠져나가도록 한다. 연구진은 이 미세 패턴의 3차원 형상을 연구해 LED의 렌즈로 활용할 경우 LED의 효율이 높아질 수 있음을 보여 주었다. 더욱 흥미로운 사실은, 컴퓨터 시뮬레이션을 통해 빛이 가장 잘 투과되는 나노 패턴을 구한 결과가 반딧불이 배에 새겨진 미세 구조와 동일한 형상이었다는 점이다. 반딧불이와 같은 곤충들은 오랜 진화의 시간 속에서 이미 최적의 조건을 스스로 만들어 온 것이다.

생체 모방 기술은 이미 다양한 기술 분야에 적용되고 있다. 나방 눈에 새겨진 미세 렌즈를 모방해 빛의 반사를 방지하는 막을 형성하는 기술은 한 예에 불과하다.[12] 곤충들이 연출하는 무지갯빛이나 빛을 선택적으로 반사시키는 특이한 현상들 뒤에는 대부분 나노 스케일의 구조나 패턴이 형성되어 있음을 고려하면, 자연 그 자체가 인간의 기술적 진화에 필요한 디자인의 풍부한 보고임이 분명하다. 다양한 기술적 이슈, 혹은 인류가 맞서고 있는 다양한 문제에 대해 자연으로부터 지혜를 구하려는 노력이 필요한 때이다.

9장
디스플레이의 과거

정보 공유의 총아 디스플레이

오늘날을 정보 기술의 시대, IT(Information Technology)의 시대라 부른다. 그만큼 정보의 생산, 유통, 공유가 현대인의 생활에서 필수불가결한 요소로 자리 잡고 있다는 이야기일 것이다. 디스플레이는 정보의 순환 과정에서 정보 향유자들에게 정보를 시각적 형태로 전달하는 핵심 기기다. 20세기만 해도 각 가정의 거실에 자리 잡은 TV가 정보 전달의 핵심 역할을 했던 것에 비해 오늘날 언제 어디서나 본인이 원하는 정보에 쉽게 접근할 수 있는 시대가 된 데에는 디스플레이와 네트워크 기술의 발달이 가장 중요한 역할을 했다.

디스플레이란 정보를 시각적 방식으로 전달하는 전자 소자로, 사람의 눈이 느끼는 가시광선의 밝기와 색상을 조절해 정보를 표시한다. 디스플레이 화면은 화소라는 기본 단위로 구성된다. 보통 Full

HD[1]라 부르는 해상도의 화면은 가로로 1920개, 세로로 1080개의 화소가 배열되어 있어 총 화소 수는 대략 200만 개다. Full HD 화면은 가로 방향으로 약 2000개의 화소가 있기에 2k(k는 1000을 의미)라 불린다. 4k, 8k 화면은 가로로 각각 약 4000개, 8000개의 화소가 배열된다. 세로 방향 화소 수는 가로 방향 화소 수의 절반 정도다.

하나의 단위 화소는 일반적으로 빛의 삼원색인 빨간색, 초록색, 파란색 빛을 낼 수 있는 더 작은 부화소(subpixel) 3개를 붙여서 구성한다. 한 화소 내에서 나오는 빨간색, 초록색, 파란색 빛의 상대적인 양을 조절하면 그 화소의 색상이 결정된다. 보통 하나의 화소로 구현할 수 있는 색상의 수는 대략 1700만~10억 개다.[2] 디스플레이의 화소가 구현할 수 있는 색상의 숫자가 크다고 해서 더 선명한 화질이 나오는 것은 아니다. 화소에서 합성되어 나오는 색상을 만들어 내는 기본 재료인 빛의 삼원색 자체가 보다 순수하고 탁하지 않은 색감을 가져야만 해당 디스플레이의 화질도 더 선명해지고 자연색에 가까워진다. 신선한 재료를 사용해야 맛있는 음식이 탄생되는 것과 비슷하다고 할 수 있다. 보다 자연색에 가까운 색감과 풍부한 색상 영역을 재현하기 위한 업계의 기술적인 노력이 날이 갈수록 더욱 치열해지는 이유가 바로 여기에 있다.

디스플레이 기술은 다양한 방식으로 구분할 수 있지만 화면이 빛을 만드는 방식에 따라 자발광(自發光) 디스플레이와 비자발광(非自發光) 디스플레이로 구분한다. 자발광 디스플레이에서는 화면을 구성하는 화소에서 직접 가시광선이 만들어져 방출되는데 반해 비자

발광 디스플레이는 스스로 빛을 만들 수 없어서 별도로 구성된 조명 장치의 도움을 받아 영상을 구현한다. 기술 진화의 관점에서 본다면 디스플레이는 음극선관(cathode ray tube, CRT) 기술에 기반한 브라운관 TV의 시대와 이후 등장한 평판형 디스플레이(flat panel display, FPD) 시대로 구분할 수 있다.

1930년대 중반 독일에서 처음 생산된 브라운관 TV는 21세기 초까지 각 가정의 거실을 독차지하며 정보 향유의 중심으로 사랑을 받았다. 그러나 이 기술은 평판형 디스플레이가 등장하면서 이미 퇴출의 길에 접어든지 오래다. FPD에 비해 훨씬 두꺼운 몸체와 최대 40인치라는 화면 크기의 제약이 결정적인 한계로 작용을 한 것이다. 이에 반해 FPD는 수 센티미터의 얇은 두께와 기본적으로 화면의 제약이 없는 기술적 장점으로 인해 21세기에 들어선 후 곧 브라운관 TV를 시장에서 몰아냈다.

현재 TV 기술의 주류는 LCD TV이다. LCD는 비자발광 디스플레이의 대표 주자로서 후면에서 백색광을 공급하는 조명 장치인 백라이트가 필요하다. 백라이트가 공급하는 흰색 빛은 화소 단위로 액정이라는 물질을 이용해 빛의 투과를 조절하는 일종의 광셔터(light shutter) 장치를 통과하며 밝기가 조절되고 여기에 색상을 입히는 컬러 필터(color filter)를 거치면서 총천연색 영상으로 탈바꿈한다. FPD가 도입되던 초기에는 플라스마 디스플레이 패널(plasma display panel, PDP)과 LCD가 치열한 경쟁을 벌였다. PDP는 화소별로 플라스마를 만들어 자외선을 발생시킨 후 삼색 형광체를 이용해 가시광선으로 변환시켜 총 천연색 영상을 구현하는 기기였다. 화질이 매우 선명하고 대면적으로 만들 수 있어 초기 FPD 시장에서 맹활약을 펼쳤지만 소비 전력이 높고 가격 경쟁력 측면에서 LCD에 밀려 이제는 생산되지 않는 과거의 디스플레이가 되어 버렸다.

LCD TV 기술의 진화에는 백라이트의 역할이 매우 중요했다. 예전의 LCD TV에는 백라이트용 광원으로 형광등이 주로 사용됐다. 그러다가 2009년경 LED가 백라이트용 광원으로 본격적으로 사용되면서 LED TV란 명칭을 얻게 됐다. 최근 등장한 QLED TV의 QLED는 양자점(quantum dot)이라는 나노 반도체와 LED의 합성어로, 양자점이 백라이트용 부품의 일부로 들어가 TV의 색상 구현 능력을 대폭 키운 기술을 일컫는다. 결국 LED TV와 QLED TV 모두 비자발광 디스플레이인 LCD TV에 속하면서 백라이트용 광원 및 발광 특성만 다르다.

이에 반해 최근 인기를 끌고 있는 OLED TV는 스스로 빛을 만드는 자발광 디스플레이다. 전류를 흘려보내면 빛이 나는 자발광 유기반도체 소자인 OLED는 현재 TV 분야에서 빛의 삼원색이 섞이며 전체 화면에서 흰색 빛이 나오는 백색 OLED에 컬러 필터를 얹혀 색을 입히는 방식으로 사용된다. 따라서 부화소 단위로 별도의 색을 내는 휴대폰용 OLED 디스플레이와는 영상 구현 방식이 다소 다르다.

국제 소비자 가전쇼 등에서 인기를 끈 마이크로 LED 디스플레이는 무엇일까? 기존의 LED TV는 백색 LED를 백라이트용 광원으로 활용한 LCD TV의 한 종류로서 비자발광 디스플레이에 해당하지만, 마이크로 LED 디스플레이는 화소 자체를 크기가 0.1밀리미터 미만의 삼색 미니 LED로 구성한다. 한 화소에 모여서 배열되어 있는 이 세 종류의 LED를 적절히 점등해 화소 단위로 색상을 조절함으로써 우리가 원하는 영상 정보를 구현한다. 즉 마이크로 LED 디스플레이는 진정한 의미의 자발광 LED 디스플레이라 할 수 있다. 효율이나 색상 면에서는 매우 우수한 특성을 보이지만 대량 생산이 가능한 저비용의 생산 공정 기술이 아직 확보되지 않아 당분간은 주로 특수 용도의 디스플레이로 활용될 것이다.

정리해 보면, 비자발광 디스플레이인 LCD TV는 백라이트란 후면 광원의 종류에 따라 LED TV와 QLED TV로 구분되고, 자발광 디스플레이로는 OLED TV와 최근 등장한 마이크로 LED 디스플레이가 있다. 어떤 디스플레이가 가장 좋을까? 디스플레이 기술의 놀라운 발전에 따라 각 기술 간 화질 차이는 대폭 줄어들었기 때문에 이 질문에 대한 정답은 없다. TV 전시장을 방문해 눈으로 직접 체험해 보는 것이 가장 확실한 방법일 것 같다. 물론 전시 공간의 밝은 조명과 의도적으로 틀어 놓는 형형색색의 화면에 속지 않을 최소한의 혜안은 필요할 것이다.

앞으로 디스플레이 기술은 어떤 방향으로 진화해 갈까? 현재 디스플레이 기술은 형상이 고정된 평면 화면을 통해 영상 정보를 향유하는 방식에서 탈피해 보다 다양하고 유연한 형상을 갖춘 기술로 진화해 나가고 있다. 접을 수 있는 디스플레이는 편히 가지고 다닐 수 있는 편의성과 큰 화면의 편리성을 동시에 노리고 개발된 것이다. 구부러지는 TV는 딱딱하고 평편한 스크린에 갇힌 영상을 구현하는 디스플레이라는 기존의 선입관을 날려 버리기에 충분한 기술이다. 이러한 혁신적인 디자인과 기술들은 디스플레이가 통상적으로 거실의 가운데 놓여 있는 사각형 TV라는 고정 관념을 뛰어넘어 SF 영화에서 흔히 볼 수 있는 디자인들이 실제로 구현될 가능성을 보여 준다. 즉 구부러지는 전자 종이로 만든 전자 신문으로 뉴스를 보거나 거실의 벽지 대신 얇은 디스플레이를 붙여 벽 한쪽을 디스플레이로 이용하거나 혹은 텅 빈 공간에 3차원의 영상을 띄워 즐길 수 있는 차세대 기술들이 머지않은 미래로 다가왔음을 느낄 수 있다.

한편 지구 온난화와 화석 연료 고갈에 따른 에너지 문제는 디스플레이도 피해갈 수 없는 이슈가 되었다. 미국에서 전체 전기 소비량 중 TV가 차지하는 비중은 냉방, 조명에 이어 3위를 기록하고 있고 이에 따라 TV에 있어서 초절전 기술이 매우 중요한 이슈로 부각되고 있는 상황이다. 수은이나 납 같은 유해 물질을 없애는 노력에서부터 TV의 소비 전력을 획기적으로 낮출 수 있는 다양한 기술들은 이산화탄소 저감 등 환경 문제에도 기여할 수 있을 것이다.

마지막으로, 사람이 디스플레이를 이용하는 중요한 목적 중 하나는 결국 가장 현실감 있고 자연스러운 영상을 느끼고자 하는 것이다. 1초에 60번의 장면을 화면에 띄우는 기존 기술에 비해 초당 120~240번의 영상을 만들어 내 더 깨끗한 동영상을 보여 주는 120~240헤르츠 구동이 적용된 TV나, 한창 대중화되고 있는 울트라 HD(Ultra HD, UHD) TV와 이를 넘어서는 8K TV의 고화질 영상이 실감 영상을 향한 디스플레이 기술의 진화를 생생히 보여 주는 일부

사례들이다. 과거에는 안 될 거라고 예견했던 많은 일들이 오늘에는 이미 현실이 되어 있다. 인간의 상상력과 함께 진화해 가는 디스플레이의 미래에도 한계가 없을 것이란 생각이 든다. 완전히 펼치게 되면 각종 방송을 볼 수 있는 TV 겸용 전자 커튼이나 낮에는 유리창으로 쓰이다가 밤이 되면 평판형 조명등이나 영상을 만들어 주는 디스플레이로 변하는 SF 영화 속 모습들도 언젠가는 우리 삶 속에 등장하지 않을까?

역사의 뒤안길 속 브라운관 TV

브라운관 TV는 거실이나 안방 한 쪽 벽의 중심을 떡 차지하고 앉아서 반세기 이상 사랑을 독차지해 왔던 TV의 맏형이다. 오늘날 사용하는 박형 모니터가 등장하기 전에는 브라운관 모니터가 컴퓨터용 모니터로도 각광을 받아서 책상 위 면적의 절반을 차지하던 때도 있었다. 20세기 TV의 총아였던 브라운관 TV도 흑백 브라운관 TV로 시작해 몇 차례의 기술적 진화를 거듭하면서 1980년대에는 우리나라에도 컬러 브라운관 TV가 보급되기 시작했고 두껍고 무거운 몸체를 줄여 슬림형 브라운관 TV로 탈바꿈한 적도 있었다.

오늘날 평판형 TV에 비하면 무척 둔탁해 보이는 브라운관 TV는 그렇게 두꺼운 몸체를 가질 기술적 이유가 있다. 각종 영상이 펼쳐지는 브라운관 TV 스크린이 바로 앞면 유리(panel glass)라면 그 뒤로는 유리잔 모양을 한 후면 유리(funnel glass)가 붙어 있고 그 끝에 전자총

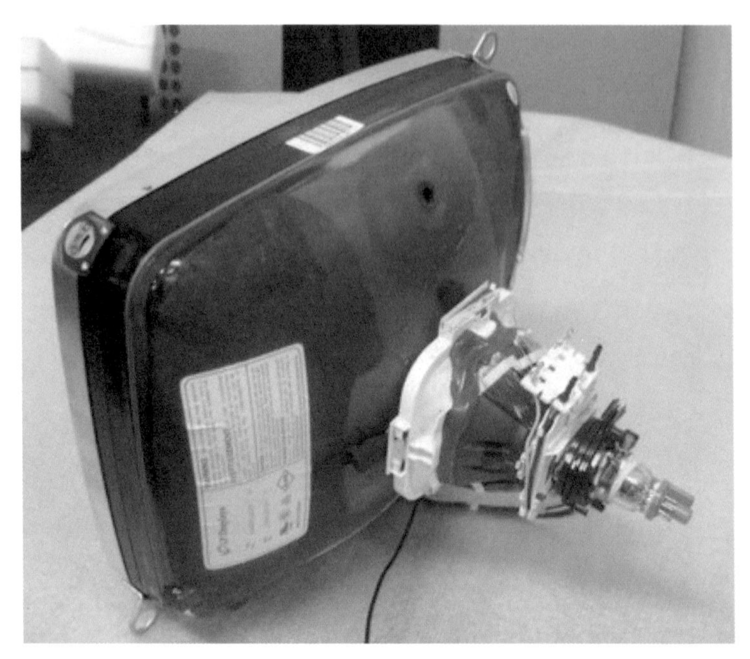

14인치 브라운관 방식의 디스플레이. 뒤로 튀어나온 구조물이 전자총이다.

이 달려 있다. 전자총은 매우 뜨겁게 달구어진 전극에서 이름 그대로 전자 빔을 발사하는 게 임무다. 컬러 브라운관 TV의 경우에는 빛의 삼원색인 빨간색, 초록색, 파란색 각각에 대응되는 3개의 전자총이 달려 있다.

전자총에서 튀어나오는 전자 빔의 다발이 향하는 곳은 앞면 유리에 점점이 붙은 형광체 화소들이다. 앞면 유리를 확대하면 커다란 화면이 작은 형광체 화소들의 배열로 가득 차 있음을 알 수 있다. 각 화소는 다시 빨간색, 초록색, 파란색 빛을 방출하는 부화소들로 이루어져 있다. 이런 화소 구조는 대부분의 디스플레이 화면이 공통적으로 가지고 있는 모습이다. 수만 볼트의 강한 전압의 힘을 받아 고속으로 날아온 전자 빔이 화소의 형광체를 때리면 빛(가시광선)이 튀어나온다. 앞에서 형광체란 물질의 독특한 특성에 대해 이야기한 적이 있다. 형광체는 에너지를 받아 그 일부를 빛 에너지로 바꾸는 특수한 물질군이다. 브라운관 TV의 스크린에 형성된 형광체 화소들은 고속의 전자들이 실어나르는 운동 에너지의 일부를 빛으로 변환한다. 형광체의 종류에 따라 방출되는 빛의 색깔이 달라지기에 화소별로 다양한 색상을 구현할 수 있다. 즉 하나의 화소에 적녹청 등 빛의 삼원색에 대응하는 세 종류의 형광체 부화소가 있고, 이 세 색깔의 빛을 적당한 비율로 섞으면 화소별로 어떤 색이라도 만들어 낼 수 있는 것이다.

전자총은 서부 영화의 총잡이들처럼 아무렇게나 전자 빔을 발사하는 장치는 아니다. 전자 빔은 흔히 말하는 TV 주사선 순서에 따라서 화면의 왼쪽 위에서 오른쪽 아래로 훑고 지나가게 되어 있다. 브라운관 몸체에 붙어 있는 편향 코일이 전기적인 힘과 자기적인 힘을 이용해서 전하를 띤 전자 빔의 방향을 매우 정교하게 조정한다.[3] 과거 브라운관 TV의 수평 주사선의 수는 보통 525개였다. 1초에 60장의 영상이 화면에 만들어지니까 전자 빔은 1초당 약 3만 번의 수평선을 그리게 되어 있다. 한 수평선에 화소가 700개만 있다 해도 1초 동안에 전자 빔이 부딪혀 빛을 만드는 점의 수는 무려 2000만 개 이상이 된다. 즉 눈 한 번 깜박할 시간인 1초 동안에 3개의 전자총이 100만

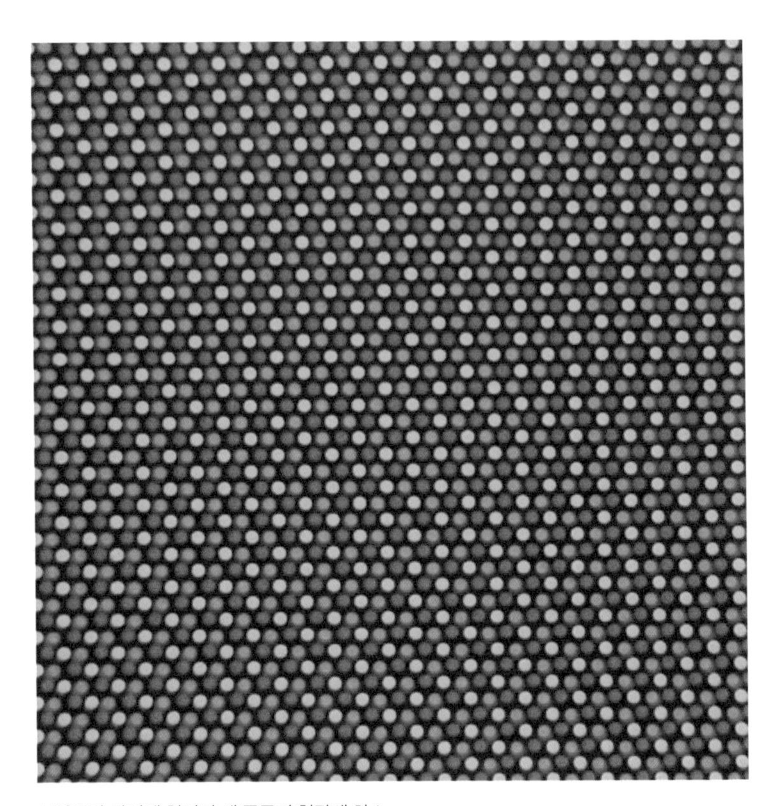

브라운관 화면에 형성된 세 종류의 형광체 화소.

여개의 화소 위 형광체 점들을 수천만 번씩 분주하고 정교하게 훑고 지나가야만 브라운관 TV의 영상이 구현되는 것이다.

브라운관 TV의 이름은 어디에서 기원한 것일까? 1세기 전 독일 과학자 카를 페르디난트 브라운(Karl Ferdinand Braun, 1850~1918년)의 이름을 딴 것이다. 그가 발명한 브라운관의 기본 구조는 거의 그대로 TV에 적용되었다.

빛의 연주자 PDP

지구상의 물질은 대부분 기체, 액체, 혹은 고체 상태 중 하나로 존재한다. 고체인 얼음을 녹이면 섭씨 0도의 녹는점에서 액체(물)가 되고, 물에 온도를 가하면 섭씨 100도의 끓는점에서 기체 상태인 수증기로 바뀐다. 만약 수증기 상태의 물 분자에 더 높은 열을 가하면 어떻게 될까? 온도가 매우 높아지면 물 분자를 이루는 수소와 산소 사이 결합이 끊어지고 수소와 산소 원자도 전리(電離)되면서 양(+)전하를 띠는 양이온과 음(-)전하를 띠는 전자로 나뉠 것이다. 이와 같이 전리된 양과 음의 하전 입자들이 같은 수로 공존하면서 전체적으로는 중성의 성질을 띠는 물질의 상태를 기체 상태와 구분해서 플라스마라고 부른다.

지구상에서 자연적으로 형성되는 플라스마로는 번개나 오로라 현상을 들 수 있다. 그렇지만 우주를 향해 눈을 돌리면 태양을 비롯해 밝은 빛을 내며 밤하늘을 장식하는 모든 별들이 플라스마 상태에 놓여 있음을 알 수 있다. 즉 우주를 구성하는 대부분의 물질은 (암흑 물질을 제외하면) 플라스마 상태에 있다고 이야기할 수 있다.

플라스마의 대표적인 응용 분야는 방전 램프다. 유리관 내부에 적당한 기체를 채우고 고전압을 인가하면 기체의 일부가 전리되면서 약한 방전 플라스마가 발생한다. 플라스마를 구성하는 전자가 고전압으로 가속되면서 기체 원자들과 충돌하면 봉입된 기체 원소의 종류에 따라 매우 다양한 색깔의 빛을 낸다. 그것은 눈에 보이는 가시광선일 수도 있고 눈에 보이지 않는 적외선이나 자외선일 수도 있다. 대표적인 사례가 바로 밤거리를 화려하게 수놓는 네온사인 조명이다. 네온사인은 유리관 내부에 네온, 아르곤, 수은과 같은 기체들을 집어넣고 전압을 인가할 수 있는 전극을 부착해서 만든다. 기체의 종류에 따라 방출되는 빛의 색이 달라진다.

네온사인처럼 플라스마에서 나오는 가시광선을 직접 이용하는 장치도 있지만 자외선을 이용하는 조명 장치도 있는데, 형광등이 대표적인 예이다. 형광등 내부의 방전 플라스마에서 나오는 자외선이 유리벽에 코팅된 형광체에 흡수되면서 가시광선으로 변환된다. 형광등의 원리를 조명 분야를 넘어서 디스플레이 기술에까지 응용한 사례가 바로 PDP이다.

디스플레이의 컬러 영상이 만들어지기 위해서는 빛의 삼원색이 필요하다. LCD의 경우는 백라이트에서 올라오는 흰색 빛을 컬러 필터를 이용해서 빨간색, 파란색, 초록색 빛으로 분리한다. PDP의 경우에는 기본적으로 세 가지 종류의 초소형 형광등을 이용해서 빛의 삼원색을 만들어 낸다. PDP의 한 화소는 불과 0.1~0.2밀리미터 높이의 작은 방 3개로 구성된다. 이 작은 방 안에 크세논(Xe)과 헬륨, 네온 등의 비활성 기체가 봉입되고 전압을 인가할 수 있는 전극이 형성된다. 전압이 인가되면 봉입된 기체의 일부가 전리되면서 형광등과 마찬가지로 방전 플라스마가 만들어진다. 주로 크세논 원자에서 방출되는 자외선[4]은 각 부화소마다 코팅되어 있는 세 종류의 적록청 형광체를 만나 빨간색, 초록색, 파란색의 삼원색 광으로 변환된다. 이때 각 화소를 구성하는 3개의 초소형 형광등의 발광량을 조정하게 되면 화소별 색상이 결정되고 컬러 영상이 구현된다. 따라서 PDP의 영상은 수백만 개의 초소형 형광등으로 구성된 오케스트라가 연주하는 빛의 교향곡이라 할 수 있다.

PDP는 대표적인 자발광 디스플레이고 무엇보다도 100인치를 초과하는 대형 디스플레이를 매우 얇게 만들 수 있다는 장점으로 인해 평판형 디스플레이 개화 초기에 큰 인기를 끌었다. 특히 매우 자연스러운 색상을 넓은 시야각으로 구현할 수 있다는 장점과 화소를 단순히 꺼 버림으로써 블랙을 진정한 블랙으로 만들 수 있다는 화질 특성으로 인해 시장 점유율을 넓혀 나갔다. 그러나 LCD TV의 적용 영역이 확대되면서 PDP와 LCD 사이에 치열한 경쟁이 벌어졌고 발열과 높은 소비 전력의 문제 및 작은 화면에서 해상도를 높이기 힘든 구조로 인해 PDP는 결국 시장에서 퇴장할 수밖에 없었다. 이 사실에서 우리는 화질 상의 우위가 반드시 디스플레이 시장에서 경쟁력을 담보해 주지는 않는다는 것을 알 수 있다.

10장
LCD의 진화

액정이 펼치는 빛의 마술

LCD는 오늘날 우리 생활의 곳곳에서 사용되는 대표적인 디스플레이가 됐다. 1970년대 시계나 전자 계산기의 표시창 등으로 제한적으로 사용되기 시작한 LCD는 휴대폰과 디지털 카메라, 노트북 컴퓨터와 모니터 화면으로 용도가 급속히 확대되더니 이제는 가정용 TV의 주력 제품으로 자리 잡았다. 액정은 가늘고 긴 막대 모양의 분자들로 구성되어 있는 물질이 특정 온도에서 만드는 상을 의미한다. 액정 속 막대기 분자들은 온도가 높을 때는 일반적인 액체와 동일하게 위치나 방향이 제멋대로 바뀌며 흘러다니는 상태를 보인다. 그러다가 온도를 낮춰 실온 정도가 되면 막대기 분자들의 위치는 여전히 무질서하지만 길쭉한 분자축이 동일한 방향으로 정렬하려는 경향이 생긴다.[1] 액정 분자들을 서로 직교하는 선형 편광판이 부착된 두 장의 얇은 유리판 사이에 가둬 놓으면 액정 셀(cell)이 만들어진다. 이것이 LCD 패널의 기본 구조를 이룬다.

빛은 횡파이므로 빛의 진행 방향과 수직인 방향으로 전기장이 진동하는데, 이 진동 방향이 바로 빛의 편광 상태를 결정한다. 내게 오고 있는 빛을 마주서서 바라보았을 때 전기장의 끝이 직선의 형태로 주기적으로 진동하면 선형 편광(혹은 직선 편광)이라 부르고 원의 형태를 그리며 진동하면 원형 편광이라 한다. 일반 조명광이나 햇빛은 온갖 방향으로 진동하는 편광들이 섞여 있는 무편광의 빛이다. 선형 편광판이란 입사되는 빛 중 일정한 방향으로 선형 편광된 성분의 빛만 통과시키는 광학 부품이다. 즉 선형 편광판을 통과한 빛의 전기장은 편광판의 투과축[2]에 나란한 방향으로 진동한다. 투과축이 서로 직교하는 두 장의 선형 편광판을 겹쳐 놓고 빛을 쪼이면, 첫 번째 편광판을 통과한 빛의 편광 방향은 두 번째 편광판의 투과축과 수직이므로 최종적으로 통과되는 빛은 거의 없다. 그렇다면 편광판 사이에 갇힌 액정 분자는 어떤 원리로 액정 셀을 통과하는 빛의 투과도를 조절할 수 있는 것일까?

LCD에는 다양한 액정의 모드(mode)가 사용되지만 가장 간단한 액정 모드인 꼬인 네마틱(twisted nematic, TN) 모드를 생각해 보자. 액정 분자를 가두는 두 장의 유리판 안쪽 표면에 특수한 처리를 하면 네마틱 액정 분자들은 그림 왼쪽처럼 나선형으로 꼬이면서 90도의 각도로 꼬인 상태로 누워 있게 된다. 이렇게 꼬여 있는 액정 분자들은 첫 번째 편광판을 통과한 빛의 선형 편광 방향을 꼬여 있는 액정 분자를 따라 90도 회전시킨다. 그러면 액정층을 통과한 빛의 편광 방향은 두 번째 편광판의 투과축과 나란해진다. 이렇게 꼬여 있는 액정의 도움으로 편광 방향이 90도 회전한 빛은 두 번째 편광판을 빠져나올 수 있다. 편광 방향을 돌릴 수 있는 이유는 네마틱 상이 가지는 복굴절 때문이다. 만약 액정 셀의 마주보는 두 전극에 전압을 걸어 액정 분자들을 유리판에 대해 모두 수직으로 서게 만들면 꼬임이 풀린 액정 분자는 복굴절을 나타내지 않아 편광 상태를 회전시키지 못한다. 따라서 편광이 바뀌지 않은 빛은 위의 편광판에 의해 차단된다.[3]

긴 막대 형태의 액정 분자들은 양의 전하의 중심과 음의 전하의 중심이 어긋나는 경우가 많은데, 이런 분자들에 전압을 걸면 분자를 쉽게 돌릴 수 있다. 전압의 세기에 따라 액정 분자의 돌아가는 정도가 결정되고, 이를 통해 액정 셀을 빠져나오는 빛의 양을 조정한다. 이러한 구동 원리를 생각해 보면 LCD는 단지 자신에게 쏟아지는 빛을 통과시키는 셔터(shutter)의 역할만 한다고 이야기할 수 있다. 흡사 파이프를 통과해 흘러가는 물의 양을 조절하는 수도꼭지처럼 말이다. 전압을 적당히 걸어 액정 분자의 꼬임을 풀며 통과되는 빛의 양을 조절하는 과정은 수도꼭지를 적당히 돌려서 통과하는 물의 양을 조절하는 것과 매우 비슷하다. 수돗물을 공급받기 위해서는 물을 공급하는 정수장이 있어야 하는 것처럼 액정 셀이 빛을 통과시키기 위해서는 빛을 공급하는 장치가 필요하다. LCD에 백색광을 공급해 주는 장치가 소위 LCD 패널의 후면에 위치해 있는 백라이트 유닛인데,

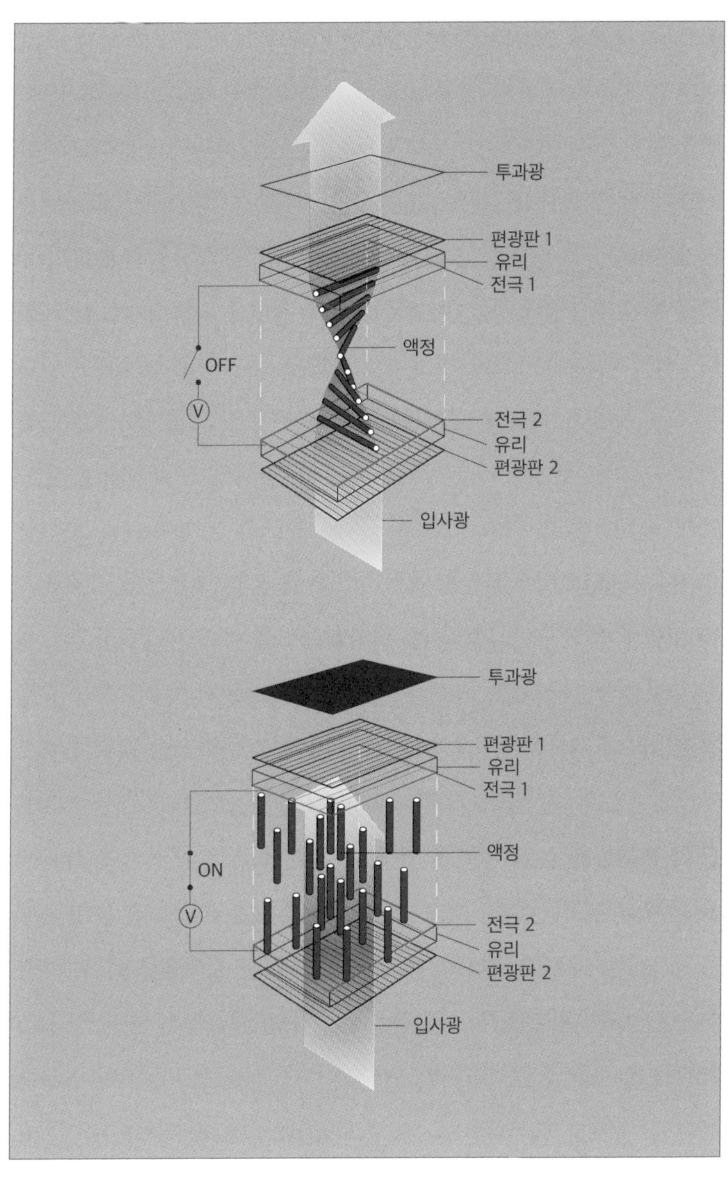

TN 액정 모드의 동작 방법.

이 부품이 LCD가 만드는 영상의 화질을 상당 부분 좌우한다. 이런 면에서 LCD는 스스로 빛을 내지 못하는 비자발광 디스플레이의 대표적 예라 할 수 있다.

액정 셀을 통과하는 백색광이 어떻게 총천연색 영상으로 바뀌는지 알아보자. LCD 역시 빛의 삼원색을 방출하는 3개의 부화소가 하나의 화소를 구성한다. 각 부화소에는 특정 색상의 빛만 통과시키고 나머지는 흡수하는 염료가 포함된 컬러 필터(color filter)가 붙어 있다. 즉 액정 셀을 통과해서 빠져나오는 백색광은 컬러 필터를 통과하면서 각 부화소별로 빛의 삼원색으로 나뉘는 것이다. 3개의 부화소에 걸리는 전압을 조정해 각 컬러 필터를 빠져나오는 삼원색 빛 사이의 상대적인 양을 조정하면 해당 화소의 색상이 결정된다.

LCD가 시장에 나왔던 초창기에는 LCD의 화면을 바라보는 각도가 바뀌면 영상 정보의 밝기나 색상이 달라지는 시야각 문제가 있었다. 그 사이 치열한 연구 개발 끝에 다양한 광시야각 기술이 적용돼 이 문제는 거의 없어졌다. 초창기 보였던 동영상의 화질 문제도 대부분 해결되었다. LCD는 이제 성숙기에 접어든 기술로 예전의 브라운관 TV의 자리를 꿰차며 디스플레이의 대표 주자 위치를 확고히 다지는 동시에 양자점 기술이 적용되어 화질이 개선되는 등 지속적인 혁신도 이루어지고 있다. LCD 업계의 치열한 기술 개발 노력이 향후 OLED 등 다른 기술과의 경쟁 속에서 어떤 방향으로 전개될지 지켜보는 것도 매우 흥미로울 것 같다.

디스플레이의 세대 교체

뉴스에 OLED 8.5세대 라인 가동, LCD 10.5세대 공장 준공 등 디스플레이 공장의 건설이나 준공 소식에 몇 세대 라인이 들어섰다는 표현이 가끔 등장한다. 사회에서는 보통 비슷한 연령층의 사람들을 일컫는 용어로 쓰이는 세대라는 단어를 디스플레이 생산 라인 앞에 붙이는 이유는 무엇일까? 디스플레이의 세대는 어떻게 정의되는 것일까? 단지 공장을 세우는 시기에 맞추어 연대기적으로 숫자를 늘린 것이 세대 구분의 기준이 되지는 않을 것이다.

디스플레이 생산 공장을 구분하는 세대는 디스플레이를 구성하는 유리 기판의 면적과 관련 있다. LCD는 두 장의 유리 기판 사이에 막대기 모양의 액정 분자들이 갇혀 있는 구조를 나타낸다. 후면의 기판 유리에는 액정 분자들을 조정할 수 있는 박막 트랜지스터[4]가 형성되고 전면 유리에는 백라이트로부터 공급되는 백색광을 빛의 삼원색으로 분리하는 컬러 필터가 달린다. 이뿐 아니라 빛의 편광을 조절하는 두 장의 편광판이 앞뒤의 유리 기판에 붙는다. 이렇게 본다면 LCD의 유리 기판은 영상 정보를 구현하기 위해 필요한 LCD의 핵심 부품들이 집적되며 이들을 지지하고 보호하는 부품이라 할 수 있다. OLED도 마찬가지다. OLED는 유리 기판 위에 박막 트랜지스터가 있고 유기 발광층, 편광 필름, 윈도우 순으로 배열된 구조가 가장 일반적이다. 디스플레이 기술에서 유리 기판은 사람의 몸을 지탱해 주는 뼈대와 같은 역할을 한다.

기술의 발전과 더불어 디스플레이의 화면 크기도 점점 더 커졌다. 이에 따라 디스플레이 생산 공정에 투입되는 기판 유리의 크기도 함께 증가해 왔다. 이런 사실은 LCD의 생산에 사용되는 유리 기판의 크기 변화로부터 극적으로 확인할 수 있다. 초기에는 노트북이나 휴대폰의 LCD창에 초점을 맞춘 작은 면적의 기판 유리를 사용했다. 1세대라 부르는 최초의 유리 기판은 면적이 270×360제곱밀리미터다. 현재 세계 최대의 유리 기판은 10.5세대라 불리는 한 중국 회사의 기판으로서 2940×3370제곱밀리미터의 면적이다. 가로와 세로 모두 성인 남자의 키보다도 훨씬 큰 것을 알 수 있다. 이처럼 유리 기판이 커진 데에는 LCD의 응용 분야가 TV 등 대면적의 디스플레이로 확대되었기 때문이다.

유리 기판의 크기를 키우는 것은 제조 공정의 생산성을 높이기 위한 중요한 수단이다. 디스플레이 패널은 투입된 유리 기판을 잘라서 확보한다. 따라서 투입된 한 장의 유리 기판으로부터 몇 장의 디스플레이 패널을 생산할 수 있는가가 생산성 증가의 중요한 포인트다. 이는 특히 대면적 디스플레이의 경우에 더욱 중요하다. 예를 들어서 면적이 2200×2500제곱밀리미터인 8세대 유리 기판에서는 55인치 TV용 LCD 패널이 6장 나오지만 65인치 패널은 3장만 얻을 수 있다. 반면에 화면을 더 키운 10.5세대의 유리 기판으로부터는 총 8장의 65인치 패널을 확보할 수 있어 대형 TV의 생산성 측면에서 훨씬 유리하다.

이전 세대의 공장보다 큰 사이즈의 기판 유리를 사용하기만 하면 세대를 늘릴 수 있을까? 그렇지는 않다. 차세대의 유리 기판의 단변 길이가 이전 세대 공장에서 사용해 왔던 유리 기판의 장변 길이보다 큰 경우에만 '세대'를 한 단계 업그레이드해 부를 수 있다. 과거 4세대 라인에서 5세대 라인으로 바뀔 때의 상황을 예로 들어 보면 4세대 라인에 투입된 기판의 장변 길이 920밀리미터보다 5세대 라인에 사용된 기판의 단변 길이인 1100밀리미터가 더 크다는 것을 알 수 있다. LCD 6세대 공장에서 사용해 왔던 유리 기판의 크기는 가로 1.8미터에 세로가 1.5미터였다.

LCD 시장에서 주도권을 잡기 위해 과감한 투자를 하고 있는 일부 중국 업체들은 현재 10.5 세대 라인을 가동하고 있거나 준비 중이다. 반면에 8세대와 그 이하 라인만을 운영하고 있는 한국의 기업들은 LCD 분야에서는 패널 생산보다는 프리미엄 LCD TV의 생산에 힘쓰면서 주력 생산품을 기술력에서 앞서 있는 OLED 등 신기술 분야로 옮겨가고 있다.

디스플레이의 세대 교체에 동반된 기술적 진화는 놀라운 것이다. 가로 세로 길이는 모두 어른 키보다 훨씬 크지만 두께는 고작 0.5밀리미터 혹은 이보다 더 얇은 유리 기판이 축구 경기장 10개 면적의 공장 안에서 엄청난 크기의 로봇들에 의해 운반되고 잘리고 가공되어 TV용 LCD 패널로 만들어지는 과정을 상상해 보자. 디스플레이 강국 10년 역사를 바탕으로 기술의 질적 도약을 이루기 위해 노력하는 엔지니어들에게 박수를 보내지 않을 수 없다.

백라이트가 없으면 LCD도 없다

LCD는 후면으로부터 공급되는 백색광을 이용해서 영상 정보를 만들어 내는 수광(受光) 디스플레이 소자이기에 후면으로부터 빛을 비춰주는 장치[5]가 필요하다. 백라이트란 말 그대로 뒤(back)에서 빛(light)을 보내는 장치다. 노트북이나 모니터를 켜면 LCD 화면의 뒤에 있는 백라이트가 켜진다. LCD는 백라이트가 공급하는 백색광을 이용해서만 총천연색 영상을 구현할 수 있다.

백라이트는 빛을 만들어 내는 광원과 광원에서 방출되는 빛을 조절해 주는 여러 가지 광학 부품들로 구성되어 있다. 빛을 만들어 내는 광원으로 예전에는 형광등이 주로 사용되었지만 요즘 나오는 LCD 제품에는 모두 반도체 발광 소자인 백색 발광 다이오드(LED)가 사용된다. 이 때문에 LCD TV를 LED TV라 부르기도 한다. 하나 이는 엄밀하게는 잘못된 용어다. LED TV는 사실 LED를 광원으로 채택한 백라이트가 들어가 있는 LCD TV이기 때문이다.

모니터나 노트북의 경우 광원은 대개 LCD 화면의 측면에 위치해 있다. 모니터의 상하부나 측면을 손으로 만져 보았을 때 따듯함이 느껴지는 부위에 광원이 숨어 있다. 측면에서 생성된 백색광은 투명 플라스틱으로 만들어진 도광판[6] 내로 퍼지면서 LCD 스크린 쪽으로 꺾여 올라온다. 도광판의 위에는 기능성 광학 필름 몇 장이 놓여서 빛을 균일하게 퍼뜨리고 정면 쪽으로 밝게 모으는 역할을 담당한다.[7] 노트북 컴퓨터로 작업을 하면서 LCD 화면을 측면에서 바라볼 때 화면이 나소 어두워지는 것은 측면으로 나오는 빛을 기능성 광학 필름들이 정면으로 모아 주기 때문이다.

대형 평판 디스플레이 시장의 선두 주자인 LCD TV의 백라이트는 어떤 모양일까? 당연히 LCD TV 화면만큼 면적이 넓은 백라이트가 후면에 자리잡고 있다. TV 스크린만큼 큰 도광판을 이용해 균일하고 밝은 빛을 만들기도 하고 혹은 TV의 얼굴이라 할 수 있는 스크린의 뒤에 여러 개의 LED를 모자이크식으로 직접 배치하기도 한다. 물론 LED마다 렌즈를 씌우고 빛을 퍼뜨리는 확산판을 올려 점광원인 LED의 빛을 고르게 퍼뜨려야 한다.

LCD는 백라이트 기술에 기대어 오늘날 디스플레이의 중심으로 우뚝 설 수 있었지만 이것이 때로는 LCD의 단점으로 작용하기도 한다. LCD TV를 켜면 백라이트는 항상 켜져 있고 눈이 부실 정도로 밝은 빛을 LCD에 공급해 준다. 그러면 LCD를 이루는 수백만 개의 화소, 즉 빛의 수도꼭지들이 1초에 수십 번씩 열심히 작동하면서 밝기를 조절해 화려한 영상을 화면에 연출한다. 백라이트는 TV가 펼치는 영상이 밝은 대낮이든 아니면 칠흑같이 어두운 화면이든 상관하지 않고 꿋꿋이 자신의 밝기를 유지한다. 액정 화면이 백라이트의 빛을 완벽히 차단할 수는 없다. 칠흑처럼 어두운 방안에서 LCD 화면을 블랙으로 놓고 보면 희미한 빛이 새어 나오는 빛샘 현상을 쉽게 확인할 수 있다. 즉 블랙이 진정한 블랙이 아닌 것이다.[8]

이런 태생적 문제점에 대해 LCD는 다양한 해결책을 모색해 왔다. 영상 중 어두운 부분의 화면에 대응해 국부적으로 백라이트를 끄는 로컬 디밍(local dimming) 기술[9]이 그중 하나다. 가령 영화 감상 중 야간 공격 장면을 LCD TV로 본다고 하자. 야밤에 각종 섬광이 화면을 떠돌아다니는 장면에서 일반적인 백라이트는 항상 100퍼센트 켜져 있고 화면의 어두운 부분에 위치한 TV의 화소들, 즉 빛의 수도꼭지들이 백라이트의 빛을 틀어막는다. 로컬 디밍 기술에서는 백라이트가 영상의 밝기를 자동으로 인식한 후에 섬광이 돌아다니는 영역만 골라서 백라이트를 켜고 나머지 부분은 밝기를 줄이거나 아예 꺼 버린다. 이런 신기술이 제품에 구현된 LCD TV는 TV 소비 전력의 대부분을 차지하던 백라이트의 소비 전력을 대폭 줄일 수 있다. 게다가 어두운 부분은 더 어둡게, 밝은 부분은 더 밝게 만들어 주면 블랙의 표현이 매우 자연스러운 선명한 영상을 만들 수도 있다.

어떤 경우에 백라이트는 단순히 빛을 공급해 주는 조명 장치의 역할을 벗어나 LCD의 화질을 향상시키는 핵심 부품으로 기능하기도 한다. LCD로 표현되는 영상을 보다 자연색에 가깝게 구현하기 위해 색상 구현 능력이 매우 뛰어난 빨간색, 초록색, 파란색 발광 다이오드를 조합해 백라이트용 광원으로 사용하거나 양자점 기술[10]이 적용된 백라이트가 사용되기도 한다. 디스플레이 전쟁이라 불리는 치열한 산업 환경 속에서 LCD에 단순히 빛을 공급하던 백라이트가 LCD의 기술적 진화에서 담당해 온 역할을 보면 주연 못지않은 조연이라 할 만하다.

11장

디스플레이의 미래

OLED 기술 혁명

LCD TV가 대세인 대형 평판 디스플레이 시장에서 유기 발광 다이오드[1] 기술을 바탕으로 개발된 OLED TV가 눈길을 끌고 있다. 지금까지 OLED 기술의 적용은 휴대폰과 전자 손목시계, 그리고 태블릿처럼 주로 개인이 사용하는 소형 디스플레이에 국한되어 왔다. 그런데 몇 년 전 국내의 한 기업이 OLED TV를 출시하면서 시장 점유율을 조금씩 높히고 있다.

OLED 디스플레이의 발광 원리는 무엇이고 비자발광 디스플레이인 LCD와는 어떻게 다를까? 8장에서 언급했듯이 발광 다이오드를 뜻하는 LED 앞에 유기물을 의미하는 단어(organic)가 붙어 OLED란 이름을 구성한다. 즉 빛을 내는 반도체라 불리는 발광 다이오드를 유기 화합물로 만든 것이 OLED다. 다양한 층으로 구성된 유기 반도체에 전류를 흘려 보내면 양극과 음극으로부터 각각 (+)를 띠는 정공과 (-)를 띠는 전자가 흘러 들어와 중간에 있는 발광층에서 결합하면서 빛을 만들어 낸다. 실제 제품에 사용되는 OLED에는 전자와 정공이 잘 주입되고 제대로 흘러가도록 도와주는, 이를 통해 발광 효율을 높여주는 다양한 종류의 보조층들이 포함되어 있다.

OLED는 사용되는 유기 물질의 종류에 따라 다양한 색깔을 낼 수 있다. 따라서 빨간색, 초록색, 파란색 등 빛의 삼원색을 낼 수 있는 물질들을 모아서 화소를 만들면 총천연색 영상을 구현할 수 있다. 기존의 대표적 평판 TV인 LCD는 스스로 빛을 만들어 내지 못한다. LCD 화면의 뒤에 있는 백라이트라는 조명 장치가 백색광을 보내면 LCD 화면은 부화소별로 통과되는 빛의 양을 결정하면서 컬러 필터로 이 빛에 색깔을 입힌다. 결국 LCD를 구성하는 화소들은 액정과 편광판으로 구성된 광(光) 스위치인 셈이다. 백라이트가 내는 흰색의 색감과 광스위치들의 반응 속도에 따라 LCD TV의 화질이 결정된다. 백라이트의 빛을 LCD 패널이 완벽히 차단하지 못하면 빛샘 현상이 발생하고 어두운 화면 구현에 어려움이 생길 수 있다. 반면에 OLED TV는 전류만 통과시키면 화면을 구성하는 화소에서 직접 빛이 만들어지며 영상이 구현되는 능동적인 소자라서 전류를 끊으면 완벽한 블랙의 구현이 가능하다. 게다가 뒷면에 백라이트를 별도로 설치할 필요가 없으니 두께가 수 밀리미터에 불과한 매우 얇은 TV를 구성할 수 있다. 또한 화면의 점멸에 소요되는 반응 시간이 매우 짧아 동영상의 화질이 탁월하고 순수한 빛의 삼원색 덕분에 풍부한 색감의 영상을 구현하는 데도 유리하다.

OLED의 실제 구조는 한 가지일까? 소형과 대형 OLED가 색상을 구현하는 방식은 많이 다르다. 소형의 경우 빛의 삼원색을 내는 세 종류의 OLED를 활용해 화소를 구성한다. 화소별로 다른 종류의 유기물을 증착해야 하기 때문에 공정이 복잡하고 대면적을 구현하기가 힘들다. 따라서 이 방식은 주로 휴대폰과 태블릿 등 소형 디스플레이에 적용되고 있다. OLED TV는 이와는 방식이 다르다. 스크린의 후면에 화면과 면적이 같은 백색 OLED를 준비한다. 백색 OLED를 구현하는 방법은 빛의 삼원색을 낼 수 있는 셋 이상의 발광층을 적층해 쌓아 올리는 것이다. 각 발광층에서 발생한 빛들이 빠져나오는 과정에서 섞여 백색광이 된다.[2] 그 다음은 화소 단위로 백색광을 빛의 삼원색으로 변환하는 단계다. 이것은 LCD와 마찬가지로 컬러 필터를 통해 이루어진다. 즉 OLED TV는 백색 OLED 위에 적녹청 컬러 필터를 화소 단위로 입혀서 빛의 삼원색을 구현한다. 즉 백색 OLED가 LCD의 백라이트와 비슷한 역할을 하는 것이다. 대면적 구현에 유리한 이 구조를 활용해 OLED TV가 개발됐고 프리미엄급 TV 시장의 강자로 떠오르고 있다.

OLED는 자유롭게 구부릴 수 있는 플렉서블 디스플레이나 후면이 그대로 보이는 투명 디스플레이로도 개발되고 있다. 특히 일반 OLED에 쓰이는 유리 기판 대신 유연하게 구부릴 수 있는 플렉서블 기판을 사용함으로써 접을 수 있는 폴더블 폰이나 감을 수 있는 롤러블 OLED TV와 같은 유연한 OLED 디스플레이의 구현이 가능해

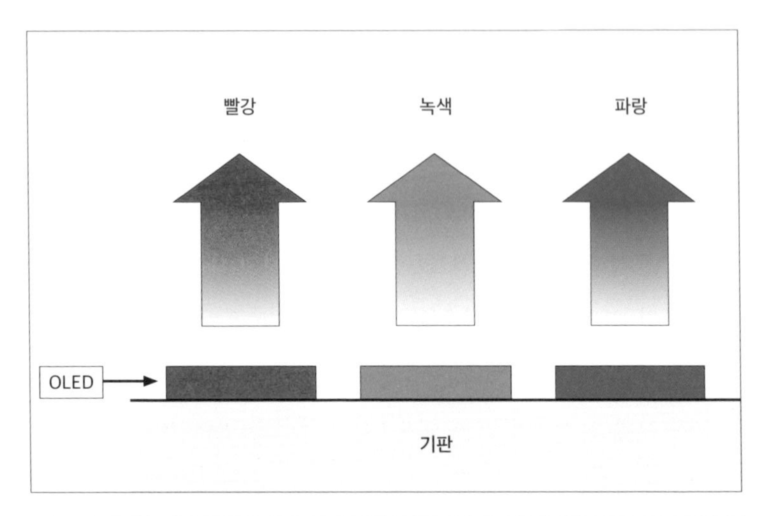

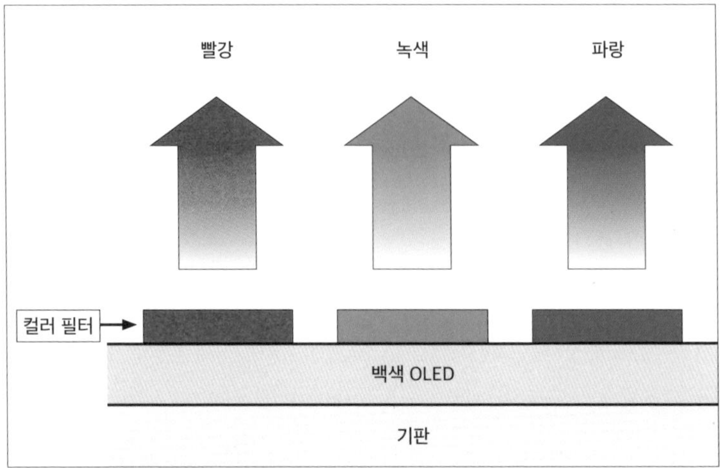

소형 OLED와 대형 OLED 개략도.

졌다. 현재 면적과 부피가 고정된 딱딱한 사각형 화면과 몸체로 기억되는 디스플레이에 대한 고정 관념이 근본적으로 바뀌는 기술적 혁신의 단계에 도달했다. 이런 기술들이 더 진화해 가면 아파트 거실의 유리창이 낮에는 전기를 생산하는 투명한 태양 전지 창으로, 밤에는 은은한 빛을 내는 평판 조명등으로, 그리고 TV를 시청하고자 할 때는 창유리 크기 그대로 대형 디스플레이로 활용되는 영화 속 미래의 모습이 실생활로 들어올 날도 머지않을 것 같다. 이런 신기술들은 정보 접근과 활용에 대한 시공간적 제약을 없애는 데도 크게 기여할 것이다.

월드컵 열기의 숨은 공로자, 대형 디스플레이

월드컵 경기와 같은 국제 스포츠 경기에서 밤새워 뜨거운 열기를 받쳐 주는 든든한 친구가 있다. 바로 경기를 생생히 전달하는 전광판과 대형 디스플레이다. 어떤 원리로 그토록 커다란 화면 위에 생동감 넘치는 영상을 재현할 수 있는 것일까? 대형 디스플레이란 보통 불특정 다수를 대상으로 하는 광고용 전광판이나 경기장, 경마 등 스포츠나 레저 시설에서 사용되는 정보 전달용 전광판, 공항이나 역에서 정보를 전달하는 정보 디스플레이 등을 통틀어 일컫는다. 용도도 다양한 만큼 대형 디스플레이에 사용되는 원리도 가지각색이다.

1950년대 만들어져 역이나 공항에서 광범위하게 사용되고 있는 디스플레이로는 스플릿 플랩(split flap) 디스플레이가 있다. 돌아갈 수 있는 회전축에 40~60장의 인쇄된 플랩을 달아서 이를 회전시켜 원하는 플랩의 배열이 스크린에 나타나도록 한다. 기계적인 방식으로 작동되기 때문에 매우 간단하고 수명도 길다.

대형 스크린 위에 총천연색 영상을 구현하기 위해서는 빛의 삼원색을 낼 수 있는 화소가 필요하다. TV나 모니터의 화소의 크기는 밀리미터보다 훨씬 작아서 매우 가까이 다가가서 보거나 확대경을 이용해야 구별이 가능하다. 그러나 대형 디스플레이의 경우는 보통 수십 미터나 수백 미터 떨어진 거리에서 시청하기 때문에 화소 하나의 길이가 수십 밀리미터에 달한다.

대형 디스플레이의 커다란 화소를 구현하기 위해 음극선관(CRT) 방식, 형광 방전관 방식, LCD 방식 등 다양한 기술이 사용되어 왔다. 음극관 방식을 예로 들어 보자. 브라운관 TV를 축소해서 화면 크기를 명함 정도로 줄여 보자. 그리고 이 미니 브라운관 화면에서 빨간색, 초록색, 파란색 중 특정 색의 빛만 방출되도록 세 종류의 브라운관을 준비하자.[3] 이렇게 준비된 세 종류의 소형 브라운관이 하나의 화소를 구성한다. 이 대형 화소를 수만~수십만 개에 이르기까지 모자이크 식으로 주기적으로 배열해 원하는 크기로 확대하면 음극선관 방식의 대형 디스플레이가 완성된다.

오늘날 대형 디스플레이에 쓰이는 발광 소자는 대부분 발광 다이오드다. 상암 월드컵 경기장, 잠실 올림픽 경기장, 서울 시청 앞의 전광판 모두 평면상에 LED를 밀집시켜 만든 모듈을 주기적으로 배열해 스크린의 화소로 활용한다. 뉴욕의 타임 스퀘어에 가면 세계에서 가장 큰 대형 스크린이 있다. 바로 7층 높이의 나스닥(NASDAQ) 광고 게시판이다. 화면을 구성하기 위해 무려 1900만 개의 LED가 사용되었다고 한다.

LED는 다양한 발광색으로 인해 보다 선명한 자연색을 연출할 수 있고 수명이 길어 오늘날 대형 디스플레이의 터줏대감으로 자리 잡았다. 전광판뿐 아니라 남산 타워나 청계천 등 서울의 명소들을 비추어 주는 아름다운 경관 조명의 빛들도 대부분 LED가 만들어 낸다.

대형 디스플레이 기술의 핵심 광원이 된 LED가 이제는 실내 혹은 개인용 디스플레이의 혁신을 이끌고 있다. 최근 주목받는 마이크로 디스플레이가 바로 그것이다. 디스플레이 자체가 작다는 이야기가 아니라 마이크로 디스플레이의 화소 구조를 이루는 LED가 바로 마이크로 LED이기 때문에 붙은 이름이다. 조명이나 백라이트 등 일반적인 용도로 사용되는 LED 칩(chip)의 사이즈가 0.1밀리미터 이상인 데 반해 마이크로 LED의 크기는 0.1밀리미터보다 작다. 빛의 삼원색을 낼 수 있는 적록청 마이크로 LED 칩 3개가 마이크로 디스플레이의 화소 하나를 형성한다. 따라서 대형 디스플레이와 마찬가지로 마이크로 디스플레이도 화소에서 스스로 빛이 만들어지는 자발광 디스플레이다. 대형 LED 디스플레이가 매우 큰 화소 구조를 이용해 수천, 수만 명이 함께 볼 수 있는 거대한 화면을 구성한다면 마이크로 디스플레이는 세밀한 화소 구조를 바탕으로 집적도가 매우 높은 고화질 디스플레이를 구현하는 데 유리하다.

특히 이렇게 작은 LED를 이용하면 스마트 시계와 같은 소형 화면

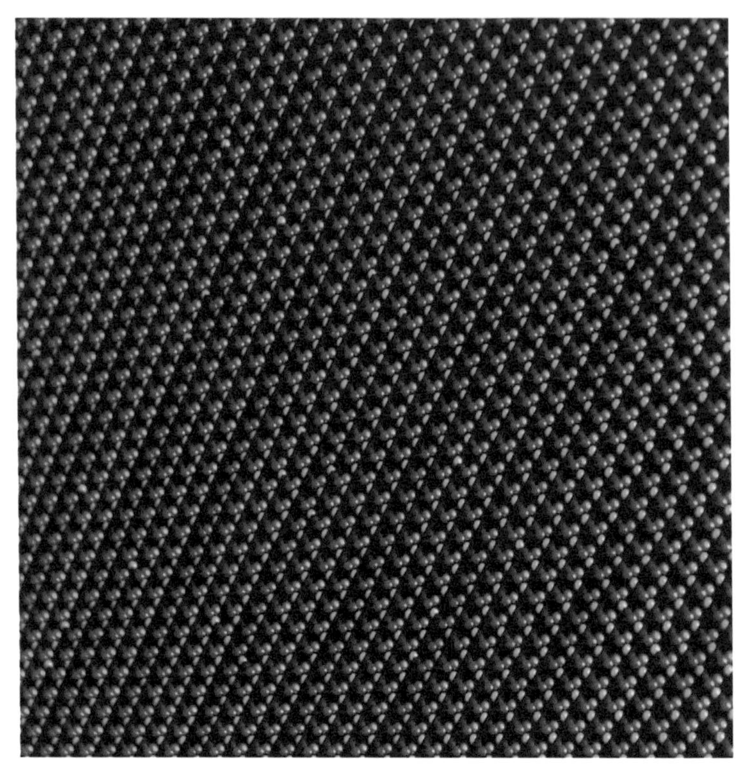

LED 디스플레이의 화소 구조.

의 해상도를 높이고 더욱 선명한 화질을 구현하는 데도 유리하지만 모듈화나 유연성을 부여하는 응용 분야에도 장점으로 작용한다. 예를 들어 최근 한 대기업이 내세운 마이크로 LED 디스플레이의 개념은 '스크린의 모듈화'다. 즉 소비자가 원하는 면적에 맞춰 모듈화된 디스플레이를 공급하겠다는 것이다. 마이크로 디스플레이가 기대되는 것은 현 단계에서 이 기술이 진정한 의미의 자발광 디스플레이를 대면적으로 구현할 수 있기 때문이다. 대면적 TV의 대표 주자인 LCD는 백라이트의 도움을 받아야 제 기능을 할 수 있고 OLED TV는 백색을 먼저 만들고 나서 컬러 필터로 빛을 입히기 때문에 완전한 의미의 자발광 디스플레이와는 다소 거리가 있다. 제조 공정을 더 단순화하거나 가격을 낮춰야 하는 등 넘어야 할 산이 많은 것이 현실이지만 마이크로 디스플레이에 거는 기대가 남다른 것은 이 때문이다. 대형 전광판 디스플레이와 야외의 장식용 조명 기술의 선두 주자인 LED 디스플레이가 TV를 포함한 가정용 디스플레이로 진화해 나갈지 지켜보는 것은 매우 흥미로운 일이 될 것이다.

마이크로 디스플레이는 기존의 LED TV와는 어떻게 다를까? LCD 백라이트를 설명할 때도 강조했지만 LED TV는 사실 LED를 백라이트 광원으로 사용하는 LCD TV이다. 따라서 화소 구조는 비자발광 디스플레이인 LCD 그대로다. 반면에 마이크로 디스플레이는 화소 자체를 마이크로 LED를 이용해 꾸민 자발광 디스플레이다. 이런 면에서는 사실상 마이크로 디스플레이를 진정한 의미의 LED 디스플레이, LED TV라 부를 만하다.

양자점 디스플레이의 진면목

최근 QLED 혹은 QD-LED라는 디스플레이 용어가 유행하기 시작했다. 여기서 Q 혹은 QD는 양자점이라는 나노 물질의 준말이고 LED는 발광 다이오드를 의미한다. 지금 시장에서 구입할 수 있는 QLED

TV는 비자발광 디스플레이인 LCD(액정 표시 장치)의 한 종류다. 10장에서 설명했듯 LCD TV에는 광스위치 역할을 하는 액정 패널의 뒤에서 백색광을 공급하는 조명 장치 백라이트가 있다. 과거에는 백라이트용 광원으로 형광등을 주로 사용했으나 약 10년 전부터 LED가 광원으로 채택되어 왔다. 당시 LED 광원이 들어간 백라이트가 대거 도입되면서 LCD TV의 두께가 혁신적으로 줄어들었고 이를 과거와 구분하기 위해 LED TV라 부르기도 했다. 하지만 엄밀히 이야기하면 LED TV는 LED를 백라이트용 광원으로 사용하는 LCD TV인 셈이다.

QLED TV도 동일한 맥락으로 이해할 수 있다. 즉 LCD TV 속에서 빛을 만드는 백라이트의 구조 속에 LED와 양자점 기술이 함께 사용되고 있는 것이다. 백라이트는 백색광을 만들어 LCD 패널에 공급해야 한다. QLED 내 백라이트에 사용되고 있는 LED는 파란색 빛을 내는 청색 LED다. 양자점은 필름 형태로 만들어져 백라이트 속에 들어가는데, 청색 빛을 흡수해서 적색 및 초록색 빛으로 변환시키는 두 종류의 양자점이 필름 속에 들어있다. 따라서 백라이트에서 나오는 빛에는 LED가 내는 청색 빛, 이 빛을 흡수한 두 양자점이 내는 초록색과 빨간색 빛이 고르게 섞여 있고 이로 인해 백색광이 구현된다. 이런 면에서 양자점은 형광등이나 백색 LED 속의 형광체와 같은 색상 변환 역할을 한다. 즉 파장이 짧은 청색 빛을 흡수한 후 파장이 긴 빨간색이나 초록색 빛을 방출하는 파장 변환기의 역할을 하는 것이다.[4]

비유적으로 인공 원자라고도 불리는 양자점은 크기가 수 나노미터에 불과한 공 모양의 나노 반도체를 의미한다. 그 속에 포함된 원자

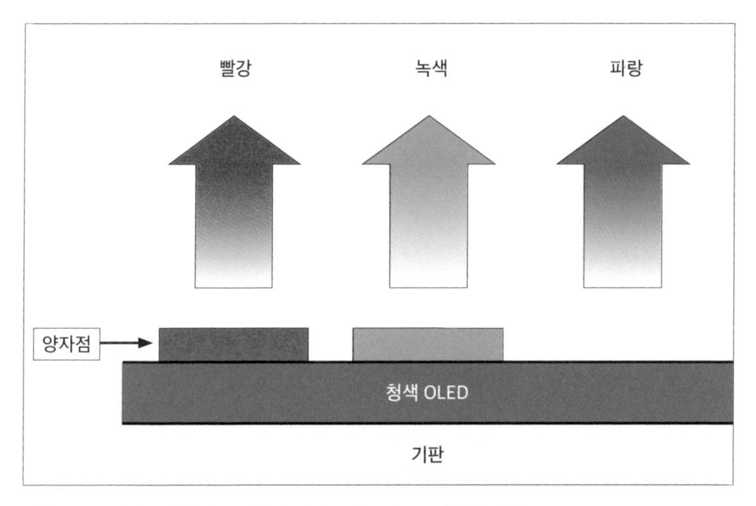

청색 OLED와 적록 양자점을 결합한 하이브리드 디스플레이의 개념도.

의 수는 수백~수만 개에 불과하다. 현대 물리학의 한 분야인 양자 역학에 따르면 양자점 속 전자가 차지할 수 있는 에너지 상태는 분절적으로 정해져 있다. 외부로부터 에너지를 공급받은 전자는 더 높은 에너지 상태로 올라가지만 곧 원래의 상태로 돌아가면서 자신이 얻었던 에너지를 빛의 형태로 내놓는다.[5] 흥미로운 점은 양자점이 방출하는 빛의 파장이 양자점의 크기에 의해 결정된다는 것이다. 양자점의 크기가 작을수록 전자가 건너뛰며 빛을 방출할 수 있는 에너지 간격이 넓어지고 생성되는 빛의 파장이 짧아진다. 즉 양자점의 크기를 변화시켜서 가시광선 대역의 다양한 색깔을 가진 빛을 만들 수 있는 것이다.

양자점을 발광 소자에 적용해 얻을 수 있는 장점은 양자점의 발광 스펙트럼이 매우 좁게 나타난다는 것이다. 즉 양자점이 방출하는 빨간색과 초록색 빛을 구성하는 파장 성분이 적어서 색상의 순도가 상당히 높다. 이는 미술 용어를 빌려와 설명하자면 색의 채도가 높은 것에 비유할 수 있다. 빛의 삼원색의 순도가 높을수록 이 세 빛을 섞어서 구현할 수 있는 디스플레이의 색상 영역이 넓어진다.[6] 그만큼 디스플레이의 색상 구현 능력이 높아지고 화려한 색감을 훨씬 더 자연스럽게 표현해 낼 수 있다.

그렇다면 양자점을 청색 빛을 변환해 백색을 만드는 색상 변환 재료의 역할에 묶어 두지 말고 디스플레이의 화소 자체로 사용하는 것은 어떨까? 즉 화소를 적록청의 삼색 양자점으로 구성할 수 있지 않을까? 이런 시도는 매우 오래전부터 이어져 왔다. 그렇지만 청색 양자점의 신뢰성이나 장기 안정성 등 다양한 기술적 이슈로 인해 상용화까지는 넘어야 할 산이 많은 것 같다. 다른 한편으로 LCD나 OLED와 같은 기존 기술과 결합해 새로운 종류의 디스플레이를 구현하기 위한 연구가 활발히 이루어지고 있다. 예를 들자면 기술적 성숙도가 높아진 OLED 기술을 이용해 청색 OLED를 준비한 후에 한 화소를 구성하는 적록청의 세 부화소 중 초록색과 빨간색에 해당하는 부화소를 양자점으로 형성할 수 있다. 이 경우 양자점이 없는 청색 부화소는 OLED의 청색이 그대로 빠져나오고 양자점이 입혀진 부화소의 경우에는 OLED의 청색 빛을 흡수한 양자점들이 초록색과 빨간색 빛을 방출함으로써 빛의 삼원색을 구현할 수 있다. 청색이 양자점을 거치며 완벽히 변환되지 않고 통과되면서 적색과 초록색의 색순도가 떨어질 가능성도 있으므로 두 부화소 위에 컬러 필터를 결합해 이를 보완할 수 있다.

양자점은 레이저, 생물학적 센서, 태양 전지 등 다양한 응용 분야에서 활용되어 왔고 지금도 활발히 연구되고 있다. 디스플레이 분야에서는 현재 QLED라 불리는 LCD의 백라이트 내에서 파장 변환기의 조연을 담당하고 있다. 그러나 머지않은 미래에 양자점은 디스플레이의 화소에서 빛 방출을 직접 담당하는 주연으로 올라설지도 모른다. 그렇게 되면 양자점은 디스플레이 기술 발전의 선두에서 더 생생하고 실감나는 영상 구현을 이끌 주인공이 될 것이다.

12장 미래의 광기술

레이저와 2018년도 노벨 물리학상

레이저는 인간이 만든 다른 모든 광원들과 뚜렷이 구분되는 매우 독특한 광원이다. 진행하면서 쉽게 퍼져 버리는 다른 조명들과는 다르게 레이저 빔은 직진성을 유지하며 진행할 수 있고 작은 면적에 매우 높은 세기로 빛을 집속시킬 수 있다. 레이저는 단일 파장으로 구성된 단색광이며 다양한 분야에서 필수적인 광원으로 광범위하게 사용되고 있다. 바코드 스캐너, 광통신, 복합기의 스캐너, 홀로그래피, 라식과 같은 의료용 레이저, 레이저 포인터, 레이저 프린터, CD나 DVD 플레이어 등이 레이저가 사용되는 몇 가지 예들이다. 산업 현장에서는 정밀 가공의 수단을 포함해 다방면으로 응용되고 있으며, 군사적으로는 무기의 유도나 식별, 요격용으로도 활용된다.

레이저는 1950년대에 이론이 정립되었고 1960년대에 최초로 발명됐다. 레이저의 원리와 기초를 다진 미국의 찰스 하드 타운스(Charles Hard Townes, 1915~2015년)[1]와 (구)소련의 니콜라이 바소프(Nikolay Basov, 1922~2001년), 알렉산드르 프로호로프(Alexander Prokhorov, 1916~2002년)가 1964년에 노벨 물리학상을 공동 수상했다. 이들의 이론적 업적에 기반해 시어도어 메이먼(Theodore H. Maiman, 1927~2007년)이 1960년에 세계 최초로 루비 레이저 발명에 성공했다.[2]

원자에 묶여 있는 전자가 가질 수 있는 에너지는 연속적이지 않다. 띄엄띄엄 분포하는 분절적인 에너지 준위만 허용되는 전자는 보통 에너지가 가장 낮은 바닥 상태에 있다가 외부로부터 에너지를 공급받으면 더 높은 에너지 준위(여기 상태)로 올라간다. 여기 상태로 올라간 전자는 바닥 상태로 떨어지면서 두 상태 사이의 에너지 차이에 해당되는 빛알을 방출한다. 빛알의 색 혹은 파장은 두 에너지 준위 사이의 에너지 차이로 결정된다. 따라서 사용되는 원자와 물질에 따라 레이저가 방출하는 색 혹은 파장이 결정된다.

만약 여기 상태로 올라간 전자가 바닥 상태로 떨어지기 전에 외부로부터 두 준위 사이의 에너지 차이에 해당하는 다른 빛알이 입사되면 어떤 일이 벌어질까? 이 빛알은 여기 상태의 전자를 자극해 바닥 상태로 떨어뜨리면서 자신과 똑같은 파장의 빛알을 내놓도록 유도한다. 아인슈타인이 처음 이론적으로 제기한 이 현상은 유도 방출(stimulated emission)이라 불린다. 유도 방출을 통해 똑같은 색상과 상태의 빛알이 증폭되어 방출되는 원리를 이용해 레이저가 구현된다.

레이저는 서로 마주보는 두 장의 거울 사이에 유도 방출이 일어나는 매질[3]이 놓여 있는 구조를 갖는다. 유도 방출이 원활히 일어나기 위해서는 전자들이 가능하면 여기 상태에 올라가 대기하고 있어야 한다. 이를 위해 매질에 지속적으로 에너지를 공급해 여기 상태의 전자를 잔뜩 만들어 놓는다. 에너지를 공급받아 들뜬 전자들은 빛알이 들어오면 유도 방출을 통해 동일한 빛을 내며 빛의 증폭에 기여한다. 이 모든 과정은 마주보는 두 거울 사이에서 이루어지기 때문에 양쪽 거울에서 반사된 빛이 매질 내에서 지속적으로 유도 방출을 일으킨다. 보통 두 거울 중 한쪽 거울의 반사율을 다소 낮춰서 그쪽을 통해 레이저빔이 특정 방향으로 발진되도록 한다. 유도 방출을 통해 방출되는 빛은 입사되는 빛과 동일한 파장, 동일한 위상과 편광을 갖는다.[4] 따라서 두 거울이 만드는 공진 구조에 의해 허용되는 특정 파장의 빛이 높은 직진성을 유지하며 퍼지지 않고 진행할 수 있다.

레이저 빛이 동일한 위상을 갖는다는 것은 파동의 진동하는 모양이 시간에 따라 어긋나지 않고 유지된다는 것이다. 즉 레이저광을 이루는 빛의 전기장의 마루와 골이 어긋남 없이 모두 딱 들어맞아 일치해서 진행한다는 것이다. 단순화된 비유가 갖는 위험을 무릅쓰고 비유하자면, 좁은 문을 통해 사람들이 들어가는 상황을 예로 들어보자. 경품이 걸려 있어서 어른 아이 할 것 없이 문을 통과하면서 제멋대로 온갖 방향으로 무질서하게 뛰어나가는 상황은 일반 조명에서 나오는 빛에 비유할 수 있다. 반면에 문 앞에서 열을 딱 맞춰서 대기하고 있는 군인들은 문이 열리면 보폭을 정확히 맞추고 직선 대오를 유지하며 힘차게 걸어갈 것이다. 이 경우가 레이저빔에 비유되는 상황이다. 여기서 다리의 길이에 의해 결정되는 보폭은 파장에 대응되고 군인들이 전원 보폭을 맞춰 걷는다는 것은 동일한 위상으로 이동하는 레이저 빛에 대응된다.

레이저의 등장은 기초 과학뿐 아니라 공학, 산업, 그리고 일상생활까지 바꾸어 놓았다. 레이저에 관련된 노벨상 수상자도 다수 배출되었다. 특히 2018년도 노벨 물리학상은 레이저 물리의 위대한 발명이라 불린 업적을 거둔 세 명의 과학자들에게 수여되었다. 광학 집게(optical tweezer)라는 기술을 개발한 역대 최고령 수상자 아서 애슈킨(Arthur Ashkin, 1922년~), 레이저의 세기를 증폭시키는 효율적인 기술을 개발한 제라드 무루(Gerard Mourou, 1944년~)와 도나 스트릭랜드(Donna Theo Strickland, 1959년~)가 그들이다.

광학 집게란 초점 거리가 짧은 렌즈에 의해 레이저빔의 지름이 줄어들며 집중되는 광 초점에서 빛다발의 압력을 이용해 작은 입자를 포획해 고정하는 광기술이다. 애슈킨은 1985년 이 기법을 이용해 마이크로미터 크기의 유전체 구를 고정하고 움직이는 데 성공했다. 그 후 이 기법으로 세포나 미생물을 살아있는 상태에서 포획하는 데 성공함으로써 광학 집게는 생물학 분야의 중요한 연구 수단이 되었다. 더 나아가 단백질이나 DNA와 같은 생체 분자를 유전체 공에 고정함으로써 생물학적 기제를 분자 수준에서 파악할 수 있는 길을 여는 등 물리학뿐 아니라 생물, 의학 등 다양한 분야에 큰 영향을 끼쳤다.

무루와 스트릭랜드는 연속적으로 빛이 나오는 레이저 대신 아주 짧은 시간 동안 펄스 형태로 빛이 나오는 펄스 레이저의 증폭 기술을 1985년 발표했다. 오늘날 전 세계 초강력 펄스 레이저 시스템은 모두 이 두 사람이 개발한 증폭 기술을 활용하고 있다. 일반적인 레이저 구조에서 폭이 펨토초(10^{-15}초) 정도인 펄스가 증폭하면 펄스의 순간 에너지가 급격히 증가하면서 매질이나 광학 부품의 손상을 일으키게 된다. 두 사람의 아이디어는 증폭하기 전 레이저 펄스의 시간 폭을 늘려서 세기를 시간적으로 분산시킨 후 증폭한다는 것이다. 비유하자면 1초에 100개의 날아오는 공을 쳐내야 하는 상황을 10초 동안 매초 10개를 감당하는 상황으로 바꾸는 것과 비슷하다. 이렇게 되면 짧은 시간 간격에서 빛의 세기가 증폭되며 일어나는 문제를 회피할 수 있다. 증폭이 다 이루어진 후에는 원래의 펄스 폭으로 다시 압축해 극초단 펄스 레이저를 구현한다.

극초단 펄스 레이저의 응용 분야는 광범위하다. 일상 생활 속의 대표적인 예로는 안과에서 눈의 각막 절단에 사용되는 시술용 펨토-라식 레이저다. 과학자들은 무루와 스트릭랜드가 제안한 방법을 이용해 수 페타와트(10^{15}W)급 펄스 레이저를 구현할 수 있었다. 이 정도 출력을 한 곳에 집속시키게 되면 빛이 모이는 곳의 순간적인 세기는 지구 전체에 쏟아지는 태양빛을 볼펜심 끝에 모아 놓은 정도가 된다. 과학자들은 이런 초강력 레이저를 이용해 상대론적 입자 가속, 원자-분자의 초고속 동역학, 레이저 핵융합 등 극한 조건 하에서 빛과 물질의 상호 작용이 일으키는 현상들을 연구하고 있다.

등장한 후 60여 년이 지나는 동안 레이저가 바꾸어 놓은 인류의 삶은 경이로울 정도다. 과학자들이 세계를 파악하고 이해하는 방식도 많이 바뀌었다. 이제 과학자들은 레이저의 출력을 10페타와트 이상으로 늘리기 위해 노력 중이고, 펄스 폭은 아토초(10^{-18}초) 수준으로 줄여 나가고 있다. 이런 새로운 수준의 극초단 고출력 레이저와 같은 광원은 과학자들을 이전에는 접근이 불가능했던 극한 영역의 세계로 이끌 것이다. 탐구의 새로운 지평이 열리는 그곳에서 발견되고 이해될 새로운 현상들은 인류가 개척해 온 과학의 수준을 높이고 인류의 지성을 높이는 데도 기여할 것이다.

가속기의 과학

달리기 경주의 백미는 무엇보다 100미터 달리기일 것이다. 현재 세계 기록은 2009년 볼트가 달성한 9초 58이다. 1초에 10여 미터를 주파하는 속도니 대단한 빠르기이다. 오늘날 자연계에서 가장 빠른 달리기 선수는 무엇일까? 동물 중에서는 아프리카 초원을 질주하는 치타를 떠올리게 되고, 인간이 만든 운송 수단 중에는 인공 위성을 우주로 실어 나르는 로켓이 생각난다. 로켓이 지구가 당기는 중력을 벗어나 탈출하기 위해서는 1초에 최소한 11.2 킬로미터를 날아가야 한다. 시속 4만 킬로미터를 넘는 엄청난 속도다.

그러나 이렇게 빠른 로켓도 초속 30만 킬로미터로 달리는 빛 앞에서면 초라해진다. 아인슈타인의 상대성 이론에 따르면 우주에서 빛보다 빠른 존재는 없다. 1977년에 발사되어 태양계의 행성들을 조사하면서 40년을 넘게 차가운 우주 공간을 날고 있는 보이저 1호는 현재 태양계를 벗어난 최초의 우주선으로 기록되어 있다. 인류가 보낸 우주선 중 가장 멀리까지 도달한 비행체지만 빛의 입장에서는 20시간 남짓 달리면 도달할 수 있는 극히 짧은 거리이다. 그런데 이런 빛의 속도에 견줄 만큼 빨리 달리는 물체가 있다. 그것도 인간이 인공적으로 다루는 과학 기술의 영역에서 말이다. 바로 대형 가속기(加速器)에서 빛의 속도의 99.999999퍼센트 이상의 속도로 무섭게 내달리는 입자들이다.

가속기는 말 그대로 입자의 속도를 계속 증가시켜 운동 에너지를 높이는 장치이다. 이때 가속되는 입자는 양(+)이나 음(-)의 전기적 성질을 띠는 대전된 입자다. 주기율표의 1번 자리를 꿰차고 있는 수소 원자의 구조를 보게 되면 가운데에 양전하를 가진 수소 원자핵(양성자)이 자리 잡고 있고 그 주위를 음전하를 띤 전자가 돌고 있다. 따라서 이 둘을 분리하면 극성이 서로 반대인 대전 입자를 얻는다. 원자나 물체를 대전시키는 것은 사실 매우 간단하다. 건조한 겨울철 빗으로 머리를 빗는 동작처럼 마찰 에너지가 공급되면 물체는 대전된다. 이것이 바로 일상적으로 경험하는 정전기 현상이다. 자석의 N극과 S극이 서로를 끌어당기는 것처럼 부호가 서로 다른 전하들도 전기력에 의해 강하게 끌린다. 따라서 전기적 속성을 띤 대전 입자들에 적절한 전압을 가하면 이 입자들은 에너지를 얻으면서 속도가 점점 증가하게 되고 빛과 경주할 만한 빠르기를 갖는다. 이를 위해서 초고진공 기술, 초전도 기술, 고속 데이터 처리 기술 등 온갖 첨단 과학과 기술이 동원된다.

과학자들이 빛의 속도에 가깝게 달리는 가벼운 대전 입자들을 충돌시켜서 알고자 하는 것은 무엇일까? 그것은 고대 그리스의 탈레스나 데모크리토스가 품었던 호기심과 동일한 것이다. 바로 만물을 구성하는 기본 입자들과 이들 사이의 상호 작용을 알고자 하는 것이다. 이를 통해 우주를 포함한 모든 것에 대한 이론을 세우고자 하는 것이 물리학자들의 궁극적인 목표이다. 그간 유럽과 미국을 중심으로 운영된 입자 가속기 실험을 통해 표준 모형을 구성하는 다양한 입자들이 발견되면서 노벨상 수상자를 다수 배출한 바 있다. 특히 유럽 입자 물리 연구소가 운영하는 지상 최대의 기계인 대형 강입자 충돌기(large hadron collider, LHC)는 인류가 지금까지 구현하지 못했던 엄청난 고에너지를 동반하는 입자들 사이의 충돌을 통해 표준 모형의 마지막 블록인 힉스 입자를 검출하는 쾌거를 이뤘다.[5]

LHC는 입자 물리학의 연구를 위한 가속기의 대표 주자지만, 이것이 가속기 과학의 전부는 아니다. 오늘날에는 다양한 형태의 가속기가 전 세계적으로 운영되고 있다. 특히 대전 입자를 가속시킬 때 발생하는 (주로 엑스선으로 이루어진) 방사광만을 전문적으로 활용하는 방사광 가속기는 물리, 화학, 재료, 생물 등 다양한 분야에서 광범위하게 활용되고 있다. 포항에 있는 방사광 가속기가 방사광을 이용해 다양한 연구를 수행하는 대표적인 가속기 시설 중 하나다. 가벼운 입자 대신에 납처럼 무거운 원소의 이온을 가속하는 중이온 가속기도 또 다른 예다. 비록 취급하는 대상과 연구 목적이 다르더라도 이 거대 가속기들을 통해 얻을 과학적 성취는 궁극적으로는 '우리는 어디에서 와서 어디로 가는가?'라는 질문에 대한 답을 구하는 과정일 것이다.

광선검과 레이저

영화 「스타워즈」에서 아나킨 스카이워커가 사용했던 광선검은 제다이 기사들의 포스와 결합되어 가공할 만한 위력을 발휘하는 「스타워즈」의 상징물처럼 여겨지는 무기이다. 손잡이에 달린 버튼을 이용해 빛의 막대를 튀어나오게 하거나 길이를 조정하기도 하는데, 고대 제다이의 거점으로 알려진 오수스 행성에서 가져온 수정의 색에 따라 광선검의 색이 바뀐다고 한다.

광선검의 외관은 매우 밝은 형광등, 혹은 형형색색의 빛을 만들어 내는 밤거리의 네온사인을 떠올리게 한다. 그렇지만 이러한 방전 램프들은 유리로 둘러싸인 내부 공간에서 빛이 방출되기 때문에 제다이 기사들이 한 번만 휘둘러 부딪히면 그 몸체가 산산조각 나 버릴 것이 분명하다.

광선검 손잡이에서 뿜어져 나오는 광선으로 사용될 수 있는 빛의 가장 강력한 후보로는 레이저를 들 수 있다. 레이저는 직진성이 매우 강해 퍼지지 않고 똑바로 진행하는 성질이 있으며 단위 면적당 에너지의 세기가 높은 빛이다. 이런 특성으로 인해서 금속을 절단하거나 용접을 하는 데 사용되는 산업용 레이저도 만들 수 있다. 그렇다면 과연 철판도 잘라 내는 고출력의 레이저로 광선검을 구현할 수 있을까?

아쉽게도 어떤 빛으로도 광선검을 구현할 수는 없다. 이는 빛의 몇 가지 성질을 떠올리면 금방 이해된다. 레이저 포인터로 레이저빔을 발사하면 이 빛은 초속 30만 킬로미터라는 엄청난 속도로 공간을 날아간다. 소위 빛의 직진성에 의해 끝없이 직선으로 뻗어 가는 레이저 빔은, 만약 빔의 강도가 충분히 높고 날아가는 경로 중간에 장애물이 없다면 달의 표면까지라도 날아갈 것이다.[6] 빛의 직진성으로 인해 광선검처럼 일정한 거리까지만 날아가는 빛을 만드는 것은 애초부터 가능하지 않은 일이다.

그렇지만 이보다 더 큰 문제는 설사 일정한 공간 내에 국한된 강력한 빛을 만들어 낸다고 하더라도 「스타워즈」 속 현란한 결투 장면을 연출하는 것은 불가능하다는 것이다. 광선검 길이 정도로 레이저 빔을 가두기 위해 검의 끝단에 반사경의 역할을 하는 거울을 놓는다고 하자. 공간 상에 거울을 어떻게 고정시킬 것인가는 별개의 문제다.

이렇게 만들어진 레이저 광선검으로 다스 베이더와 루크 스카이워커로 하여금 결투를 벌이도록 해 보자. 2개의 광선검이 부딪히는 순간 두 사람은 검의 충돌로 인해 생기는 반발력을 예상하며 행동하려 하겠지만, 두 사람의 예상과는 다르게 아무런 충돌도 일어나지 않으면서 두 사람은 검을 내리친 방향으로 넘어지는 우스꽝스러운 상황이 연출될 것이다. 빛은 빛알 혹은 광자라 불리는 입자로 구성되어 있는데 광자 사이에는 아무런 상호 작용이 없어서 서로 그냥 지나쳐

버리게 된다. 따라서 아무리 강력한 레이저를 손에 쥐고 휘두르더라도 충돌은 일어나지 않는다.

광선검이 우리 눈에 너무나 선명하게 보인다는 점도 문제다. 직진하는 빛을 측면에서 볼 수 있으려면 빛이 공간상에 떠도는 먼지 등에 의해 산란되어야 한다. 그런데 광선검이 사방팔방으로 내뿜는 빛의 세기는 산란으로 인한 것이라 하기에는 너무 강하다. 먼지나 공기 분자가 없는 우주 공간의 전투 장면에서 선명하게 보이는 레이저빔, 그리고 소리를 전달하는 매질인 공기가 전혀 없는 우주 공간을 굉음을 내며 날아가는 우주선의 모습 등은 우주 SF 영화들이 저지르는 물리학적 실수들 중 단골 메뉴다.

그렇다면 「스타워즈」 광선검은 어떻게 연출한 것일까? 오직 컴퓨터 그래픽 기술만 이용해서 현실보다 더 실감나는 장면을 만들어 내는 오늘날에 광선검 정도를 처리해 영상 속에 넣는 것은 그리 어렵지 않은 디지털 기술일 것이다. 그렇지만 1970년대에는 영화 속에 광선검을 구현하는 것이 그리 만만한 일이 아니었다. 결국은 배우들로 하여금 막대기를 들고 싸우게 한 후에 광선검 애니메이션을 그려 넣는 로토스코핑(rotoscoping) 기법이 사용되었다.

3부

과학과 빛

13장
빛과 정보, 그리고 중력파

비눗방울과 중력파 관측

비눗방울이나 아스팔트 위 기름막에서 흔히 보이는 무지갯빛의 비밀은 빛과 빛의 만남, 즉 간섭이다. 비눗방울을 이루는 얇은 수막으로 쏟아지는 햇빛의 일부는 막의 바깥 표면에서 반사되고 나머지 일부는 안쪽 표면에서 반사되어 우리 눈에 들어온다. 도로 위 기름막의 경우에도 막의 위와 아래 표면에서 반사된 두 빛이 눈에 들어올 것이다. 빛은 수면파나 음파와 같은 파동이므로[1] 수면파와 마찬가지로 전기장이 최댓값을 이루는 곳을 마루, 최솟값을 이루는 곳을 골이라 부를 수 있다. 두 빛의 파동이 만날 때 진동하는 전기장의 마루와 골이 만나는 곳은 빛이 없는 어두운 곳이 되고 마루와 마루 혹은 골과 골이 만나면 그곳의 빛의 세기는 그만큼 더 강해진다. 전자를 상쇄 간섭, 후자를 보강 간섭이라 부른다. 막의 두 표면에서 반사되면서 전기장의 마루와 마루(그리고 골과 골)가 만나 강해지는 색깔은 막의 두께와 빛의 파장에 의해 결정된다. 즉 보강 간섭을 일으키는 빛의 색깔은 막의 두께에 따라 달라진다. 따라서 공중에 떠 있는 비눗방울이 중력에 의해 아래로 처지면서 막의 두께가 변해감에 따라 위치에 따라 다양한 색깔이 보강 간섭을 하게 되고 그 덕택에 아름다운 무지갯빛이 펼쳐지는 것이다.

이제 이야기의 무대를 바꿔 우주 공간으로 나가 보자. 지구의 대기 속 산소 농도가 높아지던 13억 년 전 원생누대(Proterozoic eon)[2]의 시기. 지구의 남반구 방향으로 13억 광년 떨어진 곳에서 태양 질량의 36배, 29배에 달하는 2개의 블랙홀이 서로를 향해 회전하며 다가가다가 상상하기 힘든 거대한 충돌을 일으키며 하나로 합쳐졌다. 대충돌을 통해 태양 질량의 62배가 되는 초대형 블랙홀이 탄생하는 와중에서 사라진 질량(태양 질량의 3배)에 해당하는 에너지가 시공간을 뒤트는 중력파로 변해 온 우주로 퍼져 나갔다. 빛의 속도로 13억 년의 시간을 내달린 중력파가 거쳐 간 곳 중 하나는 평범한 한 나선 은하의 변방에 위치한 작은 태양계의 세 번째 행성. 우주에 대한 호기심으로 무장한 과학자들이 건설해 놓은 4킬로미터 길이의 L자형 중력파 간섭계를 양성자 크기의 1만분의 1정도로 뒤틀어 놓은 중력파의 흔적이 간섭계의 간섭 무늬에 희미한 파형을 만들었다. 일반 상대성이론이 100년 전 예측했던 중력파가 인류에게 최초로 자신의 모습을 드러낸 순간이었다. 시공간의 미세한 뒤틀림이 빛의 속도로 퍼져나가는 이 현상은 아인슈타인에 의해 100여 년 전에 예측되었고 중

싱자별 쌍성의 궤도 변화 등으로 자신의 모습을 간접적으로 드러낸 바 있으나, 직접적인 측정은 2015년에 최초로 성공했다.

인류사적 발견이라고 일컬어지는 2015년 9월 14일 중력파 발견은 2016년 2월 11일 공식적인 언론 발표 이후 전 세계 매스컴을 타고 빠르게 퍼져 나갔고 많은 이들에게 중력파에 대한 호기심을 불러일으켰다. 태양의 거대한 중력장으로 인해 휘어진 시공간을 따라 꺾어지는 별빛을 최초로 측정한 천문학자 아서 에딩턴(Arthur Stanley Eddington, 1882~1944년)의 관측 결과가 1919년 11월 전 세계 신문의 헤드라인을 장식하며 일반 상대성 이론의 성공을 선포한 이래, 이번 중력파의 발견으로 상대성 이론이 다시 한 번 100여 년 만에 전 세계 언론의 머릿기사를 장식했다. 2017년 노벨 물리학상은 블랙홀처럼 질량이 엄청난 물체들의 병합에 동반되어 발생하는 중력파의 검출을 주도했던 라이너 바이스(Rainer Weiss, 1932년~), 배리 배리시(Barry Barish, 1936년~), 킵 손 (Kip Thorne, 1940년~)에게 돌아갔다. 웜홀과 블랙홀, 시공간의 뒤틀림과 시간 지연 등 상대성 이론의 다양한 요소가 영화 곳곳에 튀어나오는 SF 영화 「인터스텔라」의 고문을 맡았고 한국을 방문해 「인터스텔라」 속의 물리학에 대해 강연을 해 화제를 모았던 킵 손 교수가 바로 라이고(LIGO)[3]에 채택된 레이저 간섭계의 개념을 수립하는 데 주도적 역할을 했다는 점도 흥미롭다. 「인터스텔라」가 「그래비티」와 더불어 물리학, 특히 중력과 상대성 이론에 대한 대중의 관심을 불러일으켰다는 점은 분명한 것 같다.

다시 비눗방울을 보자. 중력파 관측의 성공에는 비눗방울의 두 표면에서 반사된 빛의 만남과 같은 간섭 현상이 이용됐다. 과학자들이 구축한 라이고 장치는 L자 형으로 정밀하게 배치된 초정밀 거울들로 구성된 간섭계다. 이 장치가 들어선 곳의 정식 명칭은 '레이저 간섭계 중력파 관측소'다. 서로 직각으로 놓인 두 쌍의 거울들 사이를 지나온 두 빛이 만날 때, 빛이 사라지는 상쇄 간섭의 조건으로 만나도록 미리 세심히 조정했다고 하자. 중력파가 지나가며 거울들의 상대적 거리를 변화시키면 상쇄 간섭 조건이 깨지면서 희미한 빛의 변화가 감지될 것이다. 이런 빛의 변화 패턴을 측정해 중력파의 존재, 중력파를 발생시킨 별들의 성질이나 위치를 파악할 수 있다.

지금까지 천문학은 다양한 전자기파의 영역을 탐색함으로써 우주의 많은 비밀을 밝혀냈지만 블랙홀이나 초기 우주처럼 전자기파가 미치지 못하는 영역에 대해서는 제한적인 연구만을 수행할 수 있었다. 반면에 중력파는 초기 우주나 블랙홀처럼 시공간을 뒤트는 다양한 현상의 모습을 온전히 간직한 채 우주 내 존재하는 다양한 물질들과의 상호 작용 없이 자신을 드러낼 수 있다. "중력파의 발견은 우주를 바라보는 또 다른 새로운 창을 제시해 줄 것이며, 향후 인류는 이 중력파를 새로운 관측의 도구로 이용하는 중력파 천문학이라는 새로운 천문학이 탄생할 것이라 믿고"[4] 있다. 즉 중력파 천문학이 시작됨으로써 이제 인류는 우주를 바라볼 수 있는 두 눈을 온전히 가지게 된 것이다.

중력파 연구팀은 최근 중성자별의 병합에 따른 중력파 신호의 측정에도 성공함으로써 빛을 포함한 전자기파 측정에 주로 의존하던

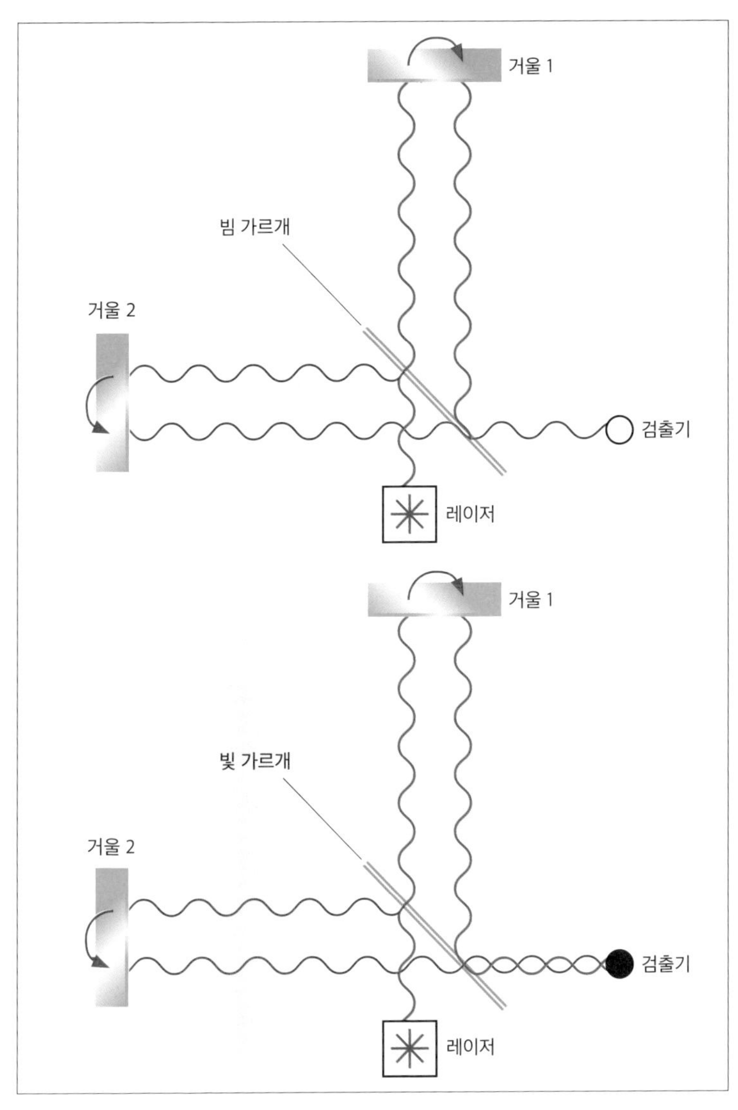

하단의 레이저에서 나온 빛이 빔 가르개(beam splitter)를 거쳐 둘로 나눠진 뒤 두 거울에 반사된 후 오른쪽 검출기에서 만나는 도식도. 위는 빛의 세기가 강해지는 보강 간섭, 아래는 빛의 세기가 약해지는 상쇄 간섭의 경우를 보여 준다.

천문학의 지평을 근본적으로 넓혔다. 소위 '다중 신호 천문학'의 시대가 열린 것이다. 인류는 현재 간섭계 속에서 수백 킬로미터를 내달려 만난 두 빛이 자신들과 조우한 중력파의 비밀을 한 꺼풀 드러내며 새로운 천문학의 출발을 알린 기념비적 순간에 서 있다. 우리는 보통 일상 속에서 새로운 만남과 인연에 설레곤 한다. 그 만남을 통해 맺어질 관계들이 우리의 삶과 미래를 변화시킬 수도 있다고 믿기 때문이다. 빛의 만남, 즉 간섭이라는 잘 알려진 현상을 통해 중력파와의 만남에 성공한 인류는, 이렇게 맺은 새로운 인연을 통해 무엇을 보고 어떤 인식의 지평에 도달하게 될까?

콤팩트 디스크와 풍뎅이 껍질

대용량 저장 장치 중 가장 많이 쓰이던 콤팩트 디스크(compact disk, CD)나 디지털 다기능 디스크(digital versatile disk, DVD) 뒷면을 햇빛이나 전등 밑에서 바라보면 무지갯빛이 보인다는 것을 한 번쯤 경험해 보았을 것이다. 햇빛과 일반 조명에서 나오는 빛은 분명히 흰색인데, 프리즘도 아닌 CD가 어떻게 흰색 빛을 무지갯빛으로 나누는 것일까?

CD는 약 1.2밀리미터 두께의 플라스틱 기판 위에 나선형으로 홈(트랙)이 파여 있는 구조다. 나선형 홈들을 따라 서로 높이가 다른 두 영역들이 번갈아 가면서 요철 모양으로 새겨지고, 이를 이용해 디지털 신호인 0과 1을 저장할 수 있다. CD는 디지털 신호를 저장할 수 있는 훌륭한 저장 장치로 각광받아 왔다. 현재는 CD의 저장 기능이 다른 디지털 저장 매체나 클라우드로 많이 대체되었지만 CD 음반은 아직도 여러 나라에서 대중 음악 유통의 주된 수단이다.

노래를 CD에 녹음할 경우 음성 신호가 우선 아날로그-디지털 변환기를 통해 0과 1만으로 구성된 디지털 신호로 바뀌고 이 신호는 CD의 홈을 따라 높이가 다른 영역들로 바뀌어 배치되고 저장된다. CD 플레이어로 노래를 재생하는 경우에는 플레이어 내에 들어 있는 근적외선 파장(780나노미터)의 소형 반도체 레이저가 사용되는데, 레이저 빔이 맞는 곳의 홈의 높이가 변할 때 레이저의 반사 각도가 달라지도록 디자인해서 0과 1을 구분해 낼 수 있다.[5] 검출기인 광다이오드(photodiode)에는 반사된 레이저의 각도(신호)에 따라 빛의 세기가 달리 읽히므로 CD에 저장된 디지털 신호를 읽을 수 있다. 이렇게 재생된 신호는 이번에는 디지털-아날로그 변환기를 거쳐서 원래의 음성신호로 바뀐 후에 증폭기를 거쳐서 스피커로 전달된다.

CD에 파여 있는 홈의 넓이는 머리카락 굵기의 수백분의 1에 불과한 0.5마이크로미터(1마이크로미터는 100만분의 1미터) 정도고 홈과 홈 사이의 간격은 약 1.6마이크로미터다. 이 홈의 길이를 모두 합하면 무려 5.4킬로미터 정도나 된다. DVD의 경우 파장이 더 짧은 650나노미터의 레이저를 이용함으로써 요철을 더 작게 만들고 홈과 홈 사이의 간격도 줄일 수 있기 때문에[6] 동일한 면적에 더 많은 정보를 저장할 수 있다.

CD나 DVD에 형성된 규칙적인 홈이 무지갯빛을 만들어 내는 현상은 빛이 간섭과 회절을 일으키는 파동이라는 사실을 통해 이해할 수 있다. 전자기파는 끊임없이 진동하는 전기장과 자기장 성분을 거느리며 진공을 초속 약 30만 킬로미터로 진행하는 횡파다. 따라서 빛의 성분인 전기장(과 자기장)은 빛의 진행 방향에 대해 수직으로 양과 음을 반복하며 진동한다. 다른 파동들과 마찬가지로 두 빛도 만나면 간섭을 일으킨다. 마루와 마루 혹은 골과 골이 만나는 곳은 전기장의 진폭이 2배가 되며 빛의 세기가 증폭되는데 반해 마루와 골이 만나는 곳은 진폭이 0이 되면서 빛이 존재하지 않는 곳이 된다. 의사이자 과학자였던 토머스 영(Thomas Young, 1773~1829년)은 2개의 슬릿을 통해 들어온 빛이 일정 거리만큼 떨어져 있는 스크린에서 만나 간섭 현상을 일으킨다는 것을 실험으로 보임으로써 빛의 파동설의 기반을 닦았다.[7]

CD로 돌아가 보자. 하나의 색깔(가령 빨간색)로 이루어진 단색광이 CD에 들어가면 나란히 배열된 각 홈에서 반사된 많은 수의 빛의 파동들이 퍼지면서 서로 간에 중첩되어 간섭을 일으킨다. 이 빛들이 합쳐져 보강 간섭을 일으키며 강해지는 방향은 홈 사이의 거리와 빛의 파장으로 결정된다. 따라서 우리가 CD를 바라보는 각도에 따라 어떤 각도에서는 다수의 반사광의 마루들이 만나서 강한 빛이 만들어지기도 하고 다른 각도에서는 빛의 파동의 마루와 골들이 중첩되어 어두워지기도 한다. 따라서 우리가 각도를 달리해서 CD를 쳐다보면 빨간 빛의 강약이 반복되는 것을 느낄 수 있다. 각 색깔 별로 파장이 다르고 간섭의 조건이 달라지기 때문에 색깔별로 보강 간섭에 의해 빛이 강해지는 각도가 조금씩 달라진다. 그래서 CD 표면에 백색광을 쪼이면 색깔별로 조금씩 다른 각도로 분리되어 보강 간섭을 일으키므로 우리 눈에는 무지갯빛이 보인다.[8]

CD처럼 유리나 플라스틱 위에 다이아몬드 바늘 등으로 일정한 간격의 홈을 새겨 놓은 광학 부품을 회절격자(diffraction grating)라고 부르는데, 빛을 색깔별로, 혹은 파장별로 나누는 데 사용된다. 보통 1밀리미터에 수백~2000개 정도의 홈이 새겨진다. 이 회절격자는 프리즘보다도 훨씬 정교하게 색깔별로 빛을 나눌 수 있기 때문에 오늘날 빛을 분해해서 분석하는 분광학(分光學) 장비에 광범위하게 사용되고 있다.[9]

조개껍데기나 곤충의 날개, 풍뎅이 껍질처럼 자연에서도 무지갯빛을 내는 생명체가 많다. 이들을 현미경으로 확대해 보면 미세한 홈들이 규칙적으로 새겨진 구조를 흔히 볼 수 있다. 이들 껍질 위에 새겨진 홈들에서 반사된 빛이 간섭을 일으키면서 CD의 홈처럼 백색광을 무지갯빛으로 나누는 것이다. 자연에서 색소에 의해 형성되는 색 외에 미세한 구조에 의한 빛의 간섭과 회절로 발생하는 색을 구조색이라 부른다. 이런 나노 구조를 연구해 다양한 광학 소자의 개발에 응용하려는 연구도 활발히 진행되고 있다. 풍뎅이 껍질과 CD가 만들어내는 무지갯빛이 동일한 물리적 원리에서 비롯되었다는 사실이 무척 흥미롭게 느껴진다.

빛을 담는 전자 필름, CCD

마음에 드는 사진을 남기기 위해 하루에도 수백, 수천 번씩 버튼을 누를 수 있는 디지털 카메라의 시대를 사는 지금으로서는 한 롤에 24매의 한정된 필름 수량을 의식하며 한 장씩 신중하게 촬영 버튼을 누르던 시대가 아득하다. 20세기 내내 카메라와 필름의 대명사였던 미국의 이스트먼 코닥 사(Eastman Kodak Co.)는 디지털 시대의 폭풍을 이겨내지 못하고 2012년 파산 신청을 한 바 있다. 디지털 카메라가 카메라 시장을 휩쓸면서 전 세계적으로 필름 소비량이 급감한 것이 주원인이었다.

디지털 카메라에서 일반 필름 카메라의 필름 역할을 대신하는 것은 무엇일까? 흔히 '전하 결합 소자'로 불리는 CCD(charge coupled device)혹은 CMOS(Complementary Metal Oxide Semiconductor) 이미지 센서라 불리는 광검출기가 바로 그것이다. 이 글에서는 요즘 더 보편적으로 사용되는 CMOS 대신 CCD에 국한해 광검출기의 원리를 설명한다. CCD는 작은 동전 크기 정도의 반도체 소자인데 표면에 광다이오드가 화소 구조를 이루며 배열되어 있다. 광다이오드는 빛을 받으면 이에 반응해 전하를 생성하는 소자다. 생성되는 전하의 양은 빛의 세기에 비례한다. 이렇게 화소별로 저장된 전하는 순차적으로 읽혀지면서 전기적인 신호로 바뀌고 다시 디지털 신호로 변환되어 플래시 메모리 같은 저장 장치 내에 저장된다.

디지털 카메라나 휴대폰을 살 때 중요한 기준의 하나가 된 화소 수는 이미지 센서를 이루는 화소의 수를 말한다. 100만 화소의 디지털 카메라는 100만 개의 미세한 광검출 소자가 모여 있는 이미지 센서가 사용되고 있다는 의미이다. CCD 각각의 화소에는 매우 작은 마이크로 렌즈들이 달려 있어 입사되는 빛을 광다이오드 위에 모으는 역할을 한다. 따라서 화소수가 커질수록 동일한 피사체에 대해 더 세밀한 영상을 만들어 낼 수 있다.

CCD가 필름의 역할을 대신하려면 우리가 찍고자 하는 대상의 명암과 색상을 구분할 수 있어야 한다. 명암은 피사체로부터 입사되는 빛의 양에 의해 결정되므로 각 화소별로 CCD가 바꾼 전하의 양을 재면 피사체의 명암을 쉽게 기록할 수 있다. 즉 디지털 카메라에 입사되는 빛을 하늘에서 내리는 비라고 한다면 CCD의 화소들은 빗물의 양을 재기 위해 각 위치에 놓아 둔 양동이들이라고 비유할 수 있다.

이렇게 본다면 원칙적으로 CCD는 명암만을 표시할 수 있고 색상은 구분하지 못한다. 색상 정보를 얻기 위해서는 보통 CCD 화소 앞에 빛의 삼원색인 빨간색, 파란색, 초록색을 선택적으로 통과시키는 컬러 필터를 달아서 입사되는 빛을 색깔별로 나누어 저장한다. 나중에는 이 정보들을 합성해서 촬영했던 피사체의 총천연색 영상을 재생한다. 우리가 시청하는 TV의 스크린을 구성하는 화소들의 색깔이 빨간색, 파란색, 초록색빛을 낼 수 있는 더 작은 단위들, 즉 부화소들이 내는 색의 조합으로 만들어지는 것과 같은 맥락이다.

컬러 필터 대신 다른 종류의 필터들을 CCD에 적용하면 사람이 보지 못하는 적외선 영상도 촬영할 수 있다. 가시광선을 차단하는 필터를 끼우면 야간에 돌아다니는 동물들의 몸에서 발산되는 적외선을 찍을 수 있다.[10] 투시 카메라는 이런 원리로 작동된다. 오늘날 CCD나 CMOS 일반 카메라뿐 아니라 각종 감시 카메라, 팩스와 스캐너, 실험용 초고감도 카메라에 이르기까지 매우 다양한 분야에서 빛을 담는 필름의 역할을 수행하고 있다. 천문학자들은 우주로부터 날아오는 광범위한 전자기파의 파장 대역을 다양한 검출기로 측정하면서 우주의 신비를 파헤친다. 빛을 스펙트럼으로 분해하는 분광기와 이를 감지하는 검출기는 바늘과 실처럼 항상 붙어 다니는 관계가 된 지 오래다.

2009년에 노벨 물리학상을 수상한 세 사람 중 윌러드 보일(Willard Sterling Boyle, 1924~2011년)과 조지 스미스(George Elwood Smith, 1930년~)는 벨 연구소에서 연구하던 1969년에 CCD 센서를 발명한 공로를 인정받아 노벨 물리학상을 받았다. 2009년 수상자 중 나머지 한 사람은 광통신의 핵심 부품인 광섬유의 개선과 광통신 분야에서 선구적 업적을 이루며 광통신의 아버지로 불렸던 찰스 카오(Charles K. Kao, 1933~2018년)다.

빛을 전기 신호로 바꾸는 광검출기를 다루자면 반드시 이야기하고 넘어가야 할 과학자가 바로 아인슈타인이다. 그는 기적의 해라 불리는 1905년에 특수 상대성 이론, 광전 효과, 브라운 운동 등 20세기 물리학의 혁명을 가져온 이론들을 발표한 바 있다. 이 이론들 중 1921년 아인슈타인에게 노벨 물리학상을 안겨 준 광전 효과가 바로 CCD와 같은 광검출기 구현의 물리적 원리가 된다.

빛을 비추면 금속과 같은 물질의 표면에서 전자가 튀어나오는 현상(광전 효과)은 오래 전부터 잘 알려져 있었지만 20세기 초에는 이 현상의 여러 특징들을 성공적으로 설명할 수 있는 이론이 없었다. 아인슈타인은 빛이 파동이라는 당시의 고정 관념에서 과감히 탈피해 빛이 일정한 에너지를 가진 알갱이들로 구성되어 있다고 가정하여 광전 효과의 모든 특징을 성공적으로 설명했다. 빛이 파동으로서의 속성뿐만 아니라 입자로서의 성질도 가지고 있다고 하는 이 이론은 오늘날 우리의 일생 생활을 지탱하는 정보 전자 기술이 탄생하고 진화해 오는 데 있어서 근본적 바탕이 된 현대 물리학의 탄생을 알리는 서막이었다.

14장

좋은 빛, 나쁜 빛, 이상한 빛

좋은 빛, 나쁜 빛, 이상한 빛

빛에 대한 최초의 체계적인 설명은 19세기 전자기학을 수립한 영국의 물리학자 맥스웰에 의해 이루어졌다. 그는 그 당시 알려진 전기학과 자기학을 집대성해 전자기학을 완성하고 전자기파를 이론적으로 예측함으로써 빛도 전자기파의 한 식구임을 밝힌다. 맥스웰의 업적으로 인해 전기학과 자기학에 이어 광학까지 하나의 이론적 틀 내로 통합되었다.

맥스웰의 전자기파 이론으로 빛에 대해 완벽히 이해했다고 생각했던 20세기 초, 빛의 정체에 대한 관점에 근본적인 전환이 생긴다. 빛의 속도는 우주에 존재하는 속도의 상한선으로서 특수 상대성 이론이 탄생하는 기반이 되었다. 또한 미시 세계를 다루는 학문인 양자물리학은 빛 에너지가 양자화(quantization)되어 있음을 알려 주었다.

즉 빛 에너지는 최소 덩어리 단위로만 전달된다는 것이다. 빛알 하나의 에너지는 전자기파의 진동수에 비례하고 파장에 반비례하기에 가시광선 중에서도 파장이 짧은 파란색 빛알의 에너지가 더 크고 자외선, 엑스선, 감마선 순으로 갈수록 빛알의 에너지가 더욱 커진다.

이로써 빛은 20세기의 과학자들 앞에 자신의 이상한 정체를 드러냈다. 간섭이나 회절(에돌이) 같은 친숙한 현상들은 빛이 파동임을 우리에게 끊임없이 알려 주지만 정밀한 검출기에 자신을 드러내는 빛은 자신의 에너지를 알갱이, 즉 입자의 형태로 나른다는 이중성이 명확히 드러난 것이다. 이런 입자-파동 이중성은 비단 빛에만 국한된 이야기는 아니다. 전자와 같은 기본 입자들도 파동과 입자의 성질을 동시에 가지고 있을 뿐 아니라 수백 개의 원자로 구성된 거대 분자들 역시 정교한 실험을 통해 파동의 간섭 현상을 나타낼 수 있다는 것이 밝혀진 바 있다. 이것도 아니고 저것도 아닌, 둘 다의 모습을 띤 이중적인 빛은 정말 이상한 놈인 셈이다.

지구의 생명체에게 우주는 그야말로 적대적 환경이다. 우주는 완벽한 진공에 가깝고 영하 270도의 극저온의 세계일 뿐 아니라 생체 조직에 치명적 위해를 가하는 것들이 끊임없이 돌아다니는 공간이기 때문이다. 국제 우주 정거장의 우주인들이 우주 유영 때 입는 거대한 우주복은 이런 환경으로부터 인간을 보호하기 위한 필수적인 보호 장비가 된다. 태양이 뿜어내는 강력한 하전 입자들의 흐름인 태양풍을 포함하는 우주선도 생명에는 치명적이지만 전자기파에서 빛알의 에너지가 높은 자외선, 엑스선, 감마선 역시 인체에 유해하기는 마찬가지다.

다행히 지구는 이들로부터 생명체를 보호할 수 있는 천연의 보호막이 있다. 액체 상태를 유지하는 지구의 외핵의 움직임에 의해 만들어지는 지구 자기장은 전하를 띤 우주선의 방향을 틀어 밴 앨런대로 몰아내고 단파장 자외선과 엑스선, 감마선 등은 지구의 대기가 전리 작용 등을 통해 막아 준다. 특히 성층권에 존재하는 오존층은 단파장 자외선을 흡수해 지구 생명체가 지상에서 번성할 수 있는 환경을 만드는 데 결정적인 역할을 한다. 이런 천연 보호막들이 없었다면 지구는 화성과 같은 불모지가 되었을 것이다.

자외선 중 에너지가 가장 센 단파장의 UV-C는 오존층에 모두 흡수되지만 중간 파장의 UV-B는 오존층을 뚫고 일부가 내려와 백내장을 유발하거나 피부에 홍반을 만드는 등 인체에 좋지 않은 영향을 줄 수 있다.[1] 파장이 짧을수록 자외선 빛알이 나르는 에너지 덩어리가 커지기 때문에 생체 조직에 더 좋지 않은 영향을 미친다. 우리가 한여름에 선크림을 발라 자외선을 차단하는 건 단파장 자외선의 영향을 줄이기 위해서다.

가시광선 대역에서도 빛알의 에너지가 가장 센 청색 빛이 말썽을 부리는 경우가 종종 있다. 우리가 사용하는 디스플레이 중 LCD는 청색 LED에 파장 변환 물질인 형광체나 양자점을 코팅해 백색광을 구현한 광원을 사용한다.[2] 청색 LED가 내는 발광 스펙트럼의 중심 파장은 약 450나노미터인데 이 빛은 수면 호르몬인 멜라토닌의 분비를 방해한다. 그래서 취침 전에 디스플레이를 장시간 활용하면 숙면을 취하기 힘들다. 이처럼 다양한 종류의 전자기파 중 일부는 사람이나 다른 생명에 끼치는 영향에 따라 '나쁜 빛' 취급을 받고 경계의 대상이 되기도 한다. 그런데 이들이 정말 나쁜 빛이기만 한 것일까?

빛은 지구에 빌붙어 살고 있는 모든 생명의 근원이다. 식물들의 광합성을 통해 만들어진 영양분은 먹이 사슬을 따라 다양한 동식물로 순환되면서 지구 생태계를 유지하는 근본 바탕이 된다. 생태계뿐 아니라 대기와 해류의 순환, 자연의 역동적인 변화도 궁극적으로는 태양에서 지구로 공급되는 빛 에너지에 기인한다. 이런 면에서 지구라는 별에 얹혀 있는 생명체는 모두 태양에 빚지고 의존하며 살고 있는 셈이다.

빛은 또한 눈을 가진 생명체에게 자신이 바라보는 대상에 대한 정보를 제공해 주는 가장 강력한 수단이다. 사람의 눈이 태양의 발광 스펙트럼 중 가장 강한 세기를 가진 가시광선 대역을 보도록 진화해 온 것은 우연이 아닐 것이다. 가장 강한 세기의 빛을 볼 수 있기 때문에 이 빛을 반사하는 물체, 포식자, 혹은 먹이의 움직임을 보다 잘 포착해서 살아남고 번성할 수 있었을 것이다. 오늘날에도 사람의 눈은 가시광선만을 볼 수 있지만 과학자들이 발명한 다양한 과학적 도구는 인간에게 전자기파 전체를 측정하고 이를 사용할 수 있는 능력을 제공해 주었다. 지상과 우주 공간에 설치된 다양한 천체 망원경들은 자신들이 볼 수 있는 특정 전자기파 대역을 측정해 우주의 비밀을 천문학자들에게 들려준다. 이런 다양한 눈으로 바라본 우주의 모습은 사람의 눈을 통해 보는 가시광선의 우주에 비해 훨씬 더 풍부하고 다채롭게 다가온다.

천문학자들에게는 다양한 눈을 제공해 주는 전자기파가 인류의 문명에서는 정보를 전달하는 무선 통신의 핵심 수단이 된다. 각종 방송통신용 전파나 휴대 전화의 신호뿐 아니라 블루투스, 와이파이 등 우리는 전자기파를 통해 전달되는 신호와 정보의 홍수 속에 살아가고 있다고 해도 과언이 아니다. 게다가 신체에는 유해한 자외선의 강한 에너지도 살균 작용을 포함한 다양한 용도로 유용하게 사용되고 있다. 자외선보다 에너지가 훨씬 더 센 엑스선은 의료 진단의 필수품으로, 혹은 방사광 가속기에서 물질의 비밀을 파헤치는 첨병으로 사용되어 왔다. 이런 면에서 본다면 본질적으로 나쁜 전자기파, 나쁜 빛은 없는 것이 아닐까?

다방면에서 사용되고 있는 빛의 기술, 광기술이 요즘에는 유전학(genetics) 분야에서도 맹활약을 하고 있다. 2002년 빛을 감지하는 단백질인 채널로돕신(Channelrhodopsin)이 해조류에서 발견되었다는 보고가 있은 후 광유전학(optogenetics)이 본격적인 학문의 한 분야로 자리 잡아 왔다. 광유전학에서는 특정 세포처럼 생체 조직 내 원하는 대상에 빛을 느끼는 센서를 달고 빛을 이용해 이를 제어함으로써 생체 조직에 대한 새로운 조절의 가능성을 탐색한다.[3]

기초과학연구원의 한 연구 그룹에서는 최근 면역에서 핵심적인 역할을 하는 항체의 조각에 청색 빛을 쪼여서 비활성화 상태를 활성화 상태로 바꾸는 데 성공한 바 있다.[4, 5] 연구자들은 녹색 형광 단백질을 인지하는 항체 조각이 빛 에너지를 받아 서로 결합해 활성화 상태로 바뀌면서 미토콘드리아에 있던 녹색 형광 단백질에 결합하는 과정을 확인한 후 이를 논문으로 보고했다. 이 활성화된 항체를 이용하면 세포 이동에 관여하는 단백질을 억제할 수 있다고 한다. 이 연구는 기존에 화학적 방법으로 제어하는 것에 비해 빛을 이용하면 훨씬 더 빠른 시간 내에 항체 활성을 조절할 수 있음을 보여 준 결과다.

같은 연구팀에서는 2019년 초에도 빛을 이용해 살아 있는 쥐의 뇌 속 유전자 발현을 제어한 연구 결과를 발표한 바 있었다.[6] 연구팀이 직접 설계한 유전자 재조합 효소를 생쥐의 뇌의 해마에 주입한 후에 생쥐의 머리에 청색 LED를 부착해 빛을 쬐자 비활성화 상태로 나누어져 있던 효소는 빛 에너지의 도움으로 결합하며 활성화 상태로 바뀌었고 이 효소에 의해 발현된 유전자를 확인할 수 있었다. 이를 생쥐의 뇌 속 다른 부위에 심어서 쥐의 물체 탐색 능력을 제어할 수도 있었다고 한다. 뇌의 빛에 대한 투과도가 매우 낮음에도 불구하고 뇌 속에 침투한 희미한 빛을 이용해 단백질을 활성화시켰다는 건 매우 놀라운 일이다.

화학적 방법을 사용하거나 뇌 속에 무엇인가 삽입하는 침습적 방법에 비해 빛을 이용한다면 그에 반응하는 부위만을 정확한 시간에 제어할 수 있다는 이점이 있다. 이를 적절히 활용함으로써 인류에게는 아직 미지의 영역인 뇌의 비밀을 밝히는 데 광유전학이 크게 기여할 수 있을 것이라는 기대감이 커지고 있다.

인간의 삶에 미치는 영향에 따라 전자기파를 좋은 빛, 나쁜 빛, 이상한 빛으로 나눠볼 수는 있으나 빛은 그냥 빛일 뿐이다. 빛과 전자기파의 본성을 제대로 이해하게 된 것은 20세기부터다. 디스플레이나 광통신 등 다양한 분야에서 인류의 삶을 바꾸고 IT 문명의 혁신에 기여한 광기술은 이제 유전학과 같은 새로운 분야로도 활용의 폭을 넓혀 나가고 있다. 우주의 초기부터 존재해 왔던 빛은 현재도 함께 있고 몇 세기 후에도 주위에 있을 것이며 인류 문명이 사라진 머나먼 미래에도 이 우주를 가득 채우며 존재할 것이다. 인류는 빛에 기댄 기술, 즉 광기술을 이용해 계속 미래를 개척해 나가고 환경 문제 등 당면한 위기들의 해결에도 이용할 것이다. 20세기가 전자의 세기라면 21세기는 빛의 세기라 할 만하다.

메타 물질이 펼치는 빛의 마술

자연은 과학 기술의 진보를 위한 아이디어의 보고이다. 생체 모방 기술은 생명체의 기능과 구조로부터 아이디어를 얻는다. 그런데 현대의 초정밀 가공 기술 덕분에 과학자들은 자연에는 전혀 존재하지 않는 새로운 물질을 창조할 수 있게 되었다. 그리스 어로 '초월'을 의미하는 메타(meta) 물질이란 자연에 없는, 인공적으로 설계해 만든 물질을 일컫는다. 최근 빛을 다루는 광학 분야에서 메타 물질에 대한 활발한 연구가 이루어지고 있다. 메타 물질에서 나타나는 새로운 과학 현상뿐 아니라 이를 다양한 분야에 응용할 수 있는 무궁한 가능성이 과학자들의 흥미를 끌고 있는 것이다.

빛의 진행 방향이 꺾이는 굴절은 우리 일상생활에서 매우 친숙한 광학 현상이다. 물컵에 담긴 젓가락이 구부러져 보인다거나, 렌즈를 거친 평행광이 한 점에 모이는 현상 등이 두 물질이 만나는 계면에서 생기는 굴절 현상의 예다. 빛이 꺾이는 정도를 광학에서는 굴절률로 나타내는데 굴절률이 클수록 빛이 더 많이 꺾인다. 굴절 현상은 물질을 구성하는 수많은 원자들이 빛과 상호 작용하는 과정에서 발현된다. 따라서 물질의 구성 단위를 인위적으로 설계해 배치한다면 굴절률을 마음대로 조절해 빛을 통제할 새로운 가능성을 얻을 수 있다. 이를 위해 과학자들은 머리카락 굵기의 수백분의 1 정도에 불과한 작은 구조물(메타 원자, meta atom)을 주기적으로 배치해 메타 물질을 만들고 빛을 기존과는 전혀 다른 방식으로 다루고자 한다. 특정 전자기파에 대해 음의 굴절률을 가지는 메타 물질을 설계한다면 해당 전자기파는 자연에서는 볼 수 없었던 방향으로 굴절하는 특이 현상을 보인다.

메타 물질이 적용될 분야 중 하나로 투명 망토 기술이 있다. 물체를 지각할 수 있는 것은 주변의 조명광이나 태양빛이 물체의 표면에서 반사된 후 우리 눈에 들어오기 때문이다. 그런데 물체의 주변 공간에 적절한 굴절률 분포를 나타내는 메타 물질을 설계해 배치하면 이 공간을 지나는 빛은 물체에 닿지 않고 주변을 에돌아 지난 후에 원래의 방향을 따라 진행하기 때문에 외부에서는 물체가 있는지 인식하지 못하게 된다. 이 과정에서는 빛이 물체에 입사하지 않고 따라서 물체 표면에서 반사되면서 물체의 형상과 색깔에 대한 정보를 나르는 빛이 만들어지지 않기 때문이다. 이처럼 물체를 빛으로부터 감

일정한 형태의 구리로 된 링을 주기적으로 배치해 음의 굴절률을 가지도록 만든 메타 물질.

추기 위해서는 이를 감싸는 투명 망토 물질의 굴절률이 특수한 분포를 유지해야 하는데 메타 물질은 이런 면에서 이상적인 물질이다. 투명 망토는 처음에는 장파장의 전자기파인 마이크로파에 대해 성공했지만[7] 이 분야 연구자들은 메타 물질로 조절 가능한 전자기파의 파장을 줄여서 궁극적으로 가시광선 대역에서 작동하는 투명 망토를 개발하기 위해 노력하고 있다.

지금까지 연구된 투명 망토는 형태가 고정되어 있는 물체에 대해서만 기능하는 한계를 보였다. 그런데 2012년 연세 대학교 연구팀은 스마트 메타 물질을 활용해 변형되는 물체에 대해서도 유지되는 투명 망토 기술을 발표했다.[8] 이 연구팀은 신축성이 뛰어난 실리콘 고무 튜브를 규칙적으로 배열한 메타 물질을 활용했는데, 이 물질은 압력에 의해 변형되어도 투명 망토에 필요한 특수한 굴절률 분포를 만족하도록 설계되었다. 즉 자신이 감싸는 물체가 변형되어도 투명 망토의 기능을 유지할 수 있는 스마트 메타 물질을 제시한 것이다. 이를 위해 해당 연구팀은 물질의 기계적 변형이 굴절률 등 광학적 특성에 미치는 영향을 체계적으로 분석해 메타 물질이 만족해야 하는 굴절률 분포의 구현에 활용했다.

메타 물질을 활용하면 부피를 가진 물체를 매끈한 평면으로 보이게 한다거나 어떤 물체를 전혀 다른 물체인 것처럼 보이게 하는 착시 광학을 구현할 수도 있다. 이러한 광학 기술은 군사 기술 분야에서 특정한 전자기파에 대한 스텔스 기술로 활용이 가능하다. 전자기파뿐 아니라 음파나 지진파에 대해 기능하는 메타 물질에 대한 연구도 활발하다. 지진파에 대해 투명 망토 역할을 하는 인공 구조물이 개발된다면 이 물질로 둘러싸인 건축물은 지진파가 에돌아 지나갈 수 있고, 이는 방진 기술 분야에 일대 혁명을 가져올지도 모른다. 인공 원자로 구성된 물질이라 할 수 있는 메타 물질의 실질적인 실용화가 언제쯤 진행되어 어떤 빛의 마술을 우리 앞에 펼쳐 놓을 것인가?

반물질 폭탄은 가능한가?

액션 혹은 블록버스터 영화 속 단골 메뉴는 우리의 상상을 초월하는 첨단 무기들이다. 「미션 임파서블」에 등장하는 각종 스마트 무기로부터 행성을 손쉽게 폭파해 버리는 「스타워즈」의 데스 스타에 이르기까지 극적 흥미를 위해 동원되는 무기들은 영화의 중요한 요소들 중 하나다. 그중 물리학자들의 흥미를 끌었던 무기는 「천사와 악마」에 등장했던 반물질 폭탄으로, 유럽 입자 물리 연구소의 가속기에서 만들어진 반물질은 바티칸시티 상공에서 거대한 폭발을 일으키며 사라진다.

반물질의 존재는 1920년대 이론적으로 예측되었고 1932년 우주에서 날아온 우주선에서 처음으로 자신의 모습을 인류 앞에 드러냈다. 양자 물리학의 이론적 토대를 닦았던 영국의 물리학자 폴 디랙(Paul Dirac, 1933~1984년)은 1928년 상대론적 양자 이론을 기술하는 디랙 방정식을 발표하면서 전자의 반물질인 양전자의 존재를 예측했고, 1932년 미국의 물리학자 칼 데이비드 앤더슨(Carl David Anderson, 1903~1991년)이 구름 상자를 이용한 우주선 측정 실험에서 양전자의 존재를 확인했다.

물질에 대한 반물질의 관계는 나와 거울 속에 비친 나로 비유해 볼 수 있다. 거울 속의 나는 좌우가 바뀐 것을 제외하면 현실의 나와 똑같다. 반물질을 구성하는 입자는 물질을 구성하는 입자와 질량은 똑같지만 그 외 성질들은 반대이다. 음전하를 띤 전자(electron)의 반입자는 전자와 질량은 동일하나 양전하를 띠는 양전자(positron)다. 수소 원자의 핵인 양성자(proton)의 반입자는 음전하를 띠는 반양성자(antiproton)다. 수소 원자에서는 양성자 주변을 전자가 돌지만, 수소의 반물질인 반수소 원자에서는 반양성자로 이루어진 원자핵 주위를 양전자가 돈다.

지금까지 이루어진 연구에 따르면 반물질과 물질은 동일한 특성을 나타낸다. 최근 반수소 원자를 자기장으로 가둔 후 레이저나 마이크로파를 이용해 전이 스펙트럼을 조사해 보니 수소 원자의 특성과 정확히 일치한다는 보고도 있었다.[9, 10] 반물질로 구성된 사과가 있더라도 그것은 물질로 이루어진 사과와 똑같이 보인다. 그러나 반물질 사과로 의심된다면 그것을 절대 만져서는 안 된다. 반물질과 물질이 만나면 질량이 소멸하면서 빛 에너지, 즉 감마선[11] 에너지로 변하기 때문이다. 이것이 바로 반물질 폭탄이 가능한 이유다. 아인슈타인이 밝혔듯이 질량은 에너지의 한 형태인 것이다. 원자폭탄이나 수소폭탄이 핵분열 혹은 핵융합의 과정에서 손실되는 약간의 질량을 에너지로 바꾸는데 반해 반물질 폭탄은 질량의 100퍼센트를 에너지로 바꾸니 얼마나 효율적인 폭탄인가?[12] 미국 공군의 한 간부가 반물질 무기를 언급했다는 기록도 있다.

반물질은 물질과 만나자마자 소멸하기 때문에 그만큼 다루기가 까다롭다. 영화처럼 손에 쥘 정도의 작은 용기에 담을 수 있는 존재가 아니다. 흥미롭게도 「천사와 악마」의 배경이 되었던 유럽 입자 물리 연구소에서 2018년 초부터 트럭을 이용한 반물질 수송 프로젝트를 시작했다. 가속기의 반물질 공장에서 형성되는 반양성자 10억 개를 전자기장을 이용한 덫에 가두고 이를 수백 미터 떨어진 연구실로 옮길 계획이다. 이렇게 옮긴 반양성자를 방사성 핵과 충돌시켜 핵의 비밀을 파헤침과 동시에 중성자별의 내부를 이해하기 위한 단초를 얻을 예정이라 한다.

혹자는 10억 개나 되는 반양성자를 실은 트럭을 누군가 탈취해 폭탄으로 사용하거나 트럭이 전복되어 물질과 만나면 영화에서 본 것처럼 거대한 폭발이 일어나지 않을까 걱정할 수도 있겠다. 그러나 10억 개의 반양성자를 모두 에너지로 변환해도 꼬마전구 하나 켜기 힘들 정도로 미약한 에너지에 불과하다. 히로시마에서 터진 원자 폭탄 규모의 폭발력을 내기 위해선 반양성자가 0.5그램은 되어야 한다. 현재의 기술로 이 정도 양을 만들려면 수천억 년이 걸린다니 어느 국방부가 반물질 폭탄의 개발에 매달리겠는가 싶다.

반물질은 경우에 따라 매우 유용하게 활용될 수도 있다. 인체의 입체 영상을 촬영할 때 사용하는 양전자 방출 단층 촬영(positron emission tomography, PET)이 하나의 예다. 양전자란 전자의 반물질이다. PET에서는 일정 시간이 지나면 양전자를 방출하는 동위원소를 체내에 주입한 후에 거기서 나오는 양전자가 주변의 전자와 만나 방출하는 감마선을 검출해서 신체의 구조를 재구성한다. 가장 강한 에너지를 가진 전자기파인 감마선으로 우리 몸을 진단하는 것이다. 물론 감마선의 양을 안전한 수준으로 낮추기 위해 인체에 해가 미치지 않는 극미량의 동위 원소만을 투입한다고 한다.

반물질은 정말 물질과 완벽히 똑같은 성질을 보일까? 아주 조금이라도 차이를 보인다면 그것은 기존의 물리 법칙을 근본부터 뒤흔드는 중요한 발견이 될 것이나. 대부분의 물리학자는 다른 결과가 나올 것이라 생각하지 않는다. 반물질을 만들고 취급하는 것은 매우 힘들고 어려운 일이다. 너무나 당연하게 보이지만 완벽히 확인되지는 않은 결과를 확실히 얻기 위해 오늘도 과학자들은 반물질에 대한 지난한 실험을 진행한다.

빛으로 듣는 소리

시각과 청각은 우리가 외부의 정보를 받아들이는 데 활용하는 대표적인 감각들이다. 눈은 전자기파 중 가시광선을 활용해 대상의 밝기와 색상을 인지하고 귀는 일정한 주파수 대역의 음파를 감지해 소리를 내는 파원을 파악한다. 시각이 직접적인데 비해 소리는 직감적이다. 두 눈에 비치는 시각 정보의 차이를 비교함으로써 우리는 시야 속 대상들과의 거리감, 대상의 입체감을 확보할 수 있고, 두 귀에 들리는 소리의 차이를 통해 우리는 소리의 원천이 어느 방향에 있는지 알 수 있다.

파동의 일종인 소리, 즉 음파는 매질을 구성하는 입자들의 변위에 의해 생겨나는 압력의 주기적인 진동이 일정한 속도로 퍼져 나가는 현상이다. 음파가 전달되는 매질은 공기나 물과 같은 유체일 수도 있고 콘크리트와 같은 고체일 수도 있다. 다른 파동처럼 음파도 공간적 주기성과 시간적 주기성을 나타낸다. 공간적 주기성은 파장으로 표현되고 시간적 주기성은 주파수(혹은 진동수)로 드러난다.[13] 사람이 들을 수 있는 가청 주파수는 약 20~2만 헤르츠다. 이보다 낮은 주파수 영역의 음파는 초저주파(infrasound), 더 높은 주파수 영역의 음파는 초음파(ultrasound)라 부른다.

음파의 속도는 음파가 통과하는 매질의 밀도 및 이 매질의 변형에 대한 저항력과 관련된다. 매질이 변형된 후 원래 상태로 돌아오려는 힘이 클수록 음속도가 높다. 변형에 대한 저항력은 기체보다 액체, 액체보다 고체가 더 크기 때문에, 보통 이 순서대로 음속도가 증가한다. 공기 속에서 초속 343미터 정도인 음파의 속도는 물에서는 초속 1482미터, 고체인 철 속에서는 초속 6000미터로 늘어난다.[14]

소리를 연구하는 학문을 음향학(acoustics)이라 한다. 음향학에서 이루어지는 소리의 연구에는 매우 다양한 실험 방법이 사용된다. 필자의 연구실에서는 빛을 이용해 소리를 듣는다. 시료에 쏘아 준 레이저 빔과 음파 사이의 상호 작용을 통해 물질 내 소리의 정체를 파악하는 것이다. 원자들이 일정한 간격으로 주기적으로 배열되어 있는 고체 결정(crystal)이 있다고 하자. 눈에는 가만히 있는 듯 보이나 고체 속 원자들은 제자리를 중심으로 끊임없이 움직이고 있다. 눈에는 보이지 않는 이 진동은 항상 존재할뿐더러 온도가 올라가면 진동의 폭이 더 커진다. 이 복잡한 진동 속에는 다양한 파장과 진동수로 진동하며 온갖 방향으로 진행하는 음파가 섞여 있다.[15]

빛이 고체 내로 들어가 특정한 음파를 만났다고 상상해 보자. 고체 내 음파, 특히 종파는 공기 중의 소리와 마찬가지로 밀도가 주기적으로 변하는 소밀파에 해당된다.[16] 그리고 밀도가 바뀌면 굴절률도 주기적으로 달라진다. 음파가 진행하면 그에 발맞춰 움직이는 굴절률 격자가 생기는 것이다. 굴절률이 서로 다른 두 매질의 계면에 입사된 빛의 일부가 반사되는 것처럼 공기의 밀도 변화에 의해 발생한 굴절률 격자도 각 격자면에서 빛을 부분적으로 반사시킨다. 그런데 빛이 무엇인가? 빛은 서로 간에 간섭을 일으킬 수 있는 전자기 '파동'이다. 따라서 각 굴절률 격자에서 반사된 빛들이 만나 보강 간섭을 일으키는 특정한 방향이 있다.[17]

이 굴절률 격자가 고체 속에 고정되어 정지해 있다면 각 격자에서 반사되어 보강 간섭을 이룬 빛의 진동수는 입사되는 빛의 진동수와 달라질 이유가 없다. 그런데 굴절률 격자를 이루는 것은 일정한 속도로 움직이는 음파다. 빛을 보강 간섭이 일어나는 특정 방향으로 반사시켜 쏘아주는 굴절률 격자가 움직이는 것은 빛을 방출하는 광원이 움직이는 것과 같은 효과를 가진다. 그리고 움직이는 광원은 도플러 효과를 만든다. 광원이 다가오는 방향으로는 빛의 진동수가 늘어나고(파장이 짧아짐) 멀어지는 방향으로는 빛의 진동수가 줄어든다(파장이 길어짐). 마찬가지로, 음파가 다가오느냐 멀어지느냐에 따라 보강 간섭으로 산란된 빛의 진동수가 정확히 음파의 진동수만큼 증가하거나 감소한다. 고체에서 산란되어 나오는 빛이 고체 속 음파, 즉 소리의 주파수 정보를 가지고 나오는 것이다. 이 효과는 1922년 처음으로 이를 예측한 프랑스 물리학자 레옹 니콜라 브릴루앙(Leon

Nicolas Brillouin, 1889~1969년)의 이름을 따 브릴루앙 산란(Brillouin scattering)이라 불린다.[18]

이제 남은 일은 산란광의 스펙트럼을 측정해 음파의 진동수를 알아내는 일이다. 가시광선 레이저 빛의 주파수는 약 $(4\sim7)\times10^{14}$헤르츠고 빛과 반응할 수 있는 고체 속 음파의 진동수는 보통 수십 기가헤르츠다. 따라서 음파의 도플러 효과에 의해 일어나는 빛의 진동수의 변화율은 1만분의 1에서 10만분의 1 정도다. 이 정도로 작은 진동수 변화는 분광기로 흔히 사용되는 프리즘이나 회절격자로는 측정할 수 없다. 주파수 분해능이 훨씬 뛰어난 분광기를 사용해야 하는데, 보통 2개의 거울이 마주보고 있는 파브리-페롯(Fabry-Perot) 간섭계를 활용한다.[19]

음속도는 우리에게 어떤 이야기를 들려줄까? 음속도는 원자들 사이의 힘에 대한 정보를 담고 있고 일반적으로 원자 사이의 힘이 클수록 음속도가 커진다. 재미있는 예를 하나 들어보자. 거미줄을 따라 이동하는 진동은 거미가 먹이를 탐지하거나 다른 거미와 소통하는데 있어서 매우 중요한 역할을 한다. 그런데 이 속도, 거미줄에 걸린 곤충이 만드는 진동이 거미줄을 따라 이동하는 속도에 대해서는 최근에서야 활발한 연구가 이루어지고 있다. 거미줄처럼 가는 실 모양의 물체는 초음파법 등으로 음속도를 측정하기가 쉽지 않기 때문이다. 과학자들은 최근에 브릴루앙 산란법을 이용해 거미줄 속 소리의 속도를 성공적으로 측정했고 거미줄의 위치에 따라 음속도가 달라진다는 것을 알았다.[20] 이런 정보는 거미줄과 같은 바이오 물질의 응용에 있어서 매우 중요한 기계적 성질을 알려 준다.

브릴루앙 산란이 적용된 또 다른 흥미로운 사례로 구슬이 내는 음악이 있다. 과학자들이 직접 연구할 수 있는 가장 큰 구슬은 지구일 것이다.[21] 종을 치듯 지구를 울리면 지구는 떨면서 소리를 낼 것인데 진도 8이나 9의 강력한 지진이 일어날 때도 그렇다. 진앙과 가까운 곳의 인류에게는 극단적인 공포의 순간이겠지만 지구 물리학자들에게는 지구의 소리를 들을 수 있는 절호의 기회다. 굵기와 길이가 일정한 현악기의 줄이 특정한 진동수(와 그 배수)의 소리만 내는 것처럼 공과 같은 경계 조건을 가진 지구 역시 특정한 방식으로 진동하며 일정한 고유 진동수로 소리를 낸다. 구의 형상이 타원 회전체로 변형되거나 북반구와 남반구의 회전 방향이 서로 반대인 비틀림 진동 등이 고유 진동의 몇 가지 예이다. 거대한 몸집을 가진 지구답게 지구라는 구슬이 내는 소리의 고유 진동수는 매우 낮아서 며칠 동안 느리게 진동이 지속되기도 한다.[22]

구슬의 크기를 지구의 크기에서 점점 줄이면 어떻게 될까? 구슬의 지름을 수백 나노미터 정도로 줄이면 구슬이 내는 소리의 주파수는 수 기가헤르츠 정도로 올라간다. 이런 높은 주파수의 소리는 당연히 우리의 귀에는 들리지 않는다. 브릴루앙 산란으로 측정할 수 있는 산란광의 주파수 영역이 정확히 이곳이다. 나노 구슬이 내는 고유 진동수에 대한 이론적 계산은 19세기 후반에 이루어졌지만 이것을 브릴루앙 산란을 이용해 확인한 실험은 2003년에 진행되었다.[23] 나노 구슬이 내는 음악을 빛을 이용해 최초로 들었던(즉 분광기로 확인한) 실험이었다.

세상은 소리로 가득 차 있다. 번개나 바람, 비가 내는 다양한 소리들은 공기와 물, 땅을 통해 주변으로 퍼져 나간다. 건물이나 다리와 같은 인공 구조물들도 자신들의 고유 진동수로 자신만의 이야기를 들려준다. 생물들이 내는 소리는 때로는 위협과 저항의 신호를, 때로는 사랑의 교감을 전달한다. 생명체들은 소리를 만들고 소리를 지각하는 능력을 진화시켜 왔고, 생명체의 번성을 불러왔다. 인간은 본인이 들을 수 있는 가청 주파수 대역을 넘어서 초저주파와 초음파 영역을 탐색해 자연의 비밀을 파헤쳐 왔다. 눈으로 볼 수 없는 다양한 전자기파를 탐지할 과학적 수단을 확보함으로써 시각의 한계를 탈피했듯이 말이다. 확장된 눈으로도 볼 수 없는 곳에서 확장된 귀로는 들을 수 있는 소리들이 울리고 있을지 모른다. 브릴루앙 산란과 같은 빛의 도움으로 그 소리를 들을 수도 있다. 비록 우리 귀로 직접 들을 수는 없어도 자연의 구조가 빚어내는 화음이 그 속에 숨어 과학자들을 유혹하고 있다.

빛의 고속 도로, 광케이블

스위스의 물리학자였던 장다니엘 콜라돈(Jean-Daniel Colladon, 1802~1893년)은 19세기 중반에 물의 제트에 대한 실험을 하는 도중 곡선을 그리며 바닥으로 떨어지는 물줄기 안에 햇빛이 갇혀서 진행하는 현상을 목격했다. 즉 물줄기는 빛을 가두는 관처럼 작동하는 것 같았다. 이 실험 결과는 1842년에 논문으로 발표되었고[24] 존 틴들(John Tyndall, 1829~1893년)을 포함한 당대의 과학자들에 의해 재현되면서 널리 퍼지게 되었다.

이 현상은 오늘날 내부 전반사(全反射, total internal reflection)로 알려져 있는데, 빛이 물처럼 조밀하고 굴절률이 큰 매질에서 공기처럼 덜 조밀하고 굴절률이 작은 매질로 진행하다가 경계면을 만날 때 어떤 입사각의 범위에서는 100퍼센트 반사되는 현상을 일컫는 말이다. 이 때 물과 공기의 경계면은 흡사 거울처럼 작용한다. 그렇지만 빛이 공기에서 물로 진행할 경우에는 전반사가 일어나지 않는다. 단지 경계면에서 빛이 일부는 꺾여서 굴절됨과 동시에 일부가 반사의 법칙에 따라 반사하며 갈라지는 현상만 나타날 뿐이다. 물의 수심이 실제보다 얕게 보이는 것도 바로 이 굴절 현상 때문이다.[25]

전반사 현상이 적용되는 가장 대표적인 분야는 바로 광통신(光通信, optical communications)이다. 빛에 정보를 담아서 전달한다는 의미의 광통신은 광섬유(optical fiber) 케이블을 통해 빛을 전송함으로써 이루어진다. 광섬유는 중앙에 빛이 전달되는 통로인 코어라는 유리관 주위를 이보다 굴절률이 작은 클래딩이 감싸는 이중 구조로 이루어져 있다. 콜라돈의 실험과 비교해 보면 코어가 물줄기에 해당하고 클래딩이 공기에 대응한다고 볼 수 있다. 레이저를 이용해서 광섬유 한쪽 끝에 단면을 보이는 코어에 일정한 각도 범위로 빛을 입사시키면 이 빛은 코어와 클래딩의 경계면에서 연속적으로 내부 전반사를 하면서 코어에 갇혀 앞으로 진행한다.

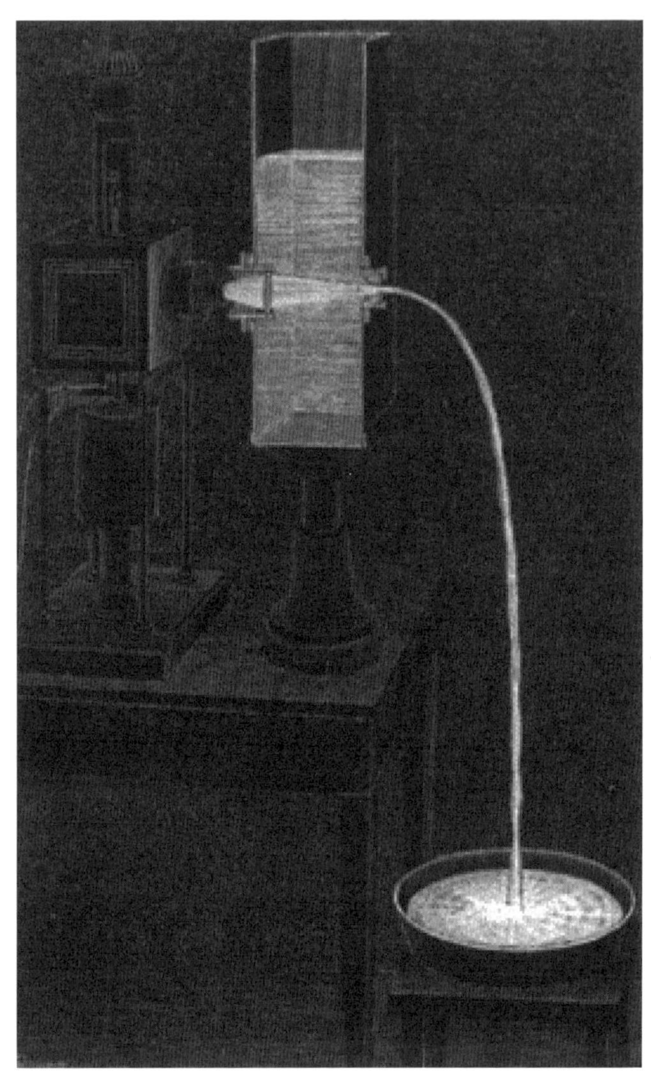

콜라돈의 1842년 논문에 실린 실험 구도.

빛이 물질을 통과해 지나가면 일반적으로 얼마 가지 못해 물질에 흡수되어 버린다. 바닷속 깊이 들어갈수록 어두워지는 것이 이 때문이다. 따라서 보통의 유리로 광섬유의 코어를 만들면 빛은 얼마 가지 못해 금방 흡수되어 버릴 것이다. 1970년대 초 개발된 광섬유의 경우는 빛이 500미터를 지나가는 동안 90퍼센트 정도가 흡수되어 버렸다. 오늘날에는 불순물이 거의 없고 매우 투명한 고순도 석영 유리로 코어를 제작하기 때문에 빛이 광섬유 속을 별 다른 증폭 장치 없이 수백 킬로미터 정도 진행할 수 있게 되었다. 이 정도면 광섬유를 가히 빛의 고속 도로라고 부를 만하다.[26] 광섬유 내 빛의 손실이 주로 불순물에 의해 발생한다는 것을 파악하고 이의 개선과 광통신의 실질적 개발에 선구적인 역할을 한 카오는 이 공로로 2009년 노벨 물리학상을 수상했다.

광섬유를 통해 정보를 보낼 때에는 전송할 정보를 매우 짧은 펄스 형태의 빛으로 변환해 전송한다. 미국으로 국제 전화를 거는 경우를 생각해 보자. 아날로그 음성은 우선 디지털 신호로 변환된 후 다시 빛의 펄스 형태로 바뀐다. 이 신호가 태평양 해저에 깔려 있는 광섬유 케이블을 타고 빛의 속도로 미국으로 전달되는 것이다. 광통신 기술의 비약적인 발전으로 인해 이제는 머리카락 정도의 굵기를 가진 한 가닥의 광섬유를 통해서 1초 동안 수십 테라비트(terabit)의 정보를 보낼 정도의 기술 수준에 도달했다. 1테라비트란 1조 비트(10^{12}비트)를 표현하는 말이다. 1바이트(byte)는 8비트(bit)로 이루어져 있다. 따라서 1테라비트의 정보량은 700메가바이트 CD 180장, 혹은 고화질 영화가 담겨 있는 4기가바이트 DVD 30장이 넘는다. 오늘날의 광통신은 한 가닥의 광섬유를 통해 이런 정보의 수십 배 이상의 정보량을 1초 만에 전송할 수 있을 정도로 빠른 전송 속도를 보인다.

지구의 주요 바다에는 막대한 길이의 광섬유 케이블이 설치되어 남극을 제외한 전 세계를 하나의 정보 네트워크로 연결하고 있다.[27] 하나의 해저 광케이블 속에 있는 광섬유 가닥들을 다 모은다 해도 연필심 지름 정도에 불과하지만 광케이블을 바다 속 험난한 환경으로부터 보호하기 위해 각종 피복재 등의 보호층을 입히면 해저에 깔리는 광케이블 하나의 지름은 수 센티미터 정도가 된다. 현재 국가간 인터넷 정보 전송량의 90퍼센트 이상을 해저 케이블이 담당하고 있다고 한다.

오늘날 광케이블을 이용한 광통신은 장거리 통신뿐 아니라 각 가정의 통신망에까지 파고들면서 새로운 형태의 융합형 광네트워크 구축에 활용되어 왔다. 병원에서는 사람의 몸속 어느 곳이든지 내시경 속의 광섬유를 통해 빛을 보내서 관찰하고 진단하면서 레이저를 쏘아서 치료도 할 수 있게 되었다. 광섬유를 이용한 조명이나 예술 작품도 다양하다. 통신 기술의 비약적 발전이 눈부신 요즘은 바야흐로 20세기 전기의 시대에서 21세기 빛의 시대로 넘어가는 전환기가 아닌가 생각된다.

15장

태양계와 탐사선

태양의 미스터리와 파커 탐사선

항상 규칙적으로 뜨고 지는 태양은 인류에게 오랫동안 변하지 않는 영원의 상징이었을 것이다. 다양한 문화권에서 태양은 신으로서 숭배와 경외의 대상이었다. 이집트의 벽화에 남아 있는 고대의 태양신 아톤은 햇살이 직선으로 쏟아지는 원반으로 표현되고 있다. 인류에게 태양은 또한 오랫동안 영원히 가 닿지 못할 미지의 영역으로 남아 있었다. 그리스 신화에 등장하는 이카루스의 밀랍 날개가 이를 상징한다.

완벽한 원형의 발광체로 간주된 태양에서 흑점을 목격했다는 기록은 고대로부터 여러 나라에서 다양하게 남아 있다. 망원경 발명 이후 과학자들은 흑점의 주기적 변화를 수백 년 동안 추적해 왔다. 오늘날에는 태양이 과거의 과학자들이 생각했던 것보다 훨씬 더 역동적이고 변화무쌍한 존재임을 안다. 여러 차례 발사된 태양 관찰 위성들은 태양 표면과 대기의 모습을 이전보다 훨씬 더 상세히 보여 주었다.

우리가 보는 태양의 모습은 빛이 나오는 표면인 광구로써 이곳의 표면 온도는 대략 섭씨 5800도다. 핵융합 반응이 일어나는 태양 중심의 온도가 약 1500만 도에 달하기 때문에, 표면과 중심 사이의 거대한 온도 차이는 광구 아래에 격렬한 대류의 흐름을 만든다. 그런데 그동안 과학자들을 괴롭혀 왔던 태양의 가장 커다란 미스터리는 광구의 바깥쪽에 있다.

흑점이 생기는 광구의 위로는 얇은 플라스마 층인 채층을 거쳐 코로나라 불리는 태양의 대기가 존재한다. 흥미로운 점은 광구에서 채층을 거쳐 코로나로 갈수록, 즉 표면에서 멀어질수록 온도가 급격히 올라간다는 것이다. 코로나의 온도는 태양 표면의 온도보다 수백 배 더 높아 보통 100만 도에 이르지만 격렬한 활동이 일어나는 곳은 국소적으로 태양 중심부보다 더 높은 온도를 보이기도 한다. 이곳에서 분출되는 대전 입자의 흐름인 태양풍은 지구의 대기권에도 영향을 준다.

과학자들은 코로나 층이 고온을 띠는 이유를 아직 정확히 이해하지 못한다. 태양의 자기장과 코로나 사이의 격렬한 상호 작용이 관련되어 있을 것이라 짐작하고 있을 뿐이다. 또한 태양풍을 이루는 입자들이 어떻게 그렇게 엄청난 속도로 가속되는지에 대한 원인도 아직 미지의 영역으로 남아 있다. 이를 규명하기 위한 탐사선이 2018년 8월 12일 발사되었다. 태양풍을 연구했던 미국 물리학자 유진 파커

(Eugene Parker, 1927년~)의 이름을 딴 파커 태양 탐사선은 태양 표면 위 616만 킬로미터 정도까지 접근하면서 코로나 및 거기서 만들어지는 태양풍의 형성 원인을 밝힐 예정이다. 파커 탐사선은 고온의 코로나 환경을 버티기 위해 11센티미터가 넘는 두께의 탄소 복합체로 무장되어 몸체와 탐사 장비들을 보호하고 있다.

발사된 지 161일 만인 2018년 11월 11일에 첫 번째로 태양의 근일점을 통과한 파커 탐사선은 2019년 4월에 한 번 더 근일점을 통과했다. 첫 번째 근일점에서 태양까지의 거리는 2400만 킬로미터 정도[1]로 1976년 태양으로부터 4300만 킬로미터까지 다가갔던 헬리오스 B 탐사선의 근접 거리보다도 훨씬 더 가까운 거리다. 이 초기 탐사에서 파커 탐사선은 S자로 굽은 자기장의 형태와 예상보다 훨씬 복잡한 구조의 전자기장과 태양풍을 확인했다.[2] 이것은 향후 태양의 코로나 속에서 플라스마와 전자기장이 어떻게 상호 작용을 하며 태양에서 관측되는 다양한 현상들을 형성하는지 그 원인을 밝히는 중요한 단서이자 출발점이 될 것이다. 파커 탐사선은 2025년까지 태양을 총 24바퀴 돌며 태양에 대한 탐사를 진행할 예정이다. 접근할 때마다 태양까지의 거리를 줄여 나갈 탐사선은 2025년에 이루어질 마지막 몇 번의 비행에서는 태양으로부터 616만 킬로미터 떨어진 지점을 지나가는 것으로 계획되어 있다.

15억 달러라는 예산이 소요된 이 NASA의 태양 탐사는 단순히 태양에 대한 호기심을 넘어 태양의 지구에 대한 영향을 보다 면밀히 조사하기 위한 목적도 포함되어 있다. 태양이 뿜어내는 에너지 중 지구

태양을 향해 다가가는 파커 태양 탐사선 상상도.

에 와 닿는 비중은 22억분의 1에 불과하지만 이는 지구 위 모든 생명 활동의 근원이다.[3] 반면에 코로나가 뱉어 내는 태양풍과 간헐적으로 발생하는 태양 표면의 폭발(플레어)에 동반되는 거대한 질량 방출은 지구의 대기, 통신, 인공 위성, 심지어 전력망에도 심각한 영향을 줄 수 있다. 태양풍을 구성하는 하전 입자의 흐름을 차단하는 지구 자기장이 없었다면 이 행성에 생명이 번성할 수 없었을 것이다.

태양에서 오는 빛을 분석하면 연속적인 스펙트럼의 중간에 검정색 흡수선들이 다수 보인다. 이는 태양의 대기를 구성하는 원자나 분자가 특정 파장을 흡수하면서 남기는 자취다. 이를 처음 발견한 독일 과학자 요세프 리터 폰 프라운호퍼(Joseph Ritter von Fraunhofer,

1787~1826년)는 본인의 눈앞에 처음으로 드러난 태양의 비밀을 보며 경이로움을 느꼈을 것이다. 이제 인류는 태양에 대한 원거리 관찰에 만족하지 않고 탐사선을 태양의 대기로 직접 보내는 시대를 맞이했다. 거대한 방열판으로 무장하고 근일점에서의 가혹한 환경을 거뜬히 이겨낸 파커 탐사선이 태양의 대기 속에 감춰진 비밀을 상세히 밝혀 주기 바란다.

소행성 탐사, 태양계의 기원을 찾아

일본은 소행성 탐사 분야의 선두 주자다. 2003년 발사된 하야부사 1호가 온갖 우여곡절 끝에 규소질 소행성인 이토카와(Itokawa)에 착륙해 토양 시료를 2010년 지구로 가지고 왔고, 이 극적인 귀환은 일본 내 커다란 반향을 불러 일으켰다. 당시의 경험을 토대로 하야부사 2호를 개발한 일본의 과학자들은 이전보다 훨씬 안정적인 소행성 탐사 기술을 선보이고 있다.

2014년 탄소가 풍부한 소행성 류구(Ryugu)를 향해 발사된 일본 우주 항공 연구 개발 기구의 탐사선 하야부사 2호는 2018년 9월과 10월 두 대의 소형 탐사 로봇(Rover-1A, 1B)과 유럽 국가들이 제작해 제공한 세 번째 로봇(MASCOT)을 소행성 표면에 차례로 안착시키는 데 성공했다. 그간 소행성을 근접 비행하거나 잠시 접촉했던 적은 있었지만 처음 착륙한 두 대의 소형 로봇들은 소행성 표면에 안착해 이동 탐사를 벌인 첫 사례가 되었다. 이들은 1년 동안 머물면서 소행성 표면의 온도를 측정하고 영상을 보내오는 임무를 담당하고 있다.

하야부사 2호는 2019년 2월 소행성에 직접 착륙해 다양한 특성을 조사했다. 류구의 낮은 밀도는 소행성 부피의 절반 이상이 빈 공간이라는 점을 시사했다. 적외선 반사 분광법을 이용해 표면 광물의 성분을 조사하고 채취하는 과정에서는 암석에서 함수광물의 형태로 물의 성분이 존재한다는 흥미로운 결과도 찾았다.[4] 측정된 반사 스펙트럼에서 물 분자의 특정 진동 모드인 수산기(OH)의 흡수 피크가 조사를 진행한 모든 표면에서 발견된 것이다. 이번 탐사가 특히 흥미로운 것은 하야부사 2호가 표면의 시료뿐 아니라 소행성 내부의 물질까지 채취했다는 것 때문이다. 이 탐사선은 2019년 4월 SCI(Small Carry-on Impactor)라 불리는 충돌체를 소행성 표면에 발사, 지름 약 20미터의 소형 크레이터를 만드는 데 성공했다. 같은 해 7월 다시 한 번 류구 표면에 착륙한 하야부사 2호는 크레이터에서 분출된 내부 물질을 채취하는 데 성공했고 2020년 말 지구로 돌아올 계획이다.

대부분의 소행성은 원시 태양계가 형성될 때 목성의 강력한 중력으로 인해 행성 형성에 실패한 잔재물로 여겨지고 있다. 이들 중 일부는 태양계 탄생 이후 별다른 격렬한 변화 과정을 겪지 않은 원시 소행성이다. 지구와 화성 주변을 도는 1킬로미터 크기의 소행성 류구 역시 태양계 형성 초기의 조성을 간직한 소행성으로 간주된다. 류구는 특히 생명 활동에 있어 중요한 원소인 탄소가 풍부한 탄소질 소행성이다. 이에 따라 각종 광물뿐 아니라 얼음, 유기 화합물 등 휘발성 물질들도 포함하고 있을 것으로 예상된다. 하야부사 2호가 이 소행성의 표층 및 내부 물질을 성공적으로 가지고 온다면 태양계 형성 초기의 원시 성분들과 지구의 물 및 유기 화합물의 기원과 관련해 중요한 과학적 단서를 제공할 것으로 기대된다.

소행성에 대한 연구는 우리 태양계와 지구의 기원을 찾아가는 과학적 여정이다. 그리고 이 탐사는 태양계 이전의 역사, 즉 태양계에 물질을 공급한 별들의 역사로 연결될지도 모른다. 운석을 연구하는 학자들은 지난 30여 년간 운석 속에 포함된 미량의 별 먼지들을 찾아 연구해 왔다.[5] 이 별 먼지는 태양계 형성 이전에 존재했던 항성들이 남긴 흔적이다. 태양계 형성 과정의 가혹한 조건에서 버티고 살아남은 이 소량의 광물을 분석함으로써 과학자들은 태양계에 물질을 공급했던 조상별이 수십 개라는 점을 밝혀냈다. 향후 우주 탐사선들이 더 다양한 소행성과 혜성의 물질들을 채취해 온다면 우리는 태양계의 형성 과정 및 태양계를 이룬 물질들의 기원까지도 더욱 상세히 밝힐 수 있을 것이다.

화성과 목성 사이의 소행성대뿐 아니라 태양계의 외각에 있는 카이퍼대에도 소천체들이 밀집해 있다. 더 멀리 나아가면 장주기 혜성들의 고향인 오르트 구름(Oort cloud)도 인류의 방문을 기다리고 있다. '생각하는 별 먼지' 인류가 자신의 기원을 찾아가는 기나긴 여정은 언젠가 이 머나먼 곳까지 미치게 될 것이다. 그 여정에는 명왕성을 거쳐 카이퍼대 지역을 조사하고 있는 뉴호라이즌스 호, 소행성의 내부를 파헤친 하야부사 2호, 입자를 우주로 방출하는 활동성의 지구 근접 소행성 베누(Bennu)를 쫓고 있는 오시리스렉스(OSIRIS-REx) 등의 맹활약도 기대가 된다.

혜성의 기원, 태양계의 비밀

2018년 12월 하순, 크리스마스 혜성이라 불리는 비르타넨(46P/Wirtanen) 혜성이 지구와의 근일점을 지나갔다. 지구와 달 사이 거리의 30배 떨어진 지점을 지나간 혜성은 맨눈으로 보일 정도로 밝아졌다. 1948년 미국 천문학자 칼 비르타넨(Carl A. Wirtanen, 1910~1990년)이 발견한 이 혜성은 목성의 중력에 의해 궤도가 조정되는 목성형 혜성 그룹에 속한다. 비록 크기는 작지만 수증기를 많이 내뿜는 특징이 있는 이 혜성은 지구상의 물의 기원과 관련해 주목을 받아왔다. 게다가 주기가 5.4년이라 그동안 자주 출몰했으나 2018년의 가장 밝은 혜성으로 꼽힐 정도로 지구와 근접해 날아간 것은 처음이라 과학자들에게는 소중한 탐사의 기회였다.

혜성의 영어 comet은 '긴 머리카락을 가진'이란 뜻이다. 당연히 길게 늘어선 혜성의 꼬리를 묘사한다. 혜성은 흔히 더러운 얼음 덩어리라 불리는 핵과 이를 둘러싼 기체와 먼지 층인 코마(coma), 그리고 꼬리로 구성되어 있다. 얼음과 돌덩이 등이 엉켜 만들어진 혜성의 핵은 보통 크기가 수~수십 킬로미터에 불과하지만 태양에 근접할수록 뜨겁게 가열되면서 기체와 먼지를 방출해 코마와 꼬리를 만든다. 혜성의 희박한 대기층인 코마는 핵보다 훨씬 커서 지름이 수천 킬로미터 이상, 아주 드물게는 태양만큼 커질 수도 있다. 혜성의 꼬리는 길

어지면 수천만 킬로미터 이상 늘어날 수 있다고 한다.[6]

혜성은 어디에서 오는 것일까? '수금지화목토천해'를 외우며 태양과 행성이 태양계의 가족이라 배웠지만 태양계는 행성들보다 작은 물체들이 셀 수 없이 많이 들어차 있는 곳이다. 특히 해왕성 부근과 그 너머에 존재하는 카이퍼대(명왕성이 속해 있음)와는 부분적으로 겹치면서도 이보다 더 멀리 뻗어서 퍼져 있는 산란 원반(scattered disk)이라는 영역 속의 얼음 덩어리들이 주기가 짧은 단주기 혜성들의 공급원이 된다. 또한 이보다 훨씬 먼 거리에서 태양을 구처럼 둘러싸고 있는 오르트 구름에는 혜성의 씨앗이라 할 수 있는 얼음 덩어리들이 잔뜩 존재하는데 이중 일부가 주변을 지나가는 별들이 미치는 중력의 영향으로 이탈해 태양을 향하게 되면 주기가 훨씬 긴 장주기 혜성들이 탄생한다. 더 정밀해지는 관측과 혜성의 궤도에 대한 연구를 통해 우리는 혜성으로 변하는 얼음 덩어리들이 모여 있는 이 두 영역에 대해 더 잘 이해하게 되었다.

과학자들은 1980년대 중반부터 혜성에 직접 탐사선을 보내 표면을 관찰하고 충돌체를 쏘아 분출물을 검사하거나 착륙선을 직접 내려보내는 등 다양한 방법으로 혜성을 연구해 왔다.[7] 그런데 비르타넨처럼 지구에 근접해 지나가는 혜성은 탐사선의 도움 없이 혜성의 구조와 성분을 상세히 분석할 수 있는 좋은 기회가 된다. 미국의 연구팀은 비르타넨이 근접했을 때 영화 「콘택트」에도 등장했던 아레시보 전파 망원경을 이용해 혜성에 전파를 쏜 후 반사된 신호를 분석하는 레이더 기법을 이용해 혜성의 코마 속에 감추어진 핵을 조사했다.[8] 코마를 뚫고 핵을 들여다보기 위해서는 장파장의 전자기파가 유리하기 때문이다. 그 결과 비르타넨의 핵이 약 1.4킬로미터 크기에 매우 울퉁불퉁하고 주름진 형상이라는 점과 그 주변에 미세한 덩어리들이 많이 존재한다는 것을 밝혀냈다. 한편 밀리미터파를 검출할 수 있는 칠레 아타카마 고원의 망원경 ALMA(Atacama Large Millimeter/submillimeter Array)를 활용한 연구팀은 비르타넨 혜성이 방출하는 전자기파를 분석해 혜성에 시안화수소(HCN)를 포함한 유기 분자가 풍부히 존재함을 확인했다.

역사 속에서 혜성은 인류에게 주로 재난과 불행의 상징으로 다가왔다. 오늘날 혜성은 태양계 형성 초기의 물질들을 품고 태양과 행성들의 중력으로 결정되는 궤도를 따라 달리는 비밀의 보고와 같다. 유기물질이 풍부한 혜성이 초기 지구에 화학적 단비를 내려 주었고 이로 인해 생명체가 탄생하고 번성할 수 있는 씨앗이 만들어졌다고 생각하는 과학자들도 있다. 과학자들에게는 혜성의 신비를 파헤치는 연구에서 태양계와 생명 기원의 비밀을 파헤칠 수 있는 절호의 기회를 얻는 셈이다.

혜성 내부의 물질을 어떻게 알 수 있을까?

2005년 7월 4일, 역사상 최초로 인류가 보낸 인공 발사체가 혜성의 표면을 때렸다. NASA가 띄운 우주 탐사선 딥 임팩트(Deep Impact)호에서 발사된 364킬로그램의 충돌체는 태양 주위를 돌던 혜성 템펠1(9P/Tempel)의 핵에 초속 10.2킬로미터로 정확히 충돌했다. 이로 인해 지름이 약 150미터, 깊이 약 30미터인 크레이터가 형성되며 수천 킬로미터에 달하는 분출 기둥이 만들어졌다. 그 순간 딥 임팩트 호에 실린 망원경뿐 아니라 지구 위 궤도와 지상의 수많은 망원경들이 충돌과 그 이후의 장면을 포착하며 세기적 사건의 측정과 분석에 돌입했다.[9]

혜성은 태양계 형성 초기의 물질을 그대로 간직하고 있는 일종의 타임 캡슐로 생각되고 있다. 과학자들은 이 실험으로 혜성의 내부 구조의 물리적 화학적 성분들을 조사해 태양계 형성과 생명 탄생의 비밀을 풀 단서를 얻을 수도 있을 것으로 기대했다. 그 이전의 연구는 혜성의 표면에서 방출되는 물질과 빛을 분석해 이루어졌지만 이번의 시도는 최초로 혜성 내부의 물질을 충돌을 통해 꺼내서 확인했다는 특징이 있다. 즉 혜성의 외부와 내부의 물질을 비교 분석해 혜성의 형성 원리를 찾을 수 있는 첫 번째 시도인 셈이다.

딥 임팩트 호는 혜성으로부터 분출되는 기체와 물질들을 구성하는 성분을 어떻게 측정할 수 있을까? 한 가지 방법은 바로 분출물들이 내뿜는 빛(전자기파)을 분석하는 것이다. 딥 임팩트는 분출물에서 나오는 전자기파의 스펙트럼을 측정할 분광기를 탑재하고 있었다. 말 그대로 빛을 파장 성분별로 나누는 장치인 분광기를 통과하면서 분해된 빛을 각 파장에서의 에너지 세기로 나열한 것이 바로 스펙트럼이다. 스펙트럼을 얻게 되면 그 전자기파를 구성하는 파장 성분 중 어떤 성분이 가장 크고 작은지 알 수 있다.

우주에 존재하는 원소 및 이들의 결합으로 만들어진 물질들은 모두 자신들만의 고유한 빛을 흡수하고 방출할 수 있다. 원자핵에 묶여 있는 전자의 에너지는 연속적으로 변할 수 없고 분절적인 에너지 준위에만 놓일 수 있기 때문이다. 에너지 준위 구조는 원자와 분자의 고유한 특징이기 때문에 흡수하고 방출하는 빛 에너지는 원자와 분자를 구분할 수 있는 지표가 된다. 소금(NaCl)을 이루는 한 성분인 소듐(Na)을 가열하면 열 에너지를 받은 소듐은 589나노미터 근처의 두 가지 파장 성분으로 이루어진 노란색 빛을 방출한다. 독일의 물리학자인 프라운호퍼는 19세기 초에 태양에서 오는 빛을 프리즘으로 연구하다가 태양의 연속적인 스펙트럼의 중간에 특정 파장 성분들이 빠지면서 검은 선으로 비어 있는 것을 확인했다. 이 선은 오늘날 프라운호퍼선이라 불리는 것으로써, 태양의 대기에 존재하는 특정 원소들이 태양에서 방출되는 연속 스펙트럼 중 자신들의 에너지 준위에 공명하는 특정 파장 성분들을 흡수해 버리기 때문에 발생한다.

프라운호퍼선을 분석하면 태양 대기를 구성하는 물질들의 종류를 알아낼 수 있다. 물질의 흡수 혹은 방출 스펙트럼이란 바로 물질들을 구분하는 지문이라 할 수 있다. 태양에서 오는 빛의 프라운호퍼선을 분석해서 소듐의 방출 파장(589나노미터)과 동일한 위치에 2개의 흡수선이 존재한다면 태양의 대기층에는 소듐이 존재한다고 이야기할 수 있다. 실제로 태양의 대기를 통과한 스펙트럼에는 소듐에 의한 흡수선이 존재한다.

프리즘으로 가시광선을 색깔별로 분해할 수 있듯이 적외선 분광기는 충돌 과정에서 뜨거워진 혜성의 분출물에서 방출되는 적외선 영역의 빛을 파장 성분별로 분해한다. 특히 각종 분자 결합의 진동에 의한 고유 진동수가 적외선 영역에 위치해 있기 때문에 이를 분석하면 혜성을 구성하는 화합물의 종류를 직접 확인할 수 있다. 예를 들어 1986년 지구를 다시 방문했던 핼리 혜성의 경우에도 과학자들이 보낸 탐사선에 실린 적외선 분광기에 의해 혜성의 구성 성분이 분석된 바 있다. 핼리 혜성의 적외선 스펙트럼으로부터 혜성이 내뿜는 기체에 물(H_2O)과 이산화탄소(CO_2)를 비롯한 여러 성분이 혼재되어 있다는 것을 알 수 있었다.

딥 임팩트 프로젝트를 추진했던 과학자들의 주된 관심사는 혜성 내부의 구성 물질에 대한 것이었다. 그것이 바로 태양계 형성 초기의 물질과 매우 흡사할 것으로 믿고 있기 때문이다. 템펠1 혜성의 경우 딥 임팩트에 탑재된 고분해능 적외선 분광기, 지구 위 궤도를 돌던 스핏처(Spitzer) 우주 망원경이 맹활약을 했다. 즉 템펠1의 분출물의 적외선 스펙트럼을 이미 알려져 있는 각종 성분들의 스펙트럼과 비교함으로써 혜성이 내뿜은 분출물의 성분들에 대한 정보를 얻었던 것이다. 이 분석 결과 혜성의 내부로부터 얼음이나 수증기, 이산화탄소, 메테인뿐 아니라 다양한 온도에서 형성되는 결정질 규산염, 탄산염, 황화물, 기타 방향족 탄화수소 등 다양한 유기물들이 확인되었다. 이는 혜성이 만들어진 초기 태양계의 원시 태양운(protosolar nebula)에서 물질들이 어떻게 진화해 왔는지를 간접적으로 보여 주는 소중한 정보들이다.

템펠1에서 관측된 결과들은 그 이전과 이후 측정된 다른 혜성들의 스펙트럼 결과들과 비교되어 분석되고 있다. 이런 데이터가 쌓여갈수록 우리는 혜성 형성의 비밀, 그리고 원시 태양계의 비밀에 한 걸음 더 다가갈 수 있는 것이다. 혜성은 지구와 태양계를 만든 45억 년 전으로 돌아갈 수 있는 타임머신인 셈이다.

16장
분광학과 화성

예술 작품 속 비밀을 드러내는 물리학

액션 페인팅이라는 파격적인 방법으로 자신만의 독특한 추상표현주의 세계를 구축한 미국의 화가 잭슨 폴락(Jackson Pollock, 1912~1956년). 그의 작품을 보게 되면, 누구라도 흉내 낼 수 있을 듯 뿌려진 물감의 무작위적 패턴 속에 어떤 독창성이 숨어 있어 작품의 가치를 높일까 하는 궁금증이 생긴다. 이에 대한 해답이 물리학자로부터 나왔다. 미술사 학위도 가지고 있는 물리학자 리처드 테일러(Richard Taylor)는 폴락의 대표적인 작품에 표현된 물감의 궤적들을 분석한 결과, 그 속에 두 가지 차원의 프랙탈(fractal) 구조가 존재함을 발견했다.[1] 스스로의 패턴을 여러 배율로 자기 반복적으로 나타내는 프랙탈 구조는 폴락이 커다란 캔버스에 물감을 뿌리는 몸동작이나 물감이 떨어지는 구체적인 조건과 관련된 것으로 밝혀졌다. 카오스의 물리학이 폴락의 작품들이 표현한 혼돈과 우연 속에 숨어 있던 패턴의 규칙을 밝혀낸 것이다. 이런 프랙탈 분석은 21세기 초에 폴락의 작품이라고 주장된 여러 작품들의 진위 여부를 판별하기 위한 방법 중 하나로 활용되기도 했다.

패턴 인식이 예술 작품의 진위 판별에 도움을 줄 수 있는 방법 중 하나라면, 작품을 구성하는 안료[2]의 정체를 밝혀서 해당 안료가 사용된 시기를 확인하는 것은 작품의 진위를 판별할 수 있는 보다 직접적인 방법이다. 일란성 쌍둥이도 다르게 가지고 태어난다는 홍채가 사람을 구분하는 생체 인식의 수단으로 쓰이는 것처럼, 물질을 구성하는 분자들의 홍채는 바로 분자가 추는 고유한 춤, 즉 분자 진동이다. 모든 분자들은 자신들의 구조에 의해 결정되는 방식으로만 춤추면서 자신만의 독특한 진동을 나타내는데, 각 진동의 고유 진동수가 바로 분자를 구별할 수 있는 분자의 신분증에 해당한다. 이 고유 진동수는 물질에 레이저를 쏘고 나서 이에 반응해 물질이 방출하는 산란광을 분석함으로써 구할 수 있다. 레이저의 진동수가 분자의 고유진동수만큼 변조되어 산란되기 때문이다. 이러한 분광법은 이를 최초로 실험으로 구현한 인도 물리학자 찬드라세카라 벵카타 라만(Chandrasekhara Venkata Raman, 1888~1970년)의 이름을 따서 라만 분광법[3]이라 부른다. 미술 작품을 구성하는 물감에 라만 분광법을 적용해 산란광을 분석하면 물감을 구성하는 분자들의 정체가 하나씩 밝혀지면서 해당 작품이 그려진 시대에 대한 단서가 드러난다.

1981년 한 예술품 수집가가 영국의 시골 저택에서 르네상스 시대

폴락 크래스너 하우스 스튜디오 마루 바닥.

의 대표적 화가인 라파엘로(Raffaello Sanzio da Urbino, 1483~1520년)의 16세기 작품인 「시스티나 성모(Sistine Madonna)」와 놀랄 정도로 닮은 원형의 그림을 구입했다. 이 그림이 라파엘로의 작품이라 확신한 수집가는 이를 증명하기 위한 일련의 프로젝트를 진행했다. 해당 작품에서 얻은 소량의 시료에 대해 레이저 라만 분광법을 적용한 결과, 그림 제작에 사용된 안료들이 르네상스 시대에 사용된 성분과 동일하다는 것을 알 수 있었다.[4] 즉 해당 작품이 적어도 르네상스 시대에 그려진 작품이라는 것, 따라서 라파엘로의 작품일 가능성이 매우 높다는 것을 밝혀낸 것이다. 이런 분광 분석법은 비단 미술 작품 속에 숨어 있는 비밀을 드러내는 데에만 사용되는 것은 아니다. 범죄 현장에서 취득한 각종 증거품의 성분 분석이나 생산 공정의 관리, 마약 탐지 등 그 응용 범위는 실로 광범위하다.

현재 라만 분광법은 특정 조건 하에서 단 하나의 분자가 보이는 진동까지 탐지해 낼 정도로 비약적인 발전을 하고 있다. 게다가 미술 작품에서 시료를 채취할 필요 없이 미세한 탐침을 표면에 근접시켜 비파괴 방식으로 작품을 구성하는 안료의 성분을 파악할 수 있다. 특히 분석 장비의 소형화는 각종 현장에서 직접 분석을 수행할 수 있는 휴대형 측정 기기의 진화로 이어지고 있다. 즉 미술관에 걸려 있는 작품들을 전혀 건드리지 않고 실시간으로 분석해 감정할 수 있는 시대가 다가오는 것이다. 「진품명품」 같은 TV 감정 프로그램에는 다양한 분야의 미술품 감정 위원들이 출연진으로 등장한다. 그러나 가까운 미래에는 패턴 인식 능력이 뛰어난 인공 지능 로봇이 각종 분광 분석 장비를 들고 스튜디오에 나타날지도 모르겠다. 알파고가 바둑계를 평정해 버리고 화성 위를 돌아다니는 로봇이 화성 토양의 성분을 정밀 분석하는 오늘날, 이와 같은 전망이 더욱 현실감 있게 다가오는 것 같다.

화성 위 생명체의 흔적을 찾아

태양 주위를 도는 행성들 중 화성만큼 우리에게 친숙하게 다가오는 행성은 없을 것이다. 20세기 초 미국의 사업가이자 천문학자였던 퍼시벌 로웰(Percival Lowell, 1855~1916년)은 화성의 표면에서 화성인들이 극지의 얼음에서 형성된 물을 적도로 운반하는 운하망을 발견했다고 주장했다. 이후 이러한 주장이 근거 없는 것으로 드러났음에도 불구하고 화성은 생명체가 존재할 가능성이 매우 높은 이웃 행성으로 인식되어 왔다. 그간 화성인은 SF 소설과 영화의 단골 소재로 등장했고 화성 표면의 기묘한 구조물들에 기대어 화성에 엄청난 문명이 존재했다는 주장을 담은 책들이 대중의 호기심을 자극해 왔다.

그러나 화성을 주기적으로 도는 인공 위성들이 화성 표면의 3차원 지도를 상세하게 작성하고 있는 오늘날 우리는 화성이 생명체가 살기에는 극도로 척박하고 가혹한 장소라는 사실을 알고 있다. 화성의 중력은 지구의 3분의 1 정도에 불과해 이산화탄소가 대부분인 대기는 매우 희박하고, 화성의 표면은 산화철이 주성분인 붉은 먼지가 대지를 휩쓰는 황량한 곳일 뿐이다. 지구와 같은 자기권 및 오존층을 갖지 못해 태양풍과 자외선의 공격에도 속수무책이다. 그렇지만 화성 탐사 위성들이 촬영한 지질학적 변화와 몇 차례 이루어진 로봇 탐사는 화성이 과거에는 물이 풍부했고 지금도 극지방을 중심으로 두터운 얼음층이 존재한다는 사실을 밝혀냈다. 게다가 최근에는 남극의 지하에 상당한 규모의 호수가 존재하는 게 밝혀지면서 화성에는 예상보다 더 많은 양의 물이 남아 있을 것이라는 기대를 불러일으키고 있다. 인류가 축적한 과학 지식에 기대어볼 때 물은 생명 활동에 가장 필수적인 물질이므로, 화성의 지하 깊은 곳에는 액체 상태의 물과 더불어 다양한 미생물이 살고 있을지 알 수 없는 일이다.

화성에 착륙선을 성공적으로 보내는 것은 쉬운 일이 아니다. 50퍼센트를 넘지 않은 탐사 성공 확률이 말해 주듯 화성은 인류에게 탐사를 쉽사리 허용하지 않았다. 희박한 화성의 대기를 뚫고 이루어지는 7분의 착륙 과정은 항상 과학자들을 극도의 긴장감 속으로 몰아

넣곤 했다. 화성에 착륙한 이동식 탐사 로봇의 시초는 1997년 착륙한 패스파인더(Pathfinder)였다. 이 착륙선에 탑재된 이동식 로봇 소저너(Sojourner)가 3개월 동안 탐사를 수행했다. 그후 2004년 두 대의 쌍둥이 로봇인 스피릿(Spirit)과 오퍼튜니티(Opportunity)가 화성의 서로 다른 지역에 착륙해서 스피릿은 2010년까지, 오퍼튜니티는 2018년까지 탐사 임무를 수행했다. 특히 오퍼튜니티는 14년을 넘긴 오랜 기간 동안 총 45.16킬로미터를 이동하는 탐사 기록을 세우며 화성에 물이 존재했던 지질학적 증거를 찾는 등 다양한 성과를 거두었다.

이들의 후배라 할 수 있는 화성 탐사 로봇인 큐리오시티(Curiosity)는 인류가 화성에 보낸 탐사 로봇 중 가장 크고 정밀한 장비들을 탑재했다. 이전에 보냈던 탐사 로봇들이 배낭이나 아이들이 타고 노는 장난감 자동차 정도의 크기에 불과했다면 중형 자동차 크기에 질량이 0.9톤인 큐리오시티는 유기물의 분석이 가능한 장비를 포함해서 최첨단 분석 장비로 무장하고 있다. 이를 감안해 큐리오시티를 실은 비행체는 강력한 낙하산으로 제동된 후에 분리되어 역추진 로켓으로 화성 표면에 근접했고, 큐리오시티는 이 추진체에 끈으로 매달려 바닥에 성공적으로 착륙했다. 2012년 8월 6일 착륙지인 게일 크레이터(Gale Crater)에 계획대로 안착한 큐리오시티는 2020년 현재까지 8년째 탐사를 벌이고 있는 중이다. 이 지역은 크레이터에서 씻겨 내려온 다양한 물질이 포함되어 있고 고대에 얕은 호수가 있었을 것으로 추정되는 곳이라 생명체의 흔적을 찾기에 최적인 장소 중 하나로 꼽혀 왔다.

과거의 탐사 로봇들이 단순히 토양을 채취해 분석했던 것에 비해 큐리오시티는 로봇 팔에 달린 드릴을 이용해 암석을 뚫어서 내부의 시료를 분석할 수 있을 뿐 아니라 최대 7미터 밖에 있는 암석에 고출력 레이저를 쏘아서 플라스마를 형성하고 그 빛을 분광기로 측정해 암석의 성분을 분석할 수도 있다. 큐리오시티는 착륙 후 얼마 지나지 않아 물이 흘렀던 강바닥의 흔적을 찾아내 과거의 화성에 활발한 강수 활동이 있었음을 밝혔다. 2013년에는 크레이터 내 옐로나이프 베이의 바위에 처음으로 드릴 작업을 수행했다. 이를 통해 얻은 시료의 분석 결과 과거 화성의 지질 화학적 조건이 미생물에 적합했을 것이라는 증거를 찾았다. 이외에도 화성 토양 속 물의 함유량을 측정하거나 고대에 호수가 존재했던 흔적을 확인하는 등[5] 큐리오시티의 탐사 활동은 화성에 대한 이해의 폭을 대폭 넓혀 주었다.

대기가 희박해서 태양의 자외선이 지표면까지 다다르고 태양에서 날아오는 강력한 태양풍 입자들을 막아 주는 자기장이 없는 화성의 특성 상 생명체의 흔적과 관련된 유기 화합물은 지표면보다는 그 내부에서 발견될 확률이 높을 것이다. 화성의 바위에서 다양한 유기물을 확인하거나[6] 화성의 대기에서 주기적인 메테인 기체의 농도 변화를 측정하는 등[7] 큐리오시티가 들려준 놀라운 이야기들은 화성의 지하에 풍부한 유기물이 존재할 가능성이 높음을 시사한다. 게다가 이런 결과들을 물이 풍부했고 초기 지구의 환경과도 비슷했던 35억 년 전의 화성에서의 생명 활동과 연관지어 상상해 보는 것은 무척 흥미로운 일이다. 극도로 척박한 화성 표면과 비교해도 전혀 뒤지지 않는 극한의 환경에서도 살아남는 지구의 미생물들이 보이는 질긴 생명력을 생각하면 우주 생물학자들이 화성 탐사에서 생명체의 흔적을 낙관하는 것이 당연해 보이기도 하다. 이러한 기대가 2020년에 발사되는 차세대 탐사 로봇 마스 2020 퍼서비어런스(Mars 2020 Perseverance)에 의해 현실로 바뀔지 지켜볼 일이다.

화성의 비밀을 찾아

화성의 내부를 탐사하기 위해 발사된 인사이트(InSight)가 2018년 11월 27일 새벽 화성의 엘리시움(Elysium) 평원에 성공적으로 착륙했다. 기존 탐사선들이 대부분 바퀴가 달린 이동형 로봇으로서 화성의 표면을 집중적으로 조사했다면, 인사이트는 한곳에 둥지를 틀고 화성 내부에 대한 지질 탐사를 벌이는 고정형 로봇이다. '지진 조사, 측지, 그리고 열 수송을 이용한 내부 탐사(Interior Exploration using Seismic Investigations, Geodesy and Heat Transport)'를 뜻하는 인사이트에는 세 종류의 첨단 장비가 장착되어 있다. 화성을 달걀 모양을 한 미지의 물체라 생각해 보자. 부수지 않고 이 물체 속의 구조나 성분을 파악하는 방법이 무엇일까?

우선 물체 표면의 한 곳을 두들겨 진동을 만든 후 반대편에서 이를 감지해 보는 것이다. 내부가 단일 물질이라면 별다른 방해 없이 반대편으로 진동이 전달될 것이고, 그 속도를 측정해 내부 물질을 유추할 수 있다. 달걀의 흰자위와 노른자위처럼 성분이 다른 물질이 분리되어 있다면 빛이 서로 다른 매질을 통과할 때 굴절되는 것처럼 진동하는 파동도 경계면에서 방향을 틀 것이다. 인사이트가 설치할 지진계는 화성에서 발생하는 지진이나 미세한 진동을 감지하게 된다. 이를 통해 화성의 핵, 맨틀, 지각의 두께나 조성에 대해 상세히 파악하고 이미 충분히 연구된 지구나 달의 내부와 비교함으로써 행성의 형성 과정에 대한 이해의 폭을 넓힐 수 있을 것으로 기대된다.

미지의 물체를 구성하는 물질의 성질을 파악하는 또 다른 방법은 손을 대 보는 것이다. 단열 효과가 좋은 스티로폼이라면 손의 피부를 통한 열 출입은 거의 없겠지만, 만약 물체가 열전도율이 높은 금속이라면 손의 열이 빨리 빠져나가며 차갑게 느껴질 것이다. 인사이트의 경우 화성 지각 속 5미터 지점까지 내려 설치될 열 감지 센서가 손의 역할을 대신한다. 이 센서는 지각 속 열의 흐름을 정밀하게 측정하며 화성 내부에서 어느 정도의 열이 발생하는지 조사한다. 특히 센서의 특정 위치에서 열을 순간적으로 생성한 후 이 열이 확산되며 퍼져 나가는 양상을 조사함으로써 지각의 구성 물질도 추정할 수 있다.

마지막으로, 물체를 돌려 보면 그 내부에 대해 더 잘 알 수 있다. 눈앞의 달걀이 삶은 달걀인지 날달걀인지 확인하는 방법은 회전을 시켜보는 것이다. 내부 상태에 따라 회전 속도가 달라지기 때문이다. 마찬가지로 화성의 회전이나 회전축의 진동 상태를 상세히 알면 화성의 내부 물질, 특히 핵이 액체인지 고체인지 파악할 가능성이 높다. 이를 위해 인사이트에는 화성 회전축의 진동(nutation)을 감지할 수 있는 정밀한 전파 안테나가 달려 있다. 이 안테나는 지구에서 오는 전파 신호를 그대로 반사해 지구로 돌려보내는 거울과 같다. 지난 관측 결과로부터 화성이 작은 흔들림을 주기적으로 보인다는 사실이 알려져 있다. 이 움직임은 지구와 화성 사이의 상대적 거리를 변화시킨다. 사이렌 소리를 내는 차가 내게 다가오거나 멀어지면 도플러 효과에 의해 소리의 높낮이가 바뀌듯이 인사이트의 안테나가 반사하는 전파의 주파수가 화성의 운동으로 변조되면 이를 측정해 화성 회전축의 진동 상태를 정확히 파악하게 된다. 특히 회전축의 방향과 세차, 진폭을 정밀히 측정함으로써 화성 내부의 핵과 맨틀의 크기나 밀도를 계산할 수 있다.

인사이트 호는 착륙한 후에 사상 처음으로 화성의 바람 소리를 기록, 지구로 보낸 바 있다.[8] 그리고 화성의 기상 캐스터로서 착륙 지점의 날씨(풍속, 기압, 온도 등)를 매일 전해 주고 있다.[9] 성공적으로 설치된 지진계는 2019년 4월에 첫 지진을 관측한 이래 현재까지 대략 450여 회의 진동을 포착했고 이중 약 24건이 화성 내부의 지진에 의한 것으로 파악하고 있다.[10] 이에 대한 분석 결과 화성의 지진은 규모면에서 달과 지구의 사이에 위치한 것으로 파악됐다. 아쉽게도 땅속 5미터까지 내려 설치할 지열 측정 장비는 단단한 토양을 만나 그간 굴착 작업에 어려움을 겪었으나 최근 굴착을 담당하는 장비 두더지(mole)가 땅속으로 들어가는 데 성공해 향후 성공적인 설치가 가능할 것으로 기대하고 있다.

암석형 행성인 화성은 태양계 초기 행성 형성의 비밀을 아직도 간직하고 있을 것이다. 지구와 비슷하면서도 크기가 작아 지질 활동이 상대적으로 덜 활발했기 때문이다. 결국 인사이트 호의 탐사 활동은 화성의 내부를 통해 태양계의 과거, 지구와 같은 암석형 행성의 과거로 향하는 여정이 될 것이다.

분자의 댄스 엿보기

처음 보는 사람의 성격을 파악하는 과정을 떠올려보자. 그 사람의 말과 행동을 쭉 관찰하는 것이 성격 파악의 한 방법이다. 조금 더 적극적으로는 상대방에게 말을 걸고 장난치면서 그에 대한 반응을 본 후 상대를 더 잘 이해할 수도 있다. 즉 상대방에게 자극을 주고 이에 대한 반응을 보는 것이다. 이렇게 자극과 반응의 관계를 분석하는 것은 대인 관계뿐 아니라 자연계를 이해하기 위한 실험 과학의 가장 기본적인 연구 방법이기도 하다.

2015년 명왕성을 근접 비행하며 생생한 사진을 보내온 탐사선 뉴호라이즌스를 생각해 보자. 이 탐사선에 장착된 검출기들은 명왕성에 가해지는 온갖 자극에 대한 반응을 분석하는 임무를 맡았다. 가장 커다란 자극은 태양으로부터 온다. 명왕성 표면에 쏟아지는 태양빛의 파장별 반사도를 정밀한 분광기로 측정함으로써 명왕성의 지질학적 특성과 더불어 표면 성분을 분석했다. 명왕성의 대기를 통과한 햇빛을 분석하거나 대기의 기체 분자가 태양풍과 부딪히는 과정에서 발생하는 반응을 분석해 명왕성의 대기 성분과 조성비를 정확히 알아낼 수 있다. 심지어는 지구에서 명왕성을 향해 전파를 발사,

명왕성의 대기를 통과한 전파 성분을 탐사선이 분석해 명왕성의 대기를 조사하는 실험도 시도했다고 한다. 지구에서 보내는 자극에 대한 명왕성의 반응을 분석하는 것이다![11]

사실 햇빛이나 전파와 같은 외부 자극이 명왕성에 주는 영향은 매우 미미하기 때문에 명왕성의 운동에는 별다른 변화를 주지 않는다. 그런데 자극의 대상이 분자 정도의 미시적 물체라면 어떨까? 자극의 정도에 따라 분자의 상태는 근본적으로 변할 가능성이 높다. 분자 물리학 분야에서 최근 발표된 흥미로운 연구 결과들은 분자에 가해지는 자극을 적절히 조정해 분자의 운동을 실시간으로 관찰할 수 있을 뿐만 아니라 분자를 원하는 방향으로 조작하는 기술이 현저히 진보하고 있음을 보여 준다.

여러 개의 원자가 결합해 이루어지는 분자는 끊임없이 진동한다. 분자가 추는 이 댄스(진동) 속도는 엄청나게 빠르다. 3개의 원자로 이루어진 물 분자가 진동하는 횟수는 1초에 대략 100조 번이다. 이 정도로 빠르게 움직이는 분자 결합의 운동을 추적하는 방법 중 하나는 그와 비슷한 빠르기를 가진 자극을 주고 반응을 보는 것이다. 지속 시간이 불과 1조분의 1초에 불과한 적외선 펄스를 쬐어 분자의 특정 결합의 진동을 유도함과 동시에 이를 추적하는 또 다른 펄스를 연속으로 발사하면 해당 결합의 운동에 대한 스냅숏을 얻을 수 있다. 이를 통해 각종 분자 결합의 형성이나 변화를 정확히 분석할 수 있다.

단일 결합뿐 아니라 분자를 구성하는 전체 원자의 운동과 변화를 실시간으로 관찰할 수도 있다. 에너지가 센 레이저 펄스를 쬐어서 분자 결합을 끊거나 변형시키고 동시에 펨토초(10^{-15}초, 즉 1000조분의 1초) 엑스선 펄스를 쏘아 원자들의 위치를 확인함으로써 분자 반응이 일어나는 과정을 실시간으로 추적하는 일이 가능해졌다. 레이저 펄스의 형태를 변형시켜서 특정한 화학 반응만 선택적으로 유도하거나 분자가 놓인 주변 환경을 변화시켜서 원하는 반응의 속도를 수만 배 빠르게 하는 등 다양한 방법으로 분자 수준의 화학 반응을 정밀하게 조정하는 실험들도 성공적으로 이루어지고 있다. 이런 연구가 진척되면 머지않아 적당한 분자 재료들을 투입한 후 다양한 자극을 주어 분자의 각종 결합을 자르고 붙이는 반응을 유도해 단일 분자 회로와 같은 분자 생산품을 만드는 분자 공장이 구현될 수도 있다.

어릴 때 공상 과학 소설에서 읽었던 외계인이 사용한 장치가 떠오른다. 공기 분자들만 투입해서 초콜릿을 포함한 다양한 물질을 만드는 장치였다. 분자들을 교묘히 조작하는 연구가 더 발전하면 이런 장치를 만들어 낼 수 있을까? 이런 만능 기계를 만들 가능성은 희박하겠지만 분자 조작 기술의 한계를 단정할 수는 없을 것이다. 외부 자극에 대한 자연계의 반응이란 포커 페이스와는 다르게 정직한 것이니 말이다.

빛과 물질이 펼치는 자연의 교향곡

2015년은 뉴호라이즌스의 명왕성 랑데부에 대한 흥분이 가라앉기도 전에 화성 표면을 흐르는 물을 발견했다는 소식으로 떠들썩했던 해였다. 당시 NASA는 화성의 따뜻한 지역에서 경사면을 따라 염류를 포함한 물이 흐른다는 사실을 확인했다고 발표했다.[12] 이 지역에서는 경사면을 따라 수 미터 폭에 길이가 수백 미터에 달하는 어두운 줄무늬 지형이 여름에 나타나다가 추워지면 사라지는 현상이 반복적으로 관측되는데[13] 이 지형의 정체가 소금물의 흐름이라는 것을 이번에 확인하게 된 것이다. 화성의 극지에 얼음이 존재하고 화성의 땅 속에도 물이 존재한다는 것은 이미 알려져 있었지만 표면을 따라 흐르는 소금물이 발견된 것은 이번이 처음이다.[14] 물은 생명체 형성의 가장 중요한 조건으로 알려져 있기에 이번 발견은 화성의 생명체 존재 가능성을 더욱 높이는 발견으로 주목받고 있다.

과학자들은 어떤 방법으로 화성 표면을 흐르는 물질의 성분을 확인할 수 있었을까? 이와 같은 발견은 보통 빛과 물질이 만드는 복잡한 상호 작용을 분석해 이루어진다. 태양으로부터 출발한 빛이 약 2억 2000만 킬로미터를 달려와 화성 표면을 흘러가는 물에 입사되면 일부는 반사되고 일부는 흡수된다. 태양이 방출하는 전자기 파동에는 우리 눈으로 볼 수 있는 가시광선뿐 아니라 이보다 파장이 더 짧은 자외선이나 엑스선, 파장이 더 긴 적외선과 마이크로파 등 다양한 파장 성분이 섞여 있다. 이들이 물에 입사되면 물은 특정한 파장 성분을 주로 흡수해 버리며 자신의 흔적을 남긴다.

모든 물질은 원자로 이루어져 있다. 100여 종이 채 되지 않는 원자들이 만나 결합하면서 엄청나게 다양한 분자와 물질들이 형성된다. 불가능한 이야기지만 우리가 이 원자와 분자의 세계로 들어가 이들

화성의 표면에 주기적으로 나타나는 주기적 반복 경사면 선(Recurrent Slope Linea, RSL)의 사진.

의 움직임을 엿볼 수 있다면 무엇을 보게 될까? 바로 원자핵 주변을 도는 전자들의 격렬한 운동, 분자를 이루는 원자와 원자 사이의 밀고 당기는 댄스, 그리고 분자의 회전 등일 것이다. 사람도 춤을 즐기기 위해서는 음식을 먹어 에너지를 보충해야 하는 것처럼 춤출 준비가 되어 있는 분자들을 춤추게 하는 에너지 중 하나가 바로 빛이다. 다양한 파장의 전자기 파동이 물질에 입사하면 전자들의 춤은 자외선이나 엑스선을 흡수하고 분자의 진동은 적외선을 흡수하며 분자의 회전은 마이크로파를 흡수한다. 전자기파 에너지가 원자와 분자들의 격렬한 운동을 촉발하는 것이다.

재미있는 것은 원자나 분자들이 추는 춤은 모두 구별이 가능하다는 점이다. 분자 댄스의 빠르기, 즉 진동수는 바로 분자의 지문과 같은 것이다. 분자를 거친 빛의 스펙트럼을 분석해 분자가 흡수한 특정 진동수를 확인하면 분자의 정체가 명확히 드러난다. 이제 태양을 떠나 12분의 짧은 여행 후에 화성에 도착한 전자기파의 운명을 상상해 보자. 따뜻한 여름 햇빛 속에서 경사면을 따라 유유히 흘러가는 소금물에 침투해 들어간 적외선은 자신의 에너지를 포기하며 산소 하나와 수소 2개로 이루어진 물 분자의 특정한 진동을 유도한 후 사라진다. 물 분자의 고유한 진동 주파수에 조응하지 못하는 적외선은 반사되어 화성의 대기로 흩어지는데, 이들 중 일부가 화성의 궤도 위성에 장착된 망원경에 포착된다. 망원경에 달린 분광기가 그리는 반사 스펙트럼의 특정 파장 위치에 물 분자가 추는 춤(진동)의 흔적이 새겨진다. 화성의 표면을 흐르는 물이 인간의 측정 장비에 최초로 모습

을 드러낸 순간이다.[15]

원자나 분자에 대한 흡수 분광법은 오늘날 광범위한 분야에서 사용하는 실험 기법이다.[16] 이러한 분광법은 수십억 광년 떨어진 곳의 은하가 어떤 물질로 구성되어 있는지 알려 주기도 하고 미술 작품의 표면 아래 숨은 안료 물질을 드러내 작품의 진위 여부를 판별하는 데 도움을 주기도 한다. 외계 행성의 대기를 통과한 빛의 스펙트럼을 분석해 성분을 파악하고 생명체의 존재 가능성을 확인하고자 하는 야심 찬 계획도 세워지고 있다. 이 우주는 온갖 종류의 물질과 전자기 파동이 협연하며 만들어 내는 교향악으로 가득 차 있다. 그 아름다운 선율에 귀 기울이며 자연의 신비를 하나씩 들춰나가는 기쁨을 누리는 것은 분광학을 활용하는 과학자들이 누릴 수 있는 최상의 특권일 것이다.

밝기와 거리

지구와 화성 사이의 거리는 두 행성이 공전함에 따라 주기적으로 가까워졌다가 멀어지기를 반복한다. 최근에는 2018년 7월 28일에 지구와 화성이 15년 만에 가장 근접한 상태로 만났다. 지구에서 태양까지의 평균 거리인 1억 5000만 킬로미터 정도를 1천문단위(AU)라고 정의하는데, 이날 지구와 화성 사이의 거리는 불과 0.38천문단위(5759만 킬로미터)로 근접했다고 한다. 지구와 화성은 태양 주위를 자신들의 타원 궤도를 따라 돌면서 약 2년 2개월마다 일직선상에 놓이며 주기적으로 근접하는데, 특히 15~17년마다 화성과 지구가 매우 가까워지는 화성 대접근 현상이 발생한다. 이 정도로 근접하는 화성은 평상시보다 훨씬 밝게 보이기 때문에 슈퍼 화성이라 불린다.

이렇게 가까워진 화성은 밤하늘의 가장 밝은 별인 시리우스보다 2배는 더 밝아져서 도심의 불빛 속에서도 쉽게 발견할 수 있다. 그날 밤에 아파트 옥상 위로 올라가서 특유의 붉은색을 띠는 화성을 손쉽게 찾을 수 있었던 기억이 난다. 게다가 이날은 개기월식까지 펼쳐진 날이라서 달과 화성이 주인공인 화려한 우주쇼를 보는 느낌이었다.

당시 화성-지구 사이의 거리는 화성과 지구가 가장 멀리 떨어져 있을 때의 거리에 비해 7분의 1 정도였다. 거리가 이 정도로 줄어들면 화성의 밝기는 어느 정도 증가할까? 빛을 내는 발광체로부터 일정한 거리만큼 떨어져 있을 때 느끼는 빛의 양은 거리의 제곱에 반비례한다는 역제곱 법칙을 따른다. 방에 촛불을 하나 켜 놓고 바라볼 때 1미터 떨어진 지점에서 느끼는 밝기에 비해 2미터 떨어진 곳에서는 밝기가 4분의 1로 줄어들고 3미터로 거리가 늘면 밝기는 9분의 1 정도로 줄어든다. 이렇게 계산해 보면 만약 화성의 절대 밝기가 동일하다고 가정했을 때 화성과 지구의 거리가 7분의 1로 줄면 화성의 모습은 무려 49배나 밝아져야 한다. 물론 화성의 절대 밝기는 공전 궤도 및 태양과의 거리에 따라 달라지기 때문에 실제 밝기 증가는 16배 정도였다고 한다.

밝기가 거리의 제곱에 반비례한다는 사실은 멀리 떨어져 있는 별까지의 거리를 추정하는 데 활용돼 왔다. 주기적으로 밝기가 변하는 세페이드(Cepheid) 변광성이라 불리는 별들이 있다. 북극성도 이 무리 중 하나다. 이들의 주기가 밝기와 밀접한 관계가 있다는 것이 여성 천문학자인 헨리에타 리빗(Henrietta Swan Leavitt, 1868~1921년)[17]에 의해 발견되어 1910년경부터 알려지기 시작했다. 세페이드 변광성의 주기를 재면 이 별의 절대 밝기를 정확히 알 수 있고, 이를 겉보기 밝기와 비교하면 별까지의 거리를 역제곱 법칙으로 추정할 수 있다.

촛불을 바라볼 때 역제곱 법칙이 성립하는 것은 촛불을 바라보는 우리 눈의 눈동자(동공)가 똑같은 크기를 유지했을 경우에만 해당한다. 눈동자를 키우면 빛을 받아들이는 면적이 늘어나서 그만큼 더 밝게 느끼기 때문이다. 희미한 별을 보고자 할 때 눈동자를 키우는 대신 커다란 인공 눈동자를 만드는 것도 하나의 방법이다. 망원경이 바로 그것이다.

망원경의 능력은 빛을 받아들이는 렌즈나 거울의 크기에 달려 있다. 렌즈나 거울의 지름을 10배로 늘린다면 빛을 받아들이는 면적이 100배 늘어나기 때문에 전보다 100분의 1만큼 희미한 별을 동일한 수준에서 관측할 수 있게 된다.

현재 세계에서 가장 큰 반사 망원경들의 크기는 약 10미터다. 하와이 마우나케아 산 위에 설치돼 있는 켁(Keck) 망원경은 거울의 지름이 10미터, 2006년 스페인령 카나리아 제도에 세워진 카나리아 대형 망원경(Gran Telescopio Canarias, GTC)은 지름이 10.4미터로 현재로서 세계 최대다. 이 정도의 크기로 빛을 모으면 사람 눈에 비해 400만 배 이상 더 정밀히 볼 수 있다고 한다. 그런데 최근 유럽에서는 거울 지름이 39.4미터에 달하는 극대 망원경(Extremely Large Telescope, ELT)[18]의 제작에 착수해 2020년대 중반 가동을 목표로 하고 있다. 이 정도 구경이 되면 우주 공간에서 맹활약 중인 허블 망원경보다도 16배나 더 뛰어난 성능을 발휘한다. 시력이 좋다는 것은 그만큼 멀리 볼 수 있다는 것이고 따라서 더 먼 우주, 우리 우주의 더 먼 과거를 바라볼 수 있다는 것을 의미한다.

다시 화성으로 돌아가 보자. 모처럼 밝아진 화성의 모습을 지금 정도의 밝기로 다시 보려면 2035년까지 기다려야 한다. 그러나 밤하늘은 슈퍼 화성 말고도 주기적으로 찾아오는 유성우나 혜성, 개기월식과 개기일식과 같은 놀라운 이벤트들로 가득 차 있다. 천문 뉴스를 눈여겨보며 밤하늘이 펼치는 다채로운 우주쇼에 참여해 보는 것도 좋을 것 같다.

17장
초고압 물리와 우주 탐험

초고압 물리의 세계

물을 얼린 얼음은 몇 종류나 존재할까? 얼음이면 얼음이지 서로 다른 종류의 얼음이라니, 갑자기 무슨 뚱딴지 같은 소리냐 생각하는 사람도 있겠지만, 실제로 얼음의 종류는 매우 다양하다. 과학자들이 밝힌 얼음의 종류만 해도 최소 18종류에 달한다. 얼음이 형성되는 환경, 즉 온도나 압력에 따라 얼음 속에 주기적으로 놓이는 물 분자의 배치와 결합 방식이 달라지기 때문이다. 일부 얼음 속에서는 물 분자를 이루는 수소-산소-수소의 결합이 굽어 있지 않고 일자의 직선을 이루는 경우도 있다.

주위 환경에 따라 물질의 상태가 달라지는 것은 우리가 일상적으로 경험하는 물리 현상이다. 섭씨 100도에서 끓인 물로 차를 마시고 아이스 커피를 준비할 때는 물의 온도를 영하로 낮추어 얼음을 만들기도 한다. 그러나 온도만 물질의 상태를 바꾸는 것은 아니다. 압력이 또 하나의 중요한 변수가 된다. 주변 압력이 줄어들면 물이 끓는 온도가 낮아진다. 대기압이 낮은 산 위에서 짓는 밥이 설익는 이유는 바로 물의 끓는점이 100도보다 낮기 때문이다.

100도에서 끓는 물에 압력을 가하면 어떻게 될까? 물이 끓지 않고 액체 상태를 유지한다. 압력을 계속 올릴 수 있다면 대기압의 약 2만 2000배 압력에서 액체 물이 얼음으로 바뀐다. 압력만 충분하다면 섭씨 100도에서도 얼음을 만들 수 있는 것이다. 이처럼 압력은 온도와 더불어 과학자들이 물질의 상태를 바꾸고 신물질을 탐구하는 중요한 수단으로 활용해 왔다. 예를 들어 섭씨 1500도에서 약 5만 기압의 압력을 탄소에 가하면 인조 다이아몬드를 합성할 수 있다.

한편 압력은 인간이 직접 가 볼 수 없는 극한적 환경을 간접적으로 구현하는 과학의 창이기도 하다. 지구의 맨틀이나 목성의 내부 상태를 연구할 때 고압 실험을 활용한다. 높은 압력을 얻기 위해서는 그만큼 단단한 물질이 필요하다. 과학자들은 지구상 가장 단단한 물질 중 하나인 다이아몬드를 이용한다. 즉 머리카락 지름 정도로 작은 공간을 준비한 후에 그 속에 갇힌 물질을 한 쌍의 다이아몬드로 양쪽에서 눌러 초고압 환경을 만든다. 엄청난 압력으로 눌린 물질에 엑스선을 쪼여 구조 분석을 하기도 하고 레이저를 입사시켜 분자 진동의 변화를 확인하기도 한다.

수소가 주성분인 목성이나 토성 같은 기체형 행성의 내부에는 고온 고압으로 인해 금속의 성질을 띠는 수소가 존재할 것으로 예측되어 왔다. 이 금속 수소가 목성의 강력한 자기장을 형성하는 원인으로 간주되고 있다. 2016년 영국 에딘버러 대학교 연구팀은 기체 수소에 대기압의 무려 388만 배에 달하는 압력을 가하면 새로운 구조의 고체 수소가 만들어진다고 보고했다.[1] 이 새로운 상이 금속 수소인지는 확실하지 않다. 보다 확실한 실험적 증거를 얻기 위해 이 연구팀은 400만 기압 이상의 고압을 구현하는 실험을 계획하고 있다. 누르는 것만으로 충분하지 않을 땐 다른 방법을 결합하기도 한다. 고출력 레이저 펄스를 한쪽 다이아몬드에 쏘아 이를 순간적으로 기화시켜 충격파를 만들면 압력도 일순간 올라간다. 로런스 리버모어 연구진은 최근 이 방법을 수소와 헬륨의 혼합 기체에 적용해 특정 조건에서 혼합물의 전기 전도도가 올라가는 현상을 발견했다.[2] 연구팀은 이때 수소가 금속으로 바뀌면서 헬륨이 물방울처럼 고립될 것이라고 추정한다. 재미있게도 이 결과는 토성의 내부에 헬륨의 비가 내릴 것이라는 이론적 예측과 부합하는 것 같다.

과학의 역사는 인간이 볼 수 있는 영역을 넓혀온 역사이기도 하다. 현미경이 미시 세계와 인간을 연결했듯이 이제 초고압 실험은 우리를 기체형 행성의 내부로 안내한다. 필자의 연구실에서도 다이아몬드를 이용한 고압 실험 중 비싼 다이아몬드가 부딪혀 종종 깨지곤 한다. 그래도 기죽지 말자고 대학원생들과 의기투합한다. 초신성 폭발 속에서 인간을 구성하는 무거운 원소들이 만들어졌듯이, 빅뱅이라는 상상을 초월하는 극한의 특이점에서 시간과 공간, 우주의 모든 물질들이 탄생했듯이, 0.3캐롯짜리 다이아몬드 한 쌍에 눌려 극한의 압력으로 내몰리는 물질들이 어떤 새롭고 신비한 자연 현상을 드러낼지 모를 일이니 말이다.

카시니 호와 타이탄 위성의 비밀

태양계에서 지구와 가장 닮은 곳은 어디일까? 질문이 애매하다면, 지구처럼 표면에 바다와 호수, 강이 있고 구름이 생성되어 비가 내리는 기후 시스템이 있는 천체를 묻는 질문으로 바꾸자. 화성이나 금성이 떠오를지도 모르겠지만, 정답은 토성의 가장 큰 위성인 타이탄(Titan)이다. 태양계에서 두 번째로 큰 위성이고 행성인 수성보다도 더 큰 타이탄은 달의 약 1.5배 크기에 질소가 주 성분인 짙은 대기로 둘러싸인 위성이다. 표면 온도가 영하 180도로 춥고 작은 이 세계가 지구와 어떤 면에서 비슷하다는 것일까?

2004년 토성에 도착한 탐사선 카시니(Cassini)[3]의 주 탐사 대상 중 하나는 타이탄이었다. 짙은 주황색 대기로 둘러싸인 타이탄의 내부는 그야말로 미지의 세계였기 때문이다. 카시니에 장착된 각종 측정 장비와 타이탄 표면에 투하된 착륙선 하위언스(Huygens) 호를 통해 본 타이탄의 세계는 예상을 완전히 뛰어넘은 모습이었다.[4] 극지방 주변에 거대한 호수들이 있었고 카시니 도착 당시 여름이었던 남극 주변에서는 구름이 형성되고 비가 내리는 모습도 포착되었다. 타이탄의 최대 호수인 크라켄 마레(Kraken Mare)의 넓이는 약 40만 제곱킬로미터에 달한다. 지구 외에도 안정적인 액체가 표면에 존재하며 비가 지상까지 내리는 곳이 발견된 순간이었다. 단 타이탄의 바다와 호수를 채운 것은 물이 아니라 메테인, 에테인을 포함한 탄화수소의 액체였다. 이들은 녹는점이 영하 180도보다 더 낮아 타이탄의 표면에서 액체 상태를 유지할 수 있다.

타이탄을 100번 이상 근접 비행했던 카시니의 탐사 결과를 근거로 과학자들은 타이탄에 대한 기후 모형을 세울 수 있었다. 이 모형에 근거해서 과학자들은 타이탄 북반구의 여름이 시작되는 2016년 경부터 북극 주변에서 구름과 메테인의 비가 목격될 것으로 예상했다. 그러나 예상과는 다르게 카시니 호의 주기적 탐사에서 비나 구름이 직접 목격되지 않았다. 타이탄의 호수가 대부분 북극 부근에 분포해 있는 사실을 고려하면 이는 상당히 의외의 결과였다.

최근 과학자들은 카시니 호가 남긴 자료를 분석하다가 2016년 북극 주변의 거대한 영역에서 다소 퍼지는 밝은 반사광이 짧은 시기 동안 존재했음을 확인했다. 보통 보도 블록 같은 재질에 빛을 비추면 표면의 불규칙한 거칠기 때문에 빛이 사방으로 반사되어 퍼져버린다. 그런데 비가 온 후에 보도가 젖으면 블록의 작은 틈이나 구멍에 물이 스며들며 표면이 다소 매끄러워지고 빛의 반사광이 정반사를 하는 특정 각도 방향으로 확연히 강해진다. 이런 거울형 확산 반사는 정반사와 난반사가 적당히 섞여 있는 것으로 간주할 수 있다. 과학자들은 카시니 호가 측정한 밝은 반사광이 메테인의 비로 젖은 타이탄의 표면이 만든 것이라고 결론 내렸다.[5]

여러 면에서 타이탄은 지구와 유사하다. 지구 위 물의 순환 구조를 닮은 탄화수소의 순환 시스템뿐 아니라 사계절에 따른 기후 구조의 변화도 지구와 비슷하다. 게다가 유기물 먼지로 이루어진 거대한 폭풍이 관측되면서 타이탄의 기후가 예상보다 훨씬 역동적이라는 점도 확인되었다.[6] 무엇보다도 타이탄이 매력적인 이유는 물과 산소가 없는 조건에서 생명 활동이 태동할 가능성을 연구할 수 있는 최적의 장소이기 때문이다. 이런 측면에서 과학자들은 유기물이 풍부한 타이탄의 대기와 바다, 호수에서 이루어지는 생화학적 과정에 큰 관심을 갖고 연구를 진행 중이다.

2004년 카시니 호에서 분리되어 표면으로 내려간 착륙선이 보내준 타이탄의 모습은 지구의 평범한 강바닥과 비슷했다. 지표면에서 고체와 액체, 기체가 안정적으로 공존하기 위해선 기압과 온도가 절묘한 균형을 이루어야 한다. 타이탄은 태양계에서 지구 외에 이런 조건을 갖춘 유일한 곳이다. 과학자들은 최근 카시니 호가 남긴 레이더 및 적외선 분광 탐사 결과를 바탕으로 타이탄의 전역 지도를 완성했다.[7] 두터운 대기와 약한 중력으로 인해 타이탄은 드론과 같은 차세대 탐사 기술을 성공적으로 적용할 수 있는 후보지로 부각되고 있다. NASA는 2034년 드래곤플라이(Dragonfly)라 불리는 드론 탐사선을 타이탄의 적도 지역에 착륙시켜 수백 킬로미터에 걸친 영역을 조사할 예정이다. 이 방식은 행성이나 위성 위에서 바퀴로 이동하는 기존 방식에 비해 훨씬 넓은 영역을 기동성 있게 조사할 수 있다는 장점으로 인해 타이탄의 숨은 비밀을 더 많이 밝혀 줄 것이다.

미지의 세계를 향한 끝없는 여정

해외 여행이란 대부분의 사람들에게 미지의 세계로 떠나는 여행을 뜻할 것이다. 비록 방송이나 인터넷을 통해 친숙해진 곳일지라도 직접 찾아가 눈으로 보고 몸으로 부딪히는 모험을 원하는 게 인간의 원초적 본능인지도 모르겠다. 남극점이나 가장 깊은 바다 속처럼 극한의 조건을 가진 곳까지 모두 탐사한 인류의 호기심은 오늘날 광대한 우주를 향해 뻗어나가고 있다. 그렇지만 빛의 속도로도 한참을 달려야 도달할 수 있는 태양계 내 행성들에는 아직 인간 대신 우주선이나 로봇을 보내 탐사를 진행할 수밖에 없다. 화성 위에서 열심히 탐사를 진행하고 있는 인사이트나 큐리오시티, 명왕성을 지나 카이퍼대 영역의 물체들을 조사 중인 뉴호라이즌스 등이 무인 우주 탐사의 좋은 예가 될 것이다.

그러면 인류가 보낸 탐사선 중 지구로부터 가장 멀리까지 날아간 우주선은 무엇일까? 그것은 바로 2020년 10월 기준으로 지구로부터 각각 약 225억 킬로미터와 187억 킬로미터 떨어진 지점을 날고 있는 보이저 1호와 보이저 2호이다. 1977년에 순차적으로 발사된 쌍둥이 탐사선인 보이저 1, 2호는 태양계의 외행성인 목성과 토성, 천왕성 및 해왕성을 거치면서 이 기체 행성들에 대한 체계적인 탐사를 수행한 후 태양계의 경계를 지나 성간 영역에 들어서 있다. 이들은 네 외행성들을 방문한 최초의 우주선들이었고 목성의 번개, 목성의 달 이오(Io)의 화산 활동, 질소가 풍부한 타이탄의 대기 등을 처음으로 관찰하며 인류에게 태양계의 다채롭고 경이로운 모습들을 보여 주었다. 그런데 더 놀라운 사실은 2020년에 42번째 생일을 맞이한 이 탐사선들에 장착된 측정 장비의 일부가 아직도 문제없이 가동되고 있으며 데이터를 계속 지구로 보내오고 있다는 점이다.[8] 이에 기반해 과학자들은 이전에 가 본 적이 없는 미지의 영역에 대한 새로운 사실들을 파악하고 있다.

태양계와 성간 영역 사이의 경계로 과학자들이 상정한 태양권계면(heliopause)은 태양에서 날아온 하전 입자들(태양풍)과 태양계 밖인 성간 영역에서 날아온 입자들의 흐름(성간풍)이 만나는 영역으로서 지구와 태양 간 거리보다 120배 이상 떨어진 곳에 위치해 있다. 보이저 1호는 2012년 8월에 인류가 만든 인공물로는 최초로 성간 영역에 들어선 것으로 파악되었다. 보이저 1호가 태양권계면을 지날 때 탐사선의 검출기에는 태양에서 날아오는 입자의 양이 줄어들면서 태양 밖에서 날아와 부딪히는 입자의 양이 서서히 늘어나는 결과가 기록되었다. 2012년 당시 보이저 1호가 태양권계면을 정말 지났는가에 대해 과학자들 사이에 여러 논쟁이 있었으나 보이저 1호가 측정한 전자 밀도가 성간 영역의 예상 수치를 기록하면서[9] 결국 보이저 1호는 태양계를 벗어나 성간 여행을 하는 인류 최초의 인공물로 인정되었다.

보이저 1호에 비해 다소 두꺼운 태양권(heliosphere)을 지나던 보이저 2호는 41년의 비행 후인 2018년 11월에 성간 영역에 들어섰다.[10] 당시 보이저 2호의 검출기에는 태양으로부터 오는 대전 입자들은 거의 잡히지 않았고 태양계 건너편의 성간 영역에서 비롯한 우주선들만 측정되었기에 이를 통해 보이저 2호도 1호를 따라 태양계를 떠났음을 확인했다. 보이저 1호와 2호에는 아직도 플라스마와 자기장을 측정하는 일부 검출기들이 작동하고 있다. 가장 멀리 떨어져 있는 보이저 1호가 보내는 플라스마 밀도에 대한 정보는 20여 시간을 날아와 지구에 도착한다. 인류는 이들의 도움으로 미지의 공간이었던 성간 영역의 플라스마 밀도, 자기장 등의 정보를 꾸준히 수집하고 있다.

두 우주선과의 연결이 언제 끊길지는 확실하지 않으나 플루토늄 연료의 수명이 다하는 2020년대 중반까지 성간 물질들에 대한 새로운 정보를 보내올 것으로 기대된다. 태양계를 벗어난 바깥 영역은 태양에서 그리 멀지 않은 곳에서 발생한 초신성 폭발로 형성된 고에너지 입자들이 태양풍에 의해 속도가 줄어들면서 매우 복잡한 흐름을 형성하는 곳으로 예상되고 있다. 35와트의 전력에 기대어 빛의 속도로도 약 21시간과 17시간을 달려야 하는 거리의 지구와 교신하고 있는 보이저 1호와 2호는 지구와 연결된 끈을 놓을 때까지 또 어떤 우주의 비밀을 들려줄까? 40여 년 동안 보이저의 여행과 함께 해 온 과학자 스톤의 말을 빌자면, "보이저가 우리에게 가르쳐 준 하나의 사실은 언제든지 놀랄 준비를 하고 있으라는 것"이다. 보이저 호의 트위터(@NASAVoyager)를 통해 또 다른 새로운 발견의 소식이 전해지기를 기대해 본다.

메신저 호가 파헤친 수성의 비밀

독일이 제2차 세계 대전 중 무기로 개발했던 V-2 로켓 기술이 전쟁 후 소련과 미국이 벌인 우주 경쟁의 기반이 되었다는 것은 흥미로운 사실이다. 냉전 시대 산물이었든 국력 과시용이었든, 지난 반세기 동안 거대한 로켓에 실려 지구의 중력권을 탈출해 태양계 곳곳을 누비던 탐사선들로 인해 태양계에 대한 우리의 지식이 눈부시게 확장해 왔음은 부인할 수 없다. 오늘날에는 주요 행성 주위를 돌며 정밀한 탐사를 진행하고 있는 궤도 위성들의 탐사 결과를 수시로 접할 수 있으니, 태양계 탐사 소식이 우리에게 일기예보만큼 친숙한 일상으로 자리 잡은 것 같다.

활발히 진행된 태양계 탐사의 역사를 생각하면 수성을 그 동안 단 2대의 탐사선만 방문했다는 점이 의아할 수도 있겠다. 수성은 태양계의 행성 중 제일 작고 태양에 가장 근접해 공전하는 행성이다. 태양에 면한 적도는 영상 400도를 넘는 불지옥이고 태양빛이 닿지 않는 곳은 영하 170도보다 낮은 동토의 세계다. 이런 척박한 조건에다 대기층이 없고 달보다 약간 더 큰 암석형 행성임을 고려하면 과학자들에게도 수성이 다른 행성들에 비해 그리 매력적인 탐사의 대상으로 다가가지 않았을 법하다. 게다가 아인슈타인이 자신의 일반 상대성 이론을 적용해 세차 운동을 설명했을 만큼 태양의 강력한 중력장 안에 놓여있는 이 행성으로 탐사선을 보내 궤도에 안착시키는 것도 기술적으로 쉽지 않은 일이다.

손에 들고 있는 공을 던지는 상황을 생각해 보자. 공을 위로 던지면 지구의 중력으로 인해 공의 속력이 서서히 줄어들다가 다시 아래를 향하게 된다. 반면에 공을 손에서 놓거나 아래로 던지면 중력으로 가속되면서 속력이 점점 빨라진다. 손을 지구로, 공을 탐사선으로, 그리고 공에 중력을 가하는 지구를 태양으로 바꿔 생각하면 수성을 향하는 우주 탐사선이 겪는 어려움이 쉽게 이해된다. 지구보다 먼 외행성을 향하는 탐사선들은 태양의 중력을 이기고 속도를 높여야 멀리까지 날아갈 수 있다. 이에 반해 지구 안쪽의 내행성을 향하는 탐사선은 손에서 놓인 공처럼 태양의 중력에 끌려 중력 위치 에너지를 잃으면서 가속되기 때문에 속도를 적당히 낮춰야 수성의 궤도에 안착할 수 있다.

탐사선을 외행성을 향해 가속시키거나 내행성을 향해 감속시킬 때 로켓 엔진만을 사용한다면 막대한 연료가 소모되므로 두 경우 모두 행성의 중력을 이용하는 스윙바이(중력 도움)를 통해 연료를 절약해 왔다. 탐사선이 스윙바이를 할 때는 행성이 공전하는 방향에 대해 탐사선이 접근하는 각도와 빠져나오는 각도가 중요하다. 탐사선이 행성의 공전 방향과 같은 방향으로 빠져나올 때는 탐사선의 속도에 행성의 공전 속도가 더해지면서 탐사선을 가속시킨다. 반면에 탐사선이 행성의 공전 방향과 다른 방향으로 빠져나오는 경우 속도가 줄어들 수 있다. 따라서 탐사선이 행성에 다가갈 때는 행성의 공전 방향과 비슷하게, 탈출할 때는 공전 방향에서 벗어남으로써 탐사선의 속도를 줄이며 수성에 안정적으로 다가갈 수 있는 것이다. 목적지를 향해 오랜 기간 날아가야 하는 탐사선들에게 중력 도움을 얻을 수 있는 행성들은 사막과 같은 황량한 우주에서 연료를 절약하며 힘을 낼 수 있는 오아시스 같은 곳이다.

수성은 태양의 강력한 중력장에 묶여 있는 만큼 탐사하기도 쉽지 않아 1973년 발사된 매리너(Mariner) 10호와 2004년 발사된 메신저(Messenger) 등 단 두 대의 탐사선만 수성을 방문했다. 이중 2011년에 성공적으로 수성 궤도에 진입한 후 4년이 넘는 기간 동안 수성을 공전하며 탐사 임무를 진행하던 메신저는 2015년 4월 30일 수성 표면에 충돌하며 임무를 마쳤다. 1970년대 중반 수성을 세 번에 걸쳐 근접 비행했던 매리너 10호 이후 가장 체계적인 탐사를 진행한 메신저호의 탐사 결과는 수성이 예상했던 것보다 훨씬 다채로운 지질학적 특징을 가지고 있음을 드러냈다. 우선, 과거 레이더 탐사에서 가능성이 제기되었던 극지방 얼음층의 존재가 직접 확인되었다. 즉 태양 빛이 직접 닿지 않는 극지방의 크레이터 속에 수조 톤의 얼음이 발견된 것이다. 먼 미래 인류가 직접 태양계 각지로 유인 탐사를 나갈 수준의 문명을 구축한다면 이 얼음층이 수성 탐사의 자원으로 활용될 수도 있을 것이다.

둘째로, 수성이 만드는 자기장의 분포를 정밀하게 측정할 수 있었다. 녹아 있는 내핵이 회전하며 지자기를 만들어 내는 지구처럼, 수성도 철 성분의 액체 핵이 회전하며 자기장을 만들어 내는 것으로 보인다. 수성처럼 작은 행성에 지구의 핵보다 훨씬 큰 핵이 식지 않고 존재하는 이유가 아직 명확히 밝혀지지 않았지만, 수성에 풍부하게 존재하는 방사성 물질의 붕괴에 동반되는 에너지 방출과 관련이 있을 것으로 추정된다.

끝으로 가장 흥미로운 결과는 황이나 소듐, 염소처럼 휘발성이 매우 강한 원소들이 수성 표면에서 풍부하게 발견되었다는 것이다. 수십억 년이라는 지질학적 나이 속에 날아가 버렸어야 할 이 원소들을 메신저 호가 발견했다는 것은 수성이 혜성 및 소행성들과의 충돌로 인해 이런 원소들을 지속적으로 보충해 왔다는 것을 의미한다. 두 차례의 탐사로 확인한 것은 수성이 단순한 바윗덩어리가 아니라 극지방에 거대한 얼음을 품고 있고 지구처럼 자기장을 형성해 태양풍을 밀어내는 등 매우 흥미로운 지질학적 특징을 가지고 있으며, 소행성이나 혜성과의 잦은 충돌을 이겨내면서 태양의 강력한 중력장 속을 헤쳐 나가는 역동적인 존재라는 점이다.

수성 탐사를 마친 후 수성 표면에 작은 크레이터를 남긴 메신저 호의 바통을 이어받을 탐사선은 2018년 10월에 발사되어 2024년 수성에 접근할 예정인 베피콜롬보(BepiColombo)다. 유럽과 일본이 제작한 두 대의 궤도선을 실은 이 탐사선은 7년간 약 90억 킬로미터를 날아 수성의 궤도에 안착할 예정이다.[11] 지구와 비교적 가까운 수성을 향한 항해가 이렇게 길어지는 이유는 베피콜롬보가 지구와 금성, 그리고 수성에서 모두 아홉 번의 스윙바이를 통해 속도를 줄이며 수성의 공전 궤도에 다가가기 때문이다.

인류는 왜 대기도 없고 크레이터로 뒤덮인 수성으로, 혹은 왜 아득히 먼 명왕성으로 탐사선을 보내는 것일까? 태양계를 이루는 가족

들을 탐사하는 것은 태양계의 생성 원리를 파악하기 위해 반드시 필요한 일이다. 아울러 태양계를 더 잘 알아갈수록 우리가 사는 지구를 더 잘 이해하고 이 행성의 소중함을 느끼는 기회도 된다. 이토록 아름답고 찬란하게 빛나는 행성은 태양계에서는 지구 외 어디에서도 찾을 수 없기 때문이다. 불지옥인 수성을 향한 베피콜롬보의 여정은 결국 우리를 향해 나아가는 항해의 일부인 것이다.

18장

또 하나의 지구를 찾아

외계 행성의 기상학

차량 정체로 고속 도로 터널 속에 갇혀 버린 여행길. 터널 속 공간을 채우던 조명등의 은은한 황색 빛 속으로 갑자기 구급차가 요란한 소리를 내며 쏜살같이 내달렸다. 구급차의 사이렌 소리는 여느 때처럼 나를 스쳐 지나가며 높은 톤에서 낮은 톤으로 변했다. 그 순간 얼마 전 읽었던 천체 물리학 저널에 실린 논문 한 편이 떠올랐다.[1] 논문의 내용은 터널등의 황색과 구급차의 소리 변화에 관한 물리학이 외계 행성의 대기를 조사하는 데 이용될 수 있다는 것이었다. 전혀 연관성이 없어 보이는 이 세 가지 현상 사이의 관계는 무엇일까?

소듐등이라 불리는 황색등은 보통 터널등이나 가로등으로 많이 사용된다. 소듐등은 방전관 내 함유된 소듐(Na)이 에너지를 받아 들뜨며 내는 고유한 황색 빛을 이용한다.[2] 원소마다 방출하는 색이 달라서 원소들의 특유한 발광색은 이들을 구분하는 '지문'으로 이용된다. 달구어진 소듐이 황색을 내는 반면 차가운 소듐 기체는 같은 색깔의 빛을 흡수할 수 있다. 태양 대기에 존재하는 소듐 원소는 태양 스펙트럼의 황색 부분에 검은 두 줄의 흡수선을 만든다. 바로 에너지를 받아 들뜬 소듐 원소가 내는 발광색과 동일한 위치에서 말이다.

구급차의 소리 변화는 흔히 도플러 효과라 불리는 파동 현상과 관계된다. 구급차가 다가오면 사이렌 소리가 만드는 공기 밀도의 주기적 변화가 압축되며 음파의 진동수가 올라가 높은 톤의 소리로 변한다. 반면 차가 멀어지면 밀도 주기의 간격이 벌어지며 진동수가 줄어들어 낮은 톤의 소리가 된다. 이러한 도플러 효과는 빛과 같은 전자기 파동에도 그대로 적용된다. 소듐등이 우리를 향해 빠른 속도로 다가오면 소듐 원소가 방출하는 노란 빛의 파장이 짧아지며 청색 쪽으로 치우치게 되고(청색 편이) 반대로 우리와 소듐등의 거리가 상대적으로 멀어지면 빛은 파장이 긴 빨간색으로 치우치게 된다(적색 편이). 이를 이용해 광원과 관찰자 사이의 상대 속도를 정밀히 측정할 수 있다.

이제 이야기의 무대를 터널에서 남반구 여우자리 방향을 따라 63광년 떨어진 별로 옮겨보자. 그곳에는 태양에서 수성까지의 거리보다 훨씬 가까운 거리에서 약 이틀 만에 한 번씩 모성을 돌고 있는 목성형 행성 HD 189733b가 있다. 2005년에 발견된 이 행성은 높은 일조량과 두꺼운 대기층으로 인해 집중적인 연구 대상이 되어 왔다. 이 행성의 대기층을 통과해 지구로 오는 별빛에는 대기를 구성하는 원자와 분자들의 지문, 즉 흡수선들이 들어 있기 때문이다. 그동안 물, 산소와 메테인을 포함한 다양한 성분이 확인되었지만, 이 행성의 기상 현상을 밝히는 데 공을 세운 원소는 바로 소듐이다.

최근 영국 워릭 대학교의 연구팀은 칠레에 위치한 유럽 남부 천문대의 망원경을 이용해 측정된 이 행성의 소듐 흡수선을 집중적으로 분석한 후 행성 표면에 엄청난 속도의 바람이 동쪽을 향해 불고 있음을 밝힌 바 있다. 이렇게 되면 행성 대기의 서쪽 껍질에서는 지구를 향하는 바람이 불게 되어 소듐의 흡수선이 청색 편이를 보이는 반면 바람이 부는 동쪽 끝 대기층에서는 적색 편이가 관측될 것이다. 행성이 모성 앞을 지나가는 동안 시간에 따라 변하는 도플러 효과를 분석한 계산에 따르면 풍속은 무려 시속 8600킬로미터 정도에 달할 정도로 빨랐다. 마하 7에 해당하는 엄청난 속도다. 높은 일조량에다 조석 고정 현상으로 밤낮이 고정되어 발생하는 막대한 온도 차이가 지구에서는 상상할 수 없는 기상 현상을 만드는 것이다. 적외선을 관측하는 스핏처 우주 망원경으로 이 행성의 열분포를 조사한 결과 뜨거운 곳과 차가운 곳의 온도 차이는 섭씨 260도나 되었다.[3]

HD 189733b가 흥미로운 것은 이 행성의 색이 깊은 푸른색을 띤다는 것이다. 외계 행성이 우리에게 어떤 색상으로 보이는지를 확인한 것은 이 행성이 처음이다.[4] 물론 63광년이나 떨어진 곳의 행성을 직접 볼 수는 없다. 이 정도 거리에서는 행성과 모성 모두 점으로 보이기 때문이다. 허블 망원경을 이용해 외계 행성이 모성의 뒤에 숨을 때 줄어드는 빛을 파장에 따라 조사해 보니 주로 파란색 빛이 줄어들고 다른 색깔의 빛들은 거의 변화가 없었다. 이를 통해 행성의 대기가 반사하는 색이 파란색이라는 점을 알 수 있었다. 이는 수소 분자 등에 의한 레일리 산란[5] 혹은 수십 나노미터 정도 크기의 작은 입자들에 의한 광산란의 결과로 해석되었다.

1990년대 최초로 외계 행성이 발견된 이래 그 동안 수천 개의 외계 행성이 확인되었다. 그간의 연구가 외계 행성의 발견에 치중했다면 이제는 외계 행성의 알베도(albedo)[6]나 기상과 같은 구체적 특징을 정밀하게 파악해 나가는 단계로 발전하고 있다. 그러나 아직은 모성에 근접한 목성형 행성들처럼 측정이 용이한 행성들이 주 연구 대상이다. 언제쯤 되어야 골디락스 지역에 위치한 지구형 행성의 대기를 엿볼 수 있을까? 그런 외계 행성의 표면으로부터 엽록소와 같은 생명체의 지표를 알려 주는 신호를 확인할 날이 올까? 꼬리를 무는 즐거운 상상은 터널 속 정체가 풀리며 끝났다. 소듐등의 아늑한 황색 불빛을 벗어나 다시 여행을 시작할 때다.

외계 생명체 탐사 대장정

16세기 니콜라우스 코페르니쿠스(Nicolaus Copernicus, 1473~1543년)의 지동설로 시작된 우주관의 혁명은 아리스토텔레스(Aristotle, 기원전 384~322년)의 철학에 지배되었던 중세 사람들이 가진 지구 중심주의를 근본부터 허물기 시작했다. 요하네스 케플러(Johannes Kepler, 1571~1630년)의 이론으로 더욱 정교하게 다듬어진 지동설은 우주의 중심으로 여겨졌던 지구의 지위를 태양을 도는 여러 행성들 중 하나로 격하시켰다. 이는 당시 우주에서 인간의 위치를 다시 돌아보는 중요한 계기가 되었다. 또 다른 천문학의 혁명은 1920년대 천문학자 에드윈 파웰 허블(Edwin Powell Hubble, 1889~1953년)에 의해 이루어졌다. 허블은 윌슨 산 망원경을 이용해 안드로메다 성운이 우리 은하에서 멀리 떨어져 독립적으로 존재하는 또 하나의 은하라는 것을 처음으로 확인했다. 이로 인해 우주는 당시 천문학자들이 생각했던 것보다 훨씬 더 크다는 점이 명백해졌다. 팽창하는 우주에는 수천억 개의 항성이 모여 있는 은하가 수없이 많고, 우리 태양은 한 평범한 나선형 은하의 회전하는 팔 위에 얹혀 돌고 있는 별들 중 하나일 뿐인 것이다.

그런데 21세기를 살고 있는 지금은 또다른 천문학의 혁명이 다가오고 있는 듯하다. 1995년 최초로 외계 행성의 존재가 확인된 이후 다양한 방법으로 발견되는 외계 행성의 숫자가 최근 급증하고 있다. 이를 반영하듯《네이처》2012년 첫 호에는 당시 과학자들이 진행하고 있는 실험 연구 중 가장 까다롭고 힘든 다섯 가지 연구에 대해 설명한 기사가 실렸다. 그중 하나가 외계 생명체의 발견과 관련된 외계 행성에 대한 연구였다. 비록 지적 생명체의 형태가 아닐지라도 지구 외의 장소에서 벌어지는 생명 현상의 발견은 인류 문명사에 있어서 가장 극적이며 충격적인 전환점을 만들 것이 분명하기 때문이었다.

빛의 속도로 달려도 최소한 수 년에서 수백 년 이상 걸릴 만큼 아득히 떨어져 있는 별(항성)의 주위를 도는 작은 행성을 어떻게 찾아내고, 그중 생명체가 살 만한 지구형 행성을 어떻게 골라내며, 이로부터 생명체가 존재한다는 신호를 어떻게 발견할 수 있을까? 별(항성)은 핵융합을 통해 스스로 빛을 내지만 행성은 항성의 빛을 반사해서 자신의 존재를 드러낸다. 모항성에 바짝 붙어 있으면서도 그보다 훨씬 더 희미한 행성을 망원경을 통해 직접 눈으로 확인하는 것은 쉽지 않은 일이다.

1995년 주계열성을 도는 외계 행성으로 최초로 보고된 목성급의 기체형 행성인 페가수스 51b(51Peg-b)는 '도플러 효과'를 통해 확인됐다.[7] 행성은 중력을 통해 자신이 돌고 있는 별을 약간 흔들어 놓는다. 더 정확히는 행성과 별의 질량 중심(center of mass)을 기준으로 서로 돌기 때문에 행성의 공전 주기가 별의 운동에 미세하게 반영된다.[8] 별과 외계 행성, 그리고 지구가 거의 같은 평면에 놓여 있다면 지구에서 해당 별의 흔들림을 관측할 수 있다. 별의 흔들림에 따라 별빛은 도플러 효과에 의해 매우 미세하게 진동수를 바꾼다.[9] 51Peg-b의 경우 행성에 의해 별이 흔들리는 속도는 최대 초속 약 70미터에 불과하다. 이 행성을 발견한 과학자들은 이처럼 미미한 속도가 일으키는 미약한 도플러 효과가 초속 30만 킬로미터에 달하는 별빛의 진동수에 미치는 작은 변화를 분석함으로써 행성의 존재를 확인한 후 행성의 공전 주기나 질량까지도 계산할 수 있었다. 최초로 외계 행성을 발견한 미셸 마요르(Michel Mayor, 1942년~)와 디디에 쿠엘로(Didier Queloz, 1966년~)는 이 공로로 2019년 노벨 물리학상을 수상했다.

행성 통과 탐색은 보다 직관적인 이해가 가능한 방법인데, 어떤 행성이 별의 주위를 돌다가 일식처럼 지구로 오는 별빛을 약간 가림으로써 야기하는 빛의 밝기 변화를 분석해서 행성의 존재와 특성을 파악하는 방법이다. 지구 정도의 행성이 태양과 비슷한 별 앞을 지나갈 때 감소하는 빛의 양은 원래 별빛 밝기의 0.01퍼센트 혹은 이보다 더 작기 때문에 지상에서 이를 측정하는 것은 만만한 일이 아니다. 마지막으로 아인슈타인의 일반 상대성 이론에서 예측되는 중력 렌즈 효과도 행성 탐색의 한 방법으로 활용되고 있다.

최근 몇 년 사이에 발견된 외계 행성의 상당수는 2009년 3월에 발사된 케플러 우주 망원경에 의해서 행성 통과 탐색 방법으로 찾은 것들이다. NASA가 쏘아 올린 이 우주 망원경은 외계 행성, 특히 거주 가능한 공간에서 물이 액체 상태로 존재하는 지구와 크기가 비슷한 행성을 탐색하는 것이 주목적이다. 위성이 발사된 지 3년 만에 2300여 개의 외계 행성을 발견했고, 이중 262개 행성이 거주 가능 지역[10]에 존재한다고 한다. 이 지역에 위치한 외계 행성들 중 23개는 지구와 비슷한 크기로 분석됐다. 케플러 망원경이 2011년에 지구형 행성으로는 처음으로 발견한 케플러-22b는 지구 크기의 2배 정도에 적당한 온실 효과가 있을 경우 표면 온도가 22도 정도로 추정되어 생명의 존재 가능성이 점쳐진 바 있다. 비슷한 시기에 보고된 케플러-20e는 지구보다 작은 외계 행성으로는 최초의 사례였는데 지름이 지구의 87퍼센트 정도에 불과한 행성이다.

2018년 10월 은퇴하기까지 케플러 망원경은 모두 53만여 개의 별을 관측하면서 2600개가 넘는 수의 외계 행성을 발견했다. 이 망원경이 우주에서 캐낸 값진 데이터의 분석에 향후 10년이 더 소요된다고 하니 케플러 망원경이 발견한 외계 행성의 리스트는 계속 늘어날 것으로 예상된다. 게다가 2018년 발사되어 케플러 망원경의 바통을 이어받은 후 훨씬 더 넓은 영역의 별들을 탐색하며 외계 행성을 발굴하고 있는 TESS(Transiting Exoplanet Survey Satellite) 우주 망원경의 활약이 본격적으로 시작됐기 때문에 새롭게 발견되는 외계 행성의 수도 급격히 늘어나고 있고 이로 인해 전체 외계 행성의 수는 2020년 9월 말 기준 이미 4280개를 넘어섰다.[11]

외계 행성, 특히 암석으로 구성된 지구형 행성이 속속 발견되면서 이런 행성에서 생명의 징후를 포착하려는 연구가 함께 진행되고 있다. 이를 위해 모성의 별빛 중 외계 행성의 대기권을 거친 후 지구에 도착하는 극미량의 빛을 분석해서 그 대기권을 구성하는 성분을 알아내는 방법이 활용될 수 있다. 이러한 분석을 통해 2013년 슈퍼 지구[12]에 해당하는 외계 행성인 GJ1214b의 대기에 풍부한 구름이 존재할 가능성이 높은 것으로 보고된 바 있다.[13] 과학자들은 외계 행성에서 오는 희미한 빛 속에 산소나 오존과 같은 생명 표지자, 혹은 엽록소와 같은 생명의 직접적인 증거가 발견되기를 꿈꾸고 있다.

지금까지 발견된 외계 행성을 통계적인 관점에서 보면 우리 은하계에 존재하는 외계 행성의 수에 대한 추정치는 무려 1000억 개에 달한다. 결국 우주는 빛을 내는 항성뿐 아니라 그 주위를 도는 행성들로 가득 차 있다는 것이다. 기하급수적으로 늘어나는 외계 행성은 우리 태양계가 더 이상 우주에서 특별한 존재가 아니라는 것을 보여준다. 생명현상도 외계 행성처럼 우주의 보편적인 현상일지 모른다.

그리고 우리는 외계 생명체를 최초로 확인하는 인류사적 전환기에서 있는 행운을 누리게 될지도 모르겠다. 그러나 이런 사실이 우리가 사는 이 작은 별의 소중함까지 앗아가는 것은 아닐 것이다. 지구는 적어도 우리가 아는 한 생명체의 존재가 확인된 유일한 행성이다. 게다가 길고 긴 진화의 결과로 스스로 생각하고 판단하며 이 우주를 인식하는 생명체, 즉 인간이라는 고등 생명체를 만들어 냈다. 이를 우주의 자기 인식이라 부를 수 있지 않을까?

외계 행성과 외계 생명을 탐구하는 과학자들이 궁극적으로 던지고 싶은 질문은 이것일 것이다. 이 우주에는 우리처럼 문명을 건설하고 우주에 대해 고민하고 있을 고등 생명체가 과연 존재할까? 영화 「콘택트」의 마지막 장면, 천문대에 견학 온 어린이가 외계인의 존재에 대해 묻자 천문학자 앨리는 이렇게 답한다. "이 넓은 우주에 단지 우리만 있다면, 그것은 엄청난 공간의 낭비가 아닐까?"[14]

더 먼 과거를 향해

2015년 NASA는 목성의 가장 큰 위성 가니메데(Ganymede)에 지구의 바다보다 더 많은 양의 물이 존재한다는 연구 결과를 발표했다.[15] 가니메데는 태양계에서 행성들을 돌고 있는 모든 위성 중 유일하게 자기장을 띠는 위성으로 알려져 있다. 이 자기장으로 인해 가니메데의 북극과 남극을 원형으로 둘러싼 두 리본 형태의 오로라[16]가 형성된다. 허블 우주 망원경은 이 오로라를 정밀하게 측정함으로써 가니메데의 흔들림을 정밀하게 파악한 후 이 운동을 일으키는 원인이 가니메데의 지각 아래 존재하는 염류성 바다라고 결론 내렸다. 이처럼 많은 천문학적 발견의 뒤에는 허블 우주 망원경이 자리 잡고 있다. 외부 은하의 존재 및 우주의 팽창을 밝힌 천문학자 허블의 이름을 딴 이 기념비적 우주 망원경의 나이는 얼마나 될까? 2020년을 기준으로 30세가 됐다.

대기권 밖으로 망원경을 보내자는 아이디어는 천문학자 라이만 스핏처(Lyman Spitzer, 1914~1997년)가 1946년에 처음 제안했다. 지구 대기에 의한 상의 교란이 없는 우주 공간에서는 동일한 구경의 망원경이라도 지상보다 훨씬 정교한 영상을 얻을 수 있기 때문이다. NASA에서 1960년대 말부터 추진하기 시작한 허블 우주 망원경은 예산 문제와 우주 왕복선 챌린저 호 폭발의 여파로 규모가 줄어들고 발사가 연기되다가, 1990년 4월 24일 디스커버리 호에 실려 지구의 궤도로 올려졌다. 발사 후 보내온 사진을 통해 지름 2.4미터의 주거울에 문제가 있다는 것을 확인한 NASA가 이를 3년 6개월 만에 수리하는 등 다양한 우여곡절이 있었으나, 허블 망원경이 지난 사반세기 동안 찍은 150만여 장의 사진으로 인해 밝혀진 우주의 비밀은 정말 놀랄 만한 것이었다.[17]

천문학자들은 허블 망원경을 이용해 우주의 팽창 속도를 정확히 측정, 우리 우주의 나이가 약 137억 년이라는 것을 밝혔다. 그 후 우주 배경 복사에 대한 정밀한 측정을 통해 138억 년으로 수정되기는 했지만, 우리는 허블 망원경의 도움으로 우주의 나이를 가장 정확히 파악한 인류의 첫 세대가 된 것이다. 게다가 우주가 과거보다 더 빠르게 팽창하고 있다는 사실과 이런 가속팽창을 일으키는 암흑 에너지의 존재를 밝히는데 있어서 결정적 역할을 한 것도 바로 허블 망원경이었다. 아직 암흑 에너지나 암흑 물질의 정체는 오리무중이니, 우주에 대해 더 많이 알수록 모르는 부분도 비례해 많아진 셈이다.

가장 강력한 성능의 망원경이었던 만큼 허블 망원경은 가장 먼 거리를 볼 수 있었다. 빛의 속도는 유한하기 때문에 가장 멀리 있는 물체에서 오는 빛은 그만큼 더 먼 과거에서 출발한 빛이다. 결국 허블 망원경은 인류 역사상 가장 먼 과거를 볼 수 있는 타임머신인 셈이다. 허블 망원경이 바라본 초기 우주, 즉 빅뱅 후 6억~8억 년이 지난 후의 모습은 우주 생성 후 별의 탄생과 은하의 진화에 관한 소중한 자료를 제공했다. 그렇지만 허블 망원경의 성능은 거기까지였다. 우주 초기의 진화 과정을 정확히 밝히기 위해서는 더 멀리, 더 먼 과거를 볼 수 있어야 했다.

다섯 차례의 수리와 업그레이드를 거쳐 수명이 연장된 허블 망원경은 몇 가지 문제점에도 불구하고 계속 운영되고 있다. 그리고 멀지 않은 미래에 서서히 대기권 속으로 추락해 소멸될 운명이다. 그렇지만 허블보다 더 강력한 차세대의 제임스 웹[18] 우주 망원경(James Webb Space Telescope)이 준비되어 2021년 정도에 발사될 것이라는 점은 정말 다행스러운 일이다. 18개의 거울로 구성된 유효 지름 6.5미터의 주반사경을 장착할 이 차세대 망원경은 허블 망원경의 한계를 넘어 빅뱅 후 2억 년이 지난 초기 우주로 우리를 안내할 것이다. 특히 최초의 별과 은하에서 떠나온 빛들이 우주 팽창에 따른 도플러 효과로 인해 파장이 길어지면서 적외선 영역으로 변화된 만큼, 천체 물리학자들은 적외선을 볼 수 있는 강력한 검출기로 무장한 제임스 웹 망원경이 우주의 초기 모습을 생생히 보여 줄 수 있을 것으로 기대하고 있다.

1610년 밤하늘을 향했던 갈릴레오의 작은 망원경은 천상과 지구의 경계를 무너뜨리는 세계관의 혁명을 일으켰다. 1920년대 허블이 사용한 윌슨 산 천문대의 100인치 망원경은 외부 은하가 존재할 뿐 아니라 이들이 우주의 팽창에 의해 서로 멀어지고 있다는 사실을 밝혀 현대 우주론의 출발을 선포했다. 허블 우주 망원경에 의해 베일이 벗겨지기 시작한 초기 우주의 모습을 제임스 웹 망원경이 어떻게 상세히 드러낼까? 우주의 진화와 관련된 어떤 비밀들이 우리를 기다리고 있을까? 역사상 가장 흥미로운 과거로의 시간 여행이 펼쳐질 시대에 살고 있다는 것은 정말 다행스러운 일이다.

4부 빛으로 바라본 세상

19장

비 중에서 가장 이상한 비

불편해질 수 있는 용기

UN 기후 행동 정상 회의를 앞둔 2019년 9월 21일, 전 세계 곳곳에서 수백만 명의 사람들이 거리로 나와 기후 위기의 해결을 각국 정부에 촉구했다. 이날 서울 대학로에서도 기후 위기 비상 행동이 주최한 집회에 5000여 명이 집결해 정부에 대해 기후 비상 상황의 선포 및 대책을 요구한 바 있다. 2018년 기준 이산화탄소 배출량이 세계 7위인 한국의 감축 노력은 더디기만 해 기후 악당 국가로 불리고 있다.

이산화탄소는 전형적인 온실 기체다. 지구로 쏟아지는 태양빛은 지구 표면에서 흡수된 후 눈에 보이지 않는 적외선으로 바뀌어 방출되며 우주를 향한다. 이산화탄소 분자는 이 적외선을 자신의 진동 에너지로 흡수한 후 다시 방출하지만 그 방향은 우주와 지구의 양 방향을 향한다. 즉 지구의 열 평형을 유지하기 위해 우주로 방출되어야 할 적외선의 일부가 이산화탄소와 같은 온실 기체에 의해 지구로 다시 돌아오는 것이다. 주성분이 이산화탄소인 고압의 대기로 둘러싸인 금성은 온실 효과에 의해 표면 온도가 섭씨 500도까지 치솟아 있는 열지옥이다.

과학자들이 분석한 대기 중 이산화탄소 농도의 변화는 오랜 기간 동안 지구의 기온 변화와 뚜렷한 상관성을 보여 주었다. 인류의 산업 활동이 시작된 이후 치솟기 시작한 이산화탄소 농도는 매년 최고치를 갱신하고 있다. 2018년 인천에서 개최된 UN 기후 변화에 관한 정부 간 협의체 회의에서는 기온 상승이 1.5도에 도달해도 매우 심각한 결과가 초래될 것이라고 밝혔고 이를 억제하기 위한 이산화탄소 배출량의 목표치도 제시했다.

지속적인 기온 상승은 해수면 상승, 태풍의 규모와 빈도의 변화, 북극 해빙의 면적 축소 등 우리가 체감할 수 있는 다양한 변화들을 초래하고 있다. 게다가 온난화가 북반구의 영구 동토층이나 북극해 밑에 저장되어 있는 막대한 양의 메테인 방출을 촉진해 지구 온난화와 기후 위기를 가속화하는 양의 되먹임 과정이 촉발될 수 있다는 위기감도 커지고 있다. 최근 측정된 북극 지역 대기 중 메테인 농도는 1984년 이후 최고치를 기록했다. 인류가 기후 위기에 대응할 수 있는 여유 시간은 현재 국제 기구에서 예측하는 것보다 훨씬 더 짧을지 모른다.

경제 규모의 성장과 경쟁의 토대 위에 구축된 현재의 문명은 청소년과 후손이 누릴 삶의 희생 위에 굴러가고 있는 것이다. 이런 면에서 기후 변화가 초래할 위험에 직접 노출될 젊은이들이 행동에 나서는 것은 너무나 당연하다. 전 세계 도시의 거리를 점령해 행진했던 청소년들이 각국 정부에 변화를 촉구한 것은 필연적 흐름이다. 기성 세대도 정부의 에너지 정책을 감시하고 경제 성장률만을 따지는 정치인을 견제하며 젊은이들과 함께 기후 위기에 대응할 문명의 새로운 패러다임을 고민할 지혜가 필요하다.

이런 변화는 각 개인에게도 새로운 질문과 도전을 던진다. 기후 위기의 해결을 위해 에너지를 덜 쓰고 전기 요금을 더 많이 낼 용의가 있는가? 더 많이 벌어 더 많이 소비하고 더 안락한 삶을 추구하는 행태에서 벗어날 용기가 있는가? 당신은 지금보다 훨씬 더 불편해질 삶을 감수할 용기가 있는가?

먼지의 두 얼굴

"털어서 먼지 안 나는 사람 없다."라는 속담이 있다. 누구에게나 숨기고 싶은 부정적인 면이 있다는 점을 흔해 빠진 먼지에 빗댄 것이다. 고대 이집트에서는 상중(喪中)임을 표시할 때 얼굴 부위에 먼지를 뿌렸다고 한다. 가장 흔하고 비천한 먼지를 몸에 뿌림으로써 상을 당한 참담함을 표현한 것이다.

먼지는 답답함을 유발하기도 한다. 특히나 수시로 미세 먼지 경보가 뉴스를 타는 요즘은 더욱 그렇다. 잠에서 깬 후 바라본 유리창 너머의 뿌연 세상은 아침의 상쾌함을 단숨에 날려 버린다. 경치를 본다는 것은 태양으로부터 날아온 빛이 다양한 사물에 부딪힌 후에 그 사물의 형상과 색상, 밝기에 대한 정보를 가지고 눈에 들어온다는 것이다. 반사되어 날아오는 빛의 궤적에 이 정보를 왜곡시키는 원인이 존재한다면 우리 눈에 맺히는 사물의 상은 흐릿해지거나 색상도 달라질 수 있다.

공기 중에 떠 있는 물방울이나 먼지가 그런 존재다. 투명한 물방울은 사물의 정보를 실어나르는 빛을 굴절시키고 반사시키며 경치를 흐릿하게 만든다. 짙은 안개가 끼어 있는 날은 빛이 대기 중 물방울이 일으키는 산란에 의해 사방팔방으로 흩어지며 안개 뒤의 모습을 전혀 인지할 수 없게 된다. 황사처럼 특유한 색깔을 가지고 있는 먼지 입자들은 빛의 특정 파장 대역을 흡수함으로써 산란되는 빛의 스펙트럼을 변조시킨다. 맑은 날과 비교했을 때 경치의 색감이 달라지는 것이다.

먼지는 정말 흔하다. 투명하고 맑은 날이 반가울 정도로 미세 먼지의 습격이 일상화되어 있는 요즘은 더욱 그렇다. 그런데 먼지가 정말 해롭고 나쁘기만 한 것일까? 모든 먼지는 다 해로운 것일까?

천덕꾸러기 취급을 받는 먼지가 지구의 생태계에서 수행하는 놀라운 역할을 고려하면 먼지는 오히려 예찬의 대상일지도 모른다. 사하라 사막에서 형성되는 거대한 모래 먼지는 바다에 철분을 공급하여 해양 생태계를 풍부히 유지하는 데 결정적 역할을 한다. 중국과 몽골의 사막 지대에서 발현한 황사는 여러 대륙의 땅을 비옥하게 만든다고 한다. 이뿐 아니다. 먼지를 추적하는 과학자들은 북극 얼음

2017년 겨울과 봄, 춘천 거두리에서 바라본 야산의 장면. 미세 먼지가 적은 날에 비해 많은 날에는 멀리 있는 산이 보이지 않는다.

속에 갇힌 먼지를 통해 먼지 이동의 연대기를 밝혀내고 우주에서 날아오는 먼지를 채집해 태양계 형성의 비밀을 밝혀낸다. 먼지는 과학자들이 과거를 바라볼 수 있는 훌륭한 창문인 셈이다.

그래도 최근 한반도를 수시로 뒤덮는 미세 먼지는 꺼림칙하다. 크기가 2.5마이크로미터보다 작아 폐 속으로 쉽게 들어가는 초미세 먼지는 말할 것도 없다. 먼지의 발생은 사막의 모래 폭풍이나 화산, 소금 먼지를 만드는 바다처럼 자연적인 요인이 주를 이루지만, 인류의 산업 활동이나 교통 수단 때문에 발생하는 먼지 비중이 계속 커지고 있다.

비산된 먼지 중 크기가 큰 먼지들은 중력의 영향으로 곧 땅에 떨어진다. 그렇지만 크기가 수 마이크로미터에 불과한 미세 먼지는 공기에 의한 저항력의 영향이 커지면서 떨어지는 속도도 미미해진다. 따라서 이 작은 먼지들은 바람에 손쉽게 올라타 오랫동안 대류권에 머물며 바다를 넘어 운반될 수도 있다. 특히 인간의 활동에서 만들어지는 먼지는 일반적으로 자연에서 형성되는 먼지보다 훨씬 작기 때문에 그만큼 지구의 대기에 오래 머물며 더 멀리까지 전파된다.

미세 먼지의 또 다른 문제는 먼지의 크기와 관련이 있다. 정육면체 형상의 먼지가 있다고 가정해 보자. 각 변의 길이를 2배로 늘리면 각 면의 면적은 4배, 부피는 8배 증가한다. 이 경우 부피 대비 표면적의 비가 상대적으로 줄어든다. 반면에 먼지의 크기가 줄어들면 부피에 대한 표면적의 비가 상대적으로 늘어난다. 물리 화학적 작용은 물질의 표면을 통해 이루어진다. 잘게 간 팥빙수의 얼음은 커다란 얼음 조각보다 표면적이 훨씬 커 그만큼 더 빨리 녹는다. 같은 맥락으로 부피 대비 표면적 비중이 높은 미세 먼지의 반응성은 일반적인 먼지보다 더 강하다. 오염 물질을 함유한 미세 먼지가 위험한 이유가 여기에 있다.

모처럼 내리는 비는 대기 중 미세 먼지를 시원하게 씻겨 내리는 정화 작용을 한다. 미세 먼지로 뒤덮이는 날이 많아질수록 비를 더 바라게 된다. 그런데 비구름이 만들어지려면 대기 중 수증기가 응결되는 중심 역할을 하는 먼지 입자가 있어야 한다. 먼지를 중심으로 형성된 비가 대기 중 미세 먼지를 씻겨내 다시 지표로 돌려보내는 것이다. 이처럼 먼지는 지구의 물의 순환에도 결정적인 역할을 한다. 먼지가 담당해 온 중요한 역할들을 인간이 만든 오염된 미세 먼지가 대신하게 놓아 둘 수는 없다.

폭우와 지구 온난화

급격한 기후 변화는 예상치 못한 날씨 변화를 동반할 때가 많다. 기습적으로 내려 많은 피해를 입히는 국지성 호우가 그중 하나다. 국지성 폭우는 비구름이 좁은 띠의 형태로 형성되면서 발생하기 때문에 정확한 예보도 쉽지 않다. 여름철 극심한 폭염과 함께 기존과는 다른 강우 패턴이 자주 등장하는 것은 한반도의 기후 변화가 심각히 진행되고 있음을 반영하는 듯하다. 특히 1990년대까지만 해도 드물었던 가을 장마가 자주 나타나는 것은 변화되는 강우 패턴의 대표적 예이다.

비는 지구상 물의 순환에서 중요한 부분을 이룬다. 증발을 통해 대기권에 수증기를 공급하는 주된 원천은 바다다. 대기가 품은 수증기가 자신을 드러내는 대표적인 현상이 구름인데, 공기 속 수증기가 구름으로 응결되기 위해 두 가지 조건이 필요하다. 우선 공기가 포화되어야 하고 다음으로는 포화된 수증기가 달라붙어 응결될 수 있는 핵의 역할을 하는 작은 입자가 있어야 한다.

밀폐 용기 속에 담긴 물을 생각해 보자. 물의 표면에서 일부 물 분자가 증발해 수증기가 되면 용기 속 공기의 수증기 양이 늘어난다. 시간이 지나면 물을 떠나 수증기로 증발하는 물 분자의 양과 공기에서 물의 표면에 다시 부딪혀 응결되는 물 분자의 양이 동일해질 것이다. 이 때 공기는 포화되었다고 한다. 포화될 수 있는 수증기 양[1]은 온도가 감소할수록 급격히 떨어진다. 해당 온도에서 허용된 포화 수증기 양을 초과하는 수증기는 결국 물로 응결된다.

기압이 낮은 상층부로 올라가는 공기는 단열 팽창하면서 온도가 떨어져 포화되고 수증기의 일부가 먼지 입자 등을 중심으로 응결되어 구름이 된다. 결국 구름이란 지름이 수십 마이크로미터에 불과한 미세한 물방울과 얼음 결정의 거대한 집합체다. 이 작은 구름방울들이 자신의 부피보다 100만 배나 더 큰 빗방울로 변하는 과정은 생각보다 복잡하다. 온난구름의 경우, 더 빨리 낙하하는 상대적으로 큰 물방울이 다른 작은 물방울들과 충돌과 병합을 반복하면서 덩치를 키우고 빗방울로 변한다.

수증기를 머금은 공기 덩어리가 상승하는 상황은 다양하지만 그

중 하나는 지형적인 요인으로 바람이 산맥을 타고 올라가는 경우다. 습한 바람이 산맥을 타고 올라가면 수증기의 응결에 의해 강우가 발생하는데 세계적인 다우 지역이 주로 여기 분포해 있다. 다른 상황은 따뜻한 기단과 찬 기단이 만나는 경우다. 이때 따뜻하고 밀도가 낮은 기단이 차갑고 밀도가 높은 기단을 올라타고 상승하면서 냉각되어 강우를 만든다. 여름에 자주 발생하는 기습형 폭우는 따뜻한 북태평양 고기압과 북에서 내려온 차가운 기단이 만나며 형성된 비구름에 의해 만들어지는 경우가 많다. 게다가 최근의 여름, 유난히 심했던 폭염으로 바닷물의 온도가 예년보다 높아 더 많은 양의 수증기가 유입된 것도 잦아진 폭우 형성의 한 원인으로 지목되고 있다.

물과 기후 문제를 다루어 온 미국의 저널리스트 신시아 바넷(Cynthia Barnett)은 "비 중에서 가장 이상한 비가 결국 인간의 작품"[2]이라 한 바 있다. 변화되는 강우 패턴은 인간이 야기한 지구 온난화와 이로 인한 기후 변화의 징후일까? 온난화가 진행될수록 대기 속 수증기의 양과 대기 불안정은 증가하기 마련이고 예측이 힘든 강우 패턴도 더 자주 등장할 것이다. 급격히 발달한 비구름이 쏟아내는 빗물의 양이 도시의 배수 능력을 초과하면 저지대의 침수는 불가피하다. 어쩌면 시멘트와 콘크리트로 뒤덮인 도시에서 하수로의 정비만으로 빗물을 완벽히 통제하겠다는 인간의 생각이 문제인 건 아닐까? 반복되는 기상 재해의 상황에서 폭우가 내릴 때 물을 머금어 주는 완충 지대인 녹지와 도시 정원을 확충하는 등 도시 구조에 대한 근원적 성찰과 발상의 전환이 필요한 때인 것 같다.

대기 순환 변화와 한반도의 폭염

푄(Föhn) 현상은 산악 지역을 넘어 내려오는 바람이 건조하고 따뜻해지는 현상을 일컫는다. 유럽 알프스 산맥 지역의 푄 바람, 미국 로키 산맥에서 부는 치누크 바람(Chinook wind)이 대표적이다. 한반도에서는 영동 지방에서 태백산맥을 넘어 영서로 넘어오는 높새바람이 푄 현상을 대표한다. 최근 한반도 주변에 형성된 특이한 기압 배치와 지구 자전에 따른 편향력이 태백산맥을 넘는 동풍을 자주 형성하곤 했다.

동해에서 습기를 머금은 더운 바람이 태백산맥의 지형을 따라 올라가면 공기의 부피가 팽창하면서 냉각된다. 외부 에너지의 공급 없이 기체의 팽창이 일어날 때는 내부 에너지가 소모되기 때문에 공기의 온도는 내려간다. 이 과정을 단열 팽창이라 한다. 입을 크게 벌리고 분 입김은 따뜻하지만 입을 좁게 오므리고 분 입김이 차가운 것은 공기가 구멍을 빠져나와 팽창하면서 냉각되기 때문이다. 산맥을 따라 올라오는 공기의 온도가 낮아져 습기가 응결되면 산맥의 동쪽에서는 비가 내리고 공기는 건조해진다.

이 바람이 산맥을 넘어 영서 지방으로 하강하면 공기는 다시 압축되면서 따뜻해진다. 단열 팽창의 역의 과정인 단열 압축이 일어나며 온도가 올라가는 것이다. 자전거 바퀴에 바람을 넣어 본 사람들은 공기를 압축함에 따라 펌프 통이 따뜻해지는 것을 느낀 적이 있을 것이다. 특히 푄 바람은 산맥을 올라갈 때보다 더 뜨거운 공기로 변해 내려오는 것이 일반적이다. 왜냐하면 산맥 위에서 습기가 물방울로 응결될 때는 동해에서 물이 기화하며 흡수했던 잠열[3]이 방출되면서 바람을 데우기 때문이다. 이렇게 형성된 뜨거운 공기가 홍천과 같은 분지 구조에 정체되면 극심한 폭염이 발생할 것이다.

국지성 바람이 폭염의 원인이라면 크게 걱정할 필요는 없다. 고기압의 배치가 바뀌면서 해소될 수 있기 때문이다. 더 심각한 문제는 지구 온난화가 행성 규모의 바람 순환에도 상당한 영향을 끼치고 있다는 점이다. 대류권의 끝인 고도 10킬로미터의 상층에는 높은 기압 차이로 인해 동에서 서로 구불거리며 흐르는 좁은 고속의 바람 띠, 즉 제트 기류가 형성되어 있다. 중위도를 중심으로 남과 북에 각각 아열대 제트 기류와 한대 제트 기류 등 두 종류가 존재한다. 제트 기류들은 중위도와 아열대 지역의 날씨에 큰 영향을 주기 때문에 이들의 위치와 패턴의 변화를 파악하는 것은 날씨 예보의 중요한 요소라 한다.

통상 여름철 한반도의 대기 순환에 기여하는 아열대 제트 기류가 약화되면서 대기의 흐름이 정체되는 것을 여름 폭염의 원인으로 보는 견해가 많다. 극과 극은 통한다고 했던가. 지구 온난화로 북극이 따뜻해짐에 따라 최근 겨울철 북극의 찬 공기를 막아 주는 한대 제트 기류가 약화되었고 이것이 지난 몇 년 간 우리가 경험한 겨울철 한파를 일으켰다고 한다. 전 지구적 순환에 기여하는 대규모 바람의 변동은 앞으로 우리가 겪을 폭염과 한파를 더 극단적이고 예측하기 힘든 양상으로 변화시킬 가능성이 높다. 지구의 기후 안정성을 뒤흔드는 양의 되먹임이 가속화되면 인류는 자신의 생존을 위협하는 사상 최대의 도전에 직면하게 될 것임이 확실하다.

천의 얼굴을 가진 바람

기후 변화와 더불어 자주 나타나는 반갑지 않은 손님 중 하나는 강풍이다. 매년 갑자기 들이닥치는 강풍으로 인해 전국적으로 많은 피해가 발생하는 것은 과거에 비해 더 흔한 일이 되었다. 강풍은 각종 구조물의 추락을 동반하며 인명 피해와 정전을 유발한다. 순간 풍속이 초속 30미터인 강풍이 불 경우 이는 시속 110킬로미터에 달하는 무서운 속도다. 2019년 4월 발생한 강원도의 산불이 걷잡을 수 없이 번진 것도 당시 불어닥친 강풍 때문이었다.

바람은 공기의 흐름이다. 기체인 공기는 액체와 달리 상당히 조밀하게 압축될 수 있다. 압력이 높아진 공기는 상대적으로 희박하고 압력이 낮은 곳을 향해 이동하려 한다. 즉 어떤 요인에 의해 공기의 밀도 차이가 생기면 공기는 항상 고기압에서 저기압으로 흐르며 균형을 잡는다. 압력 차이가 클수록 공기의 흐름은 빨라진다. 보통 한랭전선[4]처럼 찬 공기와 더운 공기가 만나며 생기는 커다란 기압 차이가 강풍을 유발하곤 한다.

바람을 이루는 공기 분자들은 각각 제멋대로 움직이는 듯 보이나 평균적으로는 압력 차이를 해소하는 방향으로 이동 속도를 나타낸다. 움직이는 물체가 갖는 운동 에너지는 속도의 제곱에 비례한다. 바람의 운동 에너지는 공기 분자들이 운반한다. 그런데 풍속이 빨라지면 이에 비례해서 특정 지점을 지나는 분자의 수가 더 많아진다. 이 효과가 더해지면서 바람이 동반하는 운동 에너지는 보통 풍속의 세제곱에 비례한다. 즉 풍속이 2배가 되면 바람의 운동 에너지는 8배로 증가하는 것이다. 강풍의 무서운 파괴력이 여기서 비롯된다.

바람을 일으키는 요인은 다양하지만 지구적 규모의 바람은 남북의 온도 차이에 의해 발생한다. 적도에서 달궈지며 팽창된 공기는 밀도가 낮아져 위로 상승한다. 이 빈자리를 채우기 위해 북쪽과 남쪽의 차가운 공기들이 적도를 향해 흘러 들어온다. 그런데 적도를 향하는 이 바람들은 단순한 북풍이나 남풍이 아니다. 지구의 자전으로 인해 바람의 방향에 편향이 생긴다.

회전 뺑뺑이라 불리는 놀이 기구를 반시계 방향으로 돌린 후 중앙에 서서 바깥으로 공을 굴려보자. 굴러가는 공은 더 빨리 돌아가는 바깥쪽의 회전 속도를 따라가지 못하고 오른쪽으로 치우쳐 진행할 것이다. 이 효과를 코리올리(Coriolis) 힘이라 한다. 북반구의 위도 30도 아래 지역에서 적도를 향해 내려가는 바람은 적도의 빠른 회전 속도를 감당하지 못하고 오른쪽으로 편향되며 북동 무역풍을 형성한다. 동일한 효과로 인해 우리나라가 속한 위도에서는 남풍이 휘면서 편서풍으로 변한다.

때론 한순간에 광범위한 지역을 초토화하는 파괴력을 보이기도 하나, 바람이 지구와 생명체, 특히 인류의 삶에 미치는 영향은 막대하다. 과거엔 무역풍과 편서풍으로 인류의 이동과 해상 무역을 촉진하기도 했고, 지구적 규모의 먼지 이동을 일으키며 생태계의 유지에도 기여해 왔다. 무엇보다도 바람은 지구 전체적으로 열을 옮기고 온도의 편차를 줄임으로써 생명체가 번창할 수 있는 환경을 만들었다.

인류는 바람을 포함한 날씨를, 강풍의 도래 시기를 정확히 예측할 수 있을까? 인공 위성, 각종 기구와 항공기, 선박, 기상 부표 등에서 쏟아지는 엄청난 기상 정보와 슈퍼 컴퓨터를 통한 정밀한 계산 덕분에 3일 정도의 단기 예보는 상당히 정확히 이루어질 수 있다고 한다. 그러나 기상은 기본적으로 카오스적이다. 아무리 비슷하게 보이는 날씨라도 미세한 초기 조건의 변화가 장기적으로 커다란 차이로 귀결되는 속성이 있고 급격한 기상 변화의 가능성도 상존한다. 100퍼센트 확실한 예보가 불가능하다면 최악의 상황을 가정한 철저한 대비만이 비정상적 기후 현상에 대한 확실한 해결책일 것이다.

폭염과 신체의 열 물리

매년 여름 온도의 최고 기록을 경신하는 폭염 속에 한반도는 해가 갈수록 익어간다. 폭염이 이어지는 시기에는 40도에 육박한 온도와 높은 습도로 인해 온열 환자도 속출한다. 체온보다 높은 기온의 무더위 속에서 우리 몸은 어떤 식으로 반응하게 될까?

열은 항상 고온에서 저온으로 흐른다. 열 에너지의 전달은 접촉한 두 물체의 온도가 같아질 때까지 계속된다. 사람은 항온 동물이기 때문에 평상시 열을 적절히 방출하여 체온을 일정하게 유지한다. 열의 방출에는 땀의 분비가 큰 역할을 한다. 물이 대부분인 땀이 증발할 때 기화열이라 불리는 에너지가 필요하고 이를 신체로부터 빼앗아 가기 때문이다.

체온보다 높은 온도에 신체가 노출되면 오히려 대기의 열이 사람의 몸을 향해 전달된다. 대기와 같은 기체의 온도는 대기를 구성하는 분자들이 가지는 평균 운동 에너지에 비례한다. 즉 온도가 올라갈수록 분자들의 평균 속도가 높아진다. 빠른 속도로 움직이는 분자가 신체에 부딪히면서 자신의 운동 에너지의 일부를 몸에 전달한다.

사람의 몸은 급격한 온도 변화에도 어느 정도 유연하게 적응할 수 있다. 섭씨 100도의 사우나에 들어가도 얼마간은 문제없이 버틸 수 있다. 이는 공기의 열을 전달하는 능력, 즉 열전도도가 낮기 때문이다. 기체는 액체보다 밀도가 훨씬 낮고 상대적으로 매우 희박하다. 같은 온도라 하더라도 기체에 노출된 피부에 공기 분자가 충돌하는 횟수는 액체 속 피부에 액체를 이루는 분자가 충돌하는 횟수에 비해 현저하게 작다. 섭씨 100도의 물이 피부에 큰 화상을 입히더라도 섭씨 100도의 사우나 속에서 우리가 버틸 수 있는 것은 이 때문이다.

게다가 습기로 덮인 몸은 또 다른 방어막이다. 물은 비열이 높아 물의 온도를 올리기 위해서는 많은 에너지가 필요하다. 이는 물 분자들을 연결하는 수소 결합을 깨야만 물 분자들이 활발히 움직이기 때문이다. 고온의 기체가 충돌을 통해 몸에 전달하는 열은 우선적으로 피부 위 습기의 온도를 높이는 데 사용되기 때문에 일정 시간 동안은 사우나의 증기도 신체에 큰 문제를 일으키지 않는다.

이런 신체의 유연성도 장시간의 고온 노출에는 별다른 소용이 없다. 체온보다 높은 온도의 대기 속에 오래 있으면 결국 신체는 대기로부터 열 에너지를 흡수하기 때문이다. 이로 인해 몸의 온도 조절 기능에 문제가 생기면 열사병이 유발되고 목숨이 위험해질 수도 있다. 게다가 높은 습도는 사태를 악화시킨다. 열의 발산에 효율적인 땀이 잘 증발하기 위해서는 대기 속 수증기의 양이 적어야 한다. 높은 습도로 인해 땀의 증발이 더디게 일어나면 신체의 열 발산이 효율적으로 이루어지지 않는다. 게다가 대기 중 수증기가 피부 위에서 습기, 즉 물로 응결하면 기화할 때 가지고 갔던 잠열을 다시 내놓기 때문에 더위를 더 심하게 느낀다.

섭씨 40도 이상의 고열을 동반하는 열사병은 신체의 열 균형이 심각히 깨졌다는 신호다. 각국이 겪는 사상 초유의 폭염은 지구의 열적 균형이 더 이상 방치할 수 없을 정도로 무너지고 있음을 시사하는 것인지도 모른다. 지구로 들어오는 태양 복사 에너지의 효율적 방출을 막는 온실 기체의 축적이 야기할 지구의 평균 기온의 상승, 이를 뒤따라 벌어질 처참한 결과들은 상상하기도 힘들다. 인류는 어쩌면 무너져가는 지구의 열적 균형을 회복할 수 있는 마지막 가능성의 기로에 서 있는지도 모르겠다.

하와이 섬의 용암 분출

미국의 하와이 섬 일대는 지진과 화산 활동으로 유명한 곳이다. 2018년 5월 초 강진과 더불어 시작된 하와이 섬의 용암 분출은 2주

가까이 현지 주민들을 공포로 몰아넣었다. 당시 강진이 만들어 낸 분화구의 균열을 타고 막대한 양의 용암이 쏟아져 내려와 주택가를 덮치며 흘러갔다. 용암이 분출한 1250미터 높이의 킬라우에아 화산은 1983년부터 활발한 화산 활동을 보여 온 곳이다.

태평양의 많은 화산들이 태평양판과 다른 판들이 만나는 불의 고리에 놓여 있는 반면 하와이의 화산대는 판의 내부에 위치해 있다. 그럼에도 화산 활동이 활발한 이유는 이 섬이 열점(hot spot)이라는 독특한 지질학적 구조 위에 있기 때문이다. 지각 밑 맨틀 중 뜨거운 부분이 올라오는 상승류 위에 거대한 마그마가 태평양판에 눌린 채 펼쳐져 있는데 이것이 열점이다. 마그마란 암석이 녹은 액체를 말한다. 더 정확히 말하자면 마그마는 고체와 액체 암석, 그리고 기체의 복잡한 혼합물이다. 마그마는 지각 밑에 위치한 맨틀에서 만들어진다. 어떤 원인으로 맨틀 상부의 온도가 국소적으로 올라가 암석이 부분적으로 녹으면 그 영역은 상대적으로 차가운 주위에 비해 밀도가 낮아진다. 이는 마그마의 상승과 확대에 중요한 역할을 한다.

우선 부력이 마그마의 상승을 이끈다. 부력이란 어떤 물체가 유체 속에 들어갈 때 물체가 밀어낸 유체의 무게만큼 유체가 물체에 위로 가하는 힘을 말한다. 물속에 잠긴 물체는 자신이 점유한 부피에 해당하는 물의 무게만큼 위로 부력을 받는다. 따라서 물보다 밀도가 낮은 물체는 부력보다 무게가 작으니 위로 뜨고 물보다 밀도가 높은 물체는 가라앉는다.

부력으로 상승하는 마그마는 압력이 높은 맨틀에서 압력이 낮은 지각을 향해 올라온다. 물질의 상태는 온도뿐 아니라 압력에도 의존한다. 예를 들어 물은 1기압에서 섭씨 100도에서 끓지만 기압이 낮은 산 위에서는 물의 끓는점이 낮아져 100도 미만의 온도에서 물이 끓기 때문에 밥이 설익는다. 만약 끓고 있는 물에 압력을 가하면 물은 100도 이상에서도 끓지 않는다. 거꾸로 압력을 낮추면 녹는점이 낮아져 액체로 바뀌기 쉽다. 이런 이유로 높은 압력 하에서 고체 상태를 유지하던 암석이 지표면으로 상승함에 따라 압력이 낮아지면서 마그마로 바뀌어 유동성을 가지게 된다.

부력으로 상승하면서 감압으로 확장되는 마그마는 소위 마그마 방이란 공간에 모인다. 이 방에 마그마가 꽉 차고 팽창하면서 지표면에 균열을 내고 올라오면 마그마가 분출되거나 거대한 폭발이 발생한다. 땅속의 마그마가 지표면을 뚫고 분출해 흐르면 용암이 된다. 폭발하는 화산 못지않게 시뻘건 열기와 유독성 기체를 뿜으며 흘러가는 용암도 인간에게 큰 피해를 미친다. 그런데 사실 이 열점이 없었다면 오늘날의 하와이 제도는 존재하지 않았을 것이다. 열점에서 지속적으로 공급되어 분출된 마그마가 쌓이고 굳어서 오늘날 하와이 제도를 이루는 섬들을 형성했기 때문이다.

파괴적 분출물을 뿜는 화산 폭발과 흘러 넘치는 용암은 인류에게 큰 공포의 대상이었다. 이로 인해 화산은 신화의 구성물이자 예술 작품의 주제였으며 때로는 관광 상품으로, 정치적 격변기에는 선동의 은유로 활용되기도 했다. 화산 활동이 과학의 연구 대상인 오늘날에도 화산에 대한 인류의 원초적 공포심은 그대로다.

2018년 5월 19일 킬라우에아 화산에서 분출된 용암의 흐름.

역설적으로 화산 활동은 우리 지구가 생동감이 살아 있는 행성임을 일깨워 준다. 화산 활동은 탄생 직후 거대한 마그마 덩어리였을 원시 지구를 엿볼 수 있는 기회이면서 지구 내부에 존재하는 엄청난 열원을 확인하는 순간이기도 하다. 내핵까지 모두 식어 버려서 강력한 태양풍을 막을 자기장이 없는 화성의 황량한 모습을 보면 역동적인 지구 위에서 숨쉬고 살아감에 고마움을 느낀다. 비록 그 역동성이 때론 생명체의 대멸종을 초래할 정도로 과격하지만 말이다.

20장
푸른 지구의 미래를 위해

전기와 진동의 이중주

이른 아침 출근길을 재촉하는 직장인들의 발걸음이 지하철역을 가득 채운다. 음식을 섭취해 얻은 화학 에너지가 근육의 운동 에너지로, 그리고 역 바닥을 때리는 걸음 속에서 진동 에너지와 소리 에너지로 변환된다. 에너지 보존 법칙에 따라 에너지는 다양한 형태로 존재하면서 형태를 바꿀 수는 있지만 새롭게 만들어지거나 사라지지는 않는다. 버려지는 에너지를 유용한 에너지로 바꾸는 것은 과학자들이 연구하는 중요한 주제 중 하나다. 태양의 복사 에너지를 전기 에너지로 바꾸는 태양 전지가 대표적인 예다. 그렇다면 지하철역 바닥을 때리며 열 에너지로 흩어지는 발걸음의 진동 에너지를 거두어 활용할 수는 없을까?

마리 퀴리(Marie Curie, 1867~1934년)의 남편 피에르 퀴리(Pierre

Curie, 1859~1906년)는 1880년 형인 폴자크 퀴리(Paul-Jacques Curie, 1856~1941년)와 함께 다양한 결정[1]을 연구하던 중 흥미로운 현상을 발견한다. 수정을 포함한 일부 결정들에 압력을 가해 변형을 주니 전압이 발생한 것이다. 곧이어 역으로 전압을 걸어서 결정을 변형시키는 실험에도 성공했다. 결정이란 원자들이 일정한 간격으로 배치되어 있는 고체다. 결정 자체는 전기적으로 중성이지만 미시적으로는 양전하와 음전하가 나뉘어져 있는 경우가 대부분이다. 압력에 의해 결정이 변형될 때 전기적 성질이 발생하는 현상은 결정 내 원자들의 배치, 즉 대칭성과 직접적인 관련이 있다.

결정 속의 한 점에 대해 동일한 원자들이 같은 거리만큼 떨어져 대칭적으로 존재한다면 압력을 가하더라도 음전하와 양전하의 균형은 깨지지 않는다. 반면에, 이런 대칭점이 없는 결정들은 압력이 가해지면 전하의 균형이 쉽게 무너지며 음전하와 양전하의 중심이 어긋난다. 전하의 비대칭성은 결정의 양 면에 각각 음과 양의 전하를 형성한다. 즉 전류를 흐르게 할 전압이 발생하는 것이다!

압력으로 전기를 발생시키는 현상을 압전(壓電, piezoelectricity) 효과라 부른다. 오늘날 압전 효과는 진동 에너지를 전기 에너지로, 혹은 거꾸로 전기 에너지를 진동 에너지로 변환시키는 수많은 장치에 응용되고 있다. 초음파 영상법, 잉크젯 프린터, 마이크 등이 몇 가지 사례이다. 기체 버너용 점화기나 라이터에 불을 붙일 때에도 압력을 가하면 전기 스파크가 발생하는 압전 소자가 활용된다.

압전 물질을 활용하면 지하철역에서 수많은 사람들의 발걸음으로 형성되는 진동을 이용, 전기 에너지를 만들 수 있다. 많은 사람들이 다니는 전철역, 학교, 상업 지역 등에서 압전 소자를 바닥에 깔아 전력을 만드는 실험들이 시도되어 왔다. 인공 심박동기는 배터리의 수명 때문에 주기적으로 교체해야 하는데, 근육의 진동 에너지로 전기를 발생시켜 반영구적 작동을 가능케 하는 압전 소자를 장착한 심박동기에 대한 연구도 진행 중이다. 문제는 많은 압전 물질들이 인체에 유해한 납을 포함하고 있다는 것이다. 그래서 과학자들은 납이 없는 친환경 압전 물질의 개발에 매달리고 있다.

최근 양파 껍질[2]이나 계란 흰자위에 포함된 단백질[3]을 이용해 전기를 생산한 연구 결과들이 발표된 바 있다. 양파 껍질의 경우 껍질 속에 정렬된 셀룰로스(cellulose) 섬유질이 결정의 성질을 나타내며 압전 효과를 발휘하는 것으로 해석되었다. 실제로 뼈나 아미노산 등 다양한 생체 조직들이 압전 특성을 보인다는 사실이 알려져 있고 그 미시적 원인을 파악하기 위한 연구도 활발히 이루어지고 있다. 이처럼 쉽게 구할 수 있는 환경 친화적 혹은 생체 친화적 물질을 이용하면 몸의 움직임이나 신체 내 진동으로부터 전기 에너지를 획득할 수 있다. 이런 연구가 진전되면 언젠가는 웨어러블 디바이스나 생체 내 이식 장치에 별도의 전력 공급 장치를 달 필요가 없이 몸의 움직임으로부터 전력을 얻게 될 날도 올 것이다.

압전 효과를 처음 발견한 피에르 퀴리는 후일 마리 퀴리에게 보낸 편지에서 "우리는 (과학에서) 무엇인가 성취하기를 열망합니다. 모든 발견은, 아무리 보잘 것 없어도 (우리에게) 영원한 보상입니다."라고

썼다. 퀴리 형제의 작은 발견으로 촉발된 혁혁한 과학적 성취와 기술적 진보야말로 그들의 연구와 열정에 대한 진정한 보상일 것이다.

에너지 보존 법칙과 선풍기

폭염과 열대야 현상이 빈발하는 한여름을 버텨 낼 필수품이 된 선풍기는 어떤 원리로 우리에게 시원함을 주는 것일까? 선풍기의 냉각 원리를 이해하기 위해선 우선 물질의 상태 변화를 살펴봐야 한다. 얼음이 물로, 물이 수증기로 변하는 과정을 보자. 얼음은 물 분자들이 결합을 통해 단단히 묶여 주기적으로 배열해 있는 고체다. 이 결합을 깨뜨리며 물 분자를 자유롭게 돌아다니도록 만들기 위해서는 에너지가 필요하다. 섭씨 0도의 얼음을 0도의 물로 바꾸려면 1그램당 80칼로리의 에너지를 공급해야 한다. 거꾸로 0도에서 물이 얼음이 될 때는 그만큼의 동일한 에너지가 방출된다. 이처럼 동일한 온도에서 물질의 상태가 바뀔 때 출입하는 에너지를 잠열(숨은열)이라 한다.

제한된 부피에서 서로를 헤치며 돌아다니는 물을 부피의 제약 없이 자유롭게 날아다니는 수증기로 바꾸기 위해서는 더 많은 에너지가 필요하다. 섭씨 100도에서 액체인 물을 기체 상태의 수증기로 바꾸려면 1그램당 540칼로리의 에너지를 공급해야 한다. 열대 지방의 따뜻한 바닷물이 수증기로 바뀌며 품은 잠열을 가지고 올라간 습한 공기는 차가운 상층부에서 다시 물방울로 응결되면서 막대한 잠열을 내놓는다. 이 거대한 에너지가 바로 태풍이나 허리케인의 엄청난 위력과 파괴력의 원동력이다.

태풍 형성의 단초가 되는 물의 잠열에 선풍기 냉각 효과의 비밀이 숨어 있다. 사람의 체온 조절은 물이 주성분인 땀을 통해 이루어진다. 땀샘에서 분비된 땀이 증발할 때 에너지가 필요하므로 피부의 열을 빼앗아 체온이 떨어진다. 선풍기의 바람은 땀의 증발을 효율적으로 일어나게 함으로써 신체의 열을 신속히 앗아가지만 습한 날에는 땀의 증발이 원활하지 않기 때문에 선풍기의 효과는 떨어지게 된다. 무덥고 습한 날에 더위를 식히기가 힘든 이유가 여기에 있다.

선풍기의 방향을 창문 밖으로 향하게 하거나 모터 부위에 알루미늄 캔을 부착해 방안의 온도를 떨어뜨렸다는 실험 결과들이 방송을 탄 적이 있다. 그런데 선풍기는 방안의 공기를 냉각시키는 게 아니라 피부 위 땀의 증발을 유도해 신체의 온도를 낮추고 이로 인해 시원함을 느끼게 해 주는 장치다. 선풍기를 장시간 틀어 놓으면 모터에서 나오는 열로 인해 방안의 온도가 오히려 올라간다. 실험들이 잘못된 것일까? 우선 선풍기의 방향을 창문으로 향하게 하는 경우를 살펴보자. 방 안이 밖보다 더 덥다면 더운 공기를 밖으로 내보냄으로써 방안의 온도를 낮출 수 있다. 그렇지만 방 안이 밖보다 더 시원하다면 이 방법은 역효과를 일으킬 것이다.

선풍기를 계속 틀어 놓으면 뒤의 모터에서 열이 많이 나고 그 주위 공기가 뜨거워진다. 이 더운 공기가 선풍기의 팬을 타고 불어오면 선풍기가 내뿜는 바람이 미지근해질 수 있다. 모터 부위에 알루미늄 캔을 부착하면 열전도율이 높은 알루미늄이 모터의 열을 주변으로 효율적으로 분산시키며 선풍기에서 나오는 바람의 온도가 올라가는 걸 방지해 준다. 그러나 모터에서 나오는 열도 캔을 통해 실내에 균일하게 퍼질 테니 실내 온도는 결국 조금이라도 올라갈 것이다.

에너지는 거짓말을 하지 않는다. 에너지는 형태만 바꿀 뿐 사라지거나 만들어지지 않는다. 한 지점에서 빼낸 에너지는 다른 곳에 자리 잡기 마련이다. 전기 에너지를 쓰는 선풍기 바람의 순환만으로 방안의 온도를 낮출 수는 없다. 에너지 보존 법칙은 모든 에너지 순환의 기본 원리다. 물리학의 법칙에 정면으로 위배되는 영구 기관과 같은 엉터리 정보까지 방송을 타는 요즘, 정보의 홍수 속에서 옥석을 가릴 지혜가 필요하다.

인공 태양을 향한 지난한 걸음

여름 한낮, 중천에 떠 있는 태양이 발산하는 강한 빛을 보면서 인류는 과거로부터 항상 그 빛의 원천에 대한 궁금증을 가졌다. 현대과학의 눈부신 발전 덕분에 이제 태양 속에서 일어나는 복잡한 현상들이 매우 잘 이해되고 있다. 태양의 중심은 1500만 도의 초고온과 2500억 기압에 달하는 초고압의 환경 속에서 원소들이 원자핵과 전자들로 분리되어 떠돌아다니는 플라스마 상태로 이루어져 있다. 이 플라스마를 구성하는 주요 성분인 수소 원자핵들이 초고압과 초고온의 환경 하에서 몇 단계의 충돌 과정을 통해 조금 더 무거운 원소인 헬륨으로 바뀌게 되는데, 그 과정에서 줄어드는 질량 손실분이

'$E=mc^2$'에 의해 엄청나게 거대한 에너지로 변환된다.[4] 이처럼 작은 핵들이 결합해 큰 핵을 이루는 과정을 핵융합이라 한다.[5]

최근 지구 온난화로 상징되는 환경 문제와 석유 가격 급등에 따른 에너지 고갈 문제가 부각되고 얽히면서 대체 에너지 개발이 지구촌의 최대 화두로 떠오르고 있다. 석유로 대표되는 화석 연료의 고갈에 대비해 인류 문명의 지속적인 발전을 가능케 하는 가장 이상적인 에너지원은 무엇일까? 태양광, 풍력, 바이오 연료 등 다양한 대체 에너지가 개발되거나 일부 사용되고 있지만, 다른 한편으로 이 아름다운 지구의 존재 자체를 가능케 하는 가장 근본적인 에너지의 원천인 태양 그 자체를 지구 위에 구현하고자 하는 '인공 태양'에 대한 과학적 연구가 치열하게 전개되고 있다.

핵융합 과정을 지구상에서 일으키는 원리는 간단하다. 즉 핵융합 반응에 참가하는 중수소나 삼중수소와 같은 가벼운 원소들을 일정한 공간에 가두어 놓고 매우 높은 에너지로 가열해 주어 핵융합 반응을 유도하면 된다.[6] 지구 위는 태양 내부와 같은 초고압의 환경이 아니기 때문에 최소한 1억 도 이상의 온도를 유지해야만 핵융합 반응이 일어날 것으로 예상된다. 그렇지만 이 정도의 고온을 견디며 플라스마를 담을 수 있는 용기는 이 세상 어디에도 존재하지 않는다. 따라서 과학자들이 고안해 낸 방법은 초전도 자석을 이용해 만든 강력한 자기장으로 고온의 플라스마를 허공에 띄워 가두는 것이다. 즉 물리학의 전자기적인 힘을 이용해 눈에 보이지 않는 그릇을 만든다는 것이다.[7]

이런 원리에 근거해 핵융합 과정을 연구하기 위한 실험 장비인 한국형 초전도 핵융합 연구 장치(Korea Superconducting Tokamak Advanced Research, KSTAR)가 2007년 대전에 완공된 후 2008년에 처음으로 플라스마를 발생시키며 핵융합 연구의 시동이 걸렸다. 처음의 시운전에서는 지름 10미터에 섭씨 -269도의 극저온으로 냉각된 초전도자석을 이용해 약 200만 도의 고온 플라스마를 0.25초 정도 유지할 수 있었다. 2018년 12월에는 1억 도의 온도를 1.5초 동안 유지시키는 성과를 거두었고 이 유지 시간은 최근 8초로 늘어났다. 이 실험은 지상에서 핵융합을 일으키기 위해 반드시 넘어야만 하는 온도의 하한선을 돌파했다는 의미를 갖는다.

KSTAR를 이용한 핵융합 연구는 국제적으로도 매우 중요한 의미를 갖는다. 왜냐하면 KSTAR의 연구 성과는 현재 한국과 미국, 러시아 등 7개국이 공동으로 참여하여 프랑스에 건설하고 있는 국제 핵융합 실험로(International Thermonuclear Experimental Reactor, ITER)의 성공적인 운전에 매우 중요한 데이터로 활용될 것이기 때문이다. KSTAR의 기술력과 성과에 힘입어 한국의 연구자들은 ITER의 건설에 중요한 역할을 담당하고 있다. ITER는 2030년대 후반에 가동을 시작해 고온의 플라스마를 400초 이상 유지하면서 투입 에너지 대비 5배 이상의 에너지 획득을 목표로 하고 있다. 이것이 성공한다면 이 분야의 과학자들은 그 다음 단계로 국제 시험 발전소(DEMO) 건설로 넘어갈 수 있을 것으로 기대한다.

향후 수십 년은 인공 태양의 실현 가능성이 검증되는 중요한 시기가 될 것이다. 성공한다면 단순히 친환경적인 에너지를 제한 없이 얻으며 인류의 에너지 문제를 해결한다는 차원을 넘어서서 인류 문명의 패러다임 자체가 근본적으로 바뀌는 전환점이 만들어질 것이다. 관건은 1억 도 이상의 고온 플라스마를 장기적으로 그리고 안정적으로 유지할 수 있느냐다. 게다가 리튬을 이용해 합성하는 삼중수소의 막대한 생산 비용을 낮추는 것도 해결해야 할 또 하나의 과제이다. ITER의 건설과 운용은 지난 반세기 이상 핵융합 연구에 매진했던 과학자들의 노력이 과연 상용화를 향한 의미 있는 첫걸음을 뗄 수 있을 것인가를 결정하는 중요한 시도가 될 것이다.

푸른 지구의 미래를 위해

지구 온난화에 따라 바다의 평균 수온이 올라가면서 열대 해상에서 발생하는 태풍의 평균적 강도도 높아지는 추세다. 최근 30여 년간 온도의 급격한 변동, 가뭄과 홍수, 폭풍 등 파괴적인 자연 재해의 빈도수가 높아지면서 세계적으로 재해에 의한 손실액이 급증하고 있다. 이러한 재해가 지구적 차원의 기후 변화 및 인간의 문명 활동에 의한 지구 온난화와 관련이 있다는 데에는 큰 이견이 없는 것 같다.

오늘날의 기술 문명 사회를 만드는 밑바탕이 되었고 지금도 우리가 사용하는 전체 에너지 중 가장 높은 비중을 차지하는 것은 석유와 천연 가스 등의 화석 연료다. 이들은 사용해서 써 버린다는 면에서 태양광이나 풍력 에너지처럼 지속적인 공급이 이루어지는 에너지원과는 근본적으로 다를 뿐 아니라 이산화탄소와 같은 온실 기체를 배출한다는 문제도 가지고 있다. 그렇지만 화석 연료는 아직도 경제적인 면에서 가장 경제성이 있고 앞으로의 수십 년 동안에도 이런 상황이 바뀔 것 같지 않다. 미국 공화당이 에너지 정책의 초점을 화석 연료의 효율적인 개발에 두고 있는 것도 이런 경제적인 이유가 가장 중요하게 작용했을 것이다. 그럼에도 불구하고 화석 연료는 지구 온난화를 일으키는 온실 기체의 주요 배출원이자 미세 먼지 발생의 주요인으로서 궁극적으로는 인류의 문명에서 배제될 운명에 처하게 되리라 예상된다.

반면에 재생 에너지(renewable energy)란 말 그대로 계속 사용하더라도 끊임없이 공급될 수 있는 에너지란 의미로, 태양광, 풍력, 수력 등에서 얻는 에너지를 말한다. 재생 에너지원의 발전 과정이 환경에 대해 미치는 전체적인 효과는 정확히 고려될 필요가 있겠지만 지속 가능한 성장을 위해 재생 에너지는 선택이 아니라 필수가 되어 가고 있다. 지구상에서 구할 수 있는 에너지 중 가장 풍부한 에너지는 무엇일까? 그것은 당연히 태양 에너지이다. 지구상의 생명체, 이를 품은 생태계의 탄생과 진화의 근원은 태양에서 비롯됐다.

생각해 보면 화석 연료들을 태워 얻는 에너지도 원래는 태양으로부터 온 것이다. 왜냐하면 이들은 아득히 먼 옛날 광합성에 기반을 두고 만들어진 생태계 내 동식물들의 거대한 사체가 고압과 고온의 환경 하에서 화학적으로 변화한 물질들이기 때문이다. 그렇지만 환경 오염과 에너지 고갈을 심각한 문제로 인식할수록 우리는 장기적으로 화석 연료에 축적된 태양 에너지를 이용하는 것보다 태양 에너지를 직접 이용하는 방법에 더 관심을 가져야 할 것 같다. 태양 에너지의 직접적 이용을 대표하는 것은 태양 전지(solar cell)를 활용한 태양광 발전이다. 인류 전체가 1년에 소모하는 에너지가 같은 기간 지구 표면에 쏟아지는 태양 에너지의 1만분의 1 정도에 불과하다는 사실을 고려하면 태양광을 높은 효율로 전기 에너지로 바꾸는 기술이 얼마나 중요한 지 실감할 수 있다.

LED는 극성이 다른 p형, n형 반도체를 접합시킨 후 전류를 흘려줄 때 접합부에서 빛이 발생하는 발광(發光) 소자다. 태양 전지는 LED와는 정반대의 기능으로 동작하는 발전(發電) 소자이다. 즉 pn 접합형 반도체에 빛을 쬐면 그 에너지를 받은 전자가 여기되어 흐르면서 연결된 외부 회로를 따라 전류를 형성한다.

1954년 미국 벨(Bell) 연구소에서 불순물이 들어간 실리콘이 빛에 매우 민감하게 반응한다는 것을 실험 도중 우연히 발견함으로써 최초의 실용적인 태양 전지가 만들어졌다.[8] 태양 전지의 첫 번째 실용화 사례는 1958년에 발사되었고 지금도 지구 궤도를 돌고 있는 가장 오래된 위성인 뱅가드(Vanguard) 1호에 전원 공급용으로 사용된 작은 태양 전지였다. 이 몇 개의 태양 전지 덕분에 뱅가드 1호는 지구에 12년 동안이나 신호를 보낼 수 있었다. 그 이후 태양 전지를 이용한 발전 기술은 지구 궤도의 국제 우주 정거장에서부터 화성 표면을 돌아다니는 로봇, 고속 도로의 가로등, 일상적으로 사용하는 전자 계산기에 이르기까지 전기를 필요로 하는 광범위한 분야에서 사용되고 있고 그 범위가 점점 넓어지고 있다.

아울러 효율과 경제성이 높은 태양광 발전 기술을 개발하기 위한 치열한 기술 경쟁이 이루어지고 있다. 태양광을 구성하는 다양한 파장(색깔)의 빛을 효율적으로 흡수할 수 있는 재료와 구조에 대한 연구에서부터, 빛의 흡수율을 올리기 위해 삼차원의 나노 물질을 활용해 일반적인 평면 구조보다 수천 배 더 빛을 흡수할 수 있는 디자인을 연구하는 등 다방면으로 연구가 이루어지고 있다. LED의 경우 입력된 전기 에너지를 최대한 많은 양의 빛으로 바꾸어 발광 효율을 높이는 것이 중요한 것처럼, 태양 전지의 경우에는 전지 패널에 쏟아지는 태양빛을 최대한 많은 양의 전류로 바꾸어 주어야 한다. 태양 전지의 효율은 입사되는 빛 에너지 중 전기 에너지로 변환되는 비율로 정의된다. 현재 상용화 기술의 중심을 이루고 있는 실리콘계 태양 전지가 보이는 에너지 변환 효율은 아직 20퍼센트 내외의 수준에 머물러 있고, 최근 상용화 공정의 기술 수준에서 이 효율을 26퍼센트까지 끌어 올린 연구 결과가 발표된 바 있다.[9] 그렇지만 최근 거울이나 렌즈를 이용해 태양광을 모으고 이를 화합물 반도체로 구성된 태양 전지에 모아 에너지 변환 효율을 44퍼센트 이상 끌어올린 연구 결과[10]가 발표되는 등 태양광 발전 효율은 꾸준히 개선될 것으로 예상된다.

본격화된 태양광 발전 기술이 더욱 진보한다면 앞으로 일상에 큰 변화를 가져오게 될 것이다. 대단위 태양광 발전 시설이 곳곳에 들어설 뿐 아니라 건물이나 주택의 지붕과 벽, 창문 등에 일체화된 형태로 태양 전지가 설치됨으로써 태양 전지 자체가 건축물의 마감재로 기능할 수도 있을 것이다. 최근 활발히 연구되는 유기 태양 전지 기술이 본격화되면 창문에 거는 블라인드를 플렉서블 태양 전지로 만들어 거실의 조명을 밝히거나 옷에 달려 있는 태양 전지를 이용해 핸드폰을 충전하면서 걸어 다니게 될지도 모른다.

태양광 발전 기술을 선도하는 일부 나라의 과학자들은 이 기술의 응용 범위를 지상에 국한하지 않고 우주로 확대하려는 움직임을 보이고 있다. 즉 지구 위 정지 궤도에 태양 전지판을 장착한 위성을 배치한 후 여기에서 모은 태양광을 마이크로파로 변환해서 지상에 배치된 거대한 안테나를 향해 쏘아 전달한다는 것이다. 실제로 태양 전지와 마이크로파 송수신 기술에서 높은 기술력을 가지고 있는 일본은 태양광 위성 개발에 가장 적극적인데, 일본의 우주 항공 연구 개발 기구에서는 2030년까지 태양광 발전용 인공 위성을 정지 궤도에 띄울 계획이라고 발표한 바 있다. 중국과 미국 등 다른 나라들도 우주 태양광 발전 위성에 대한 연구를 진행 중이다. 밤낮의 교대나 날씨의 변화에 의해 방해받지 않는 우주 공간의 특성을 고려하면 태양광 위성을 이용한 발전은 다양한 현실적 어려움을 떠나서 매우 매력적인 개념으로 다가온다.

에너지는 전혀 예상하지 못하는 곳에서 얻어질 수도 있다. 사탕수수나 옥수수를 발효해 만든 에탄올 혹은 식물 기름이나 동물 지방 등에서 만들어지는 바이오 디젤은 이미 여러 나라에서 연료로 사용되고 있고 어떤 해에는 식량 가격 상승의 부분적인 원인이 되기도 한다. 따라서 식량 자원에 기대지 않고 에너지를 얻는 바이오 기술이 최근 주목을 받고 있다. 광합성 세균이나 해조류 등을 활용해 바이오 연료를 생산하거나 폐수에 포함되어 있는 유기 물질로부터 에너지를 추출하는 미생물 연료 전지 기술이 몇 가지 예가 될 것이다.

이런 다양한 연구에도 불구하고 아직 재생 에너지의 활용은 화석 연료에 비해 경제성이 많이 떨어지는 '비싼' 기술임은 분명하다. 화석 연료를 이용한 발전 방식과의 경쟁에서 언제쯤 경제성을 가지게 될지 아직 확실하지도 않다. 그렇지만 화석 연료의 사용과 그에 따른 온난화 문제, 기후 변화 등에 의해 인류가 치르는 대가를 고려해 본다면 그것이 진정으로 비싼 기술일까? 오늘날 우리는 미래 세대의 희생을 대가로 얻어지는 성장의 과실을 누리고 있는 것은 아닌지 숙고해 볼 때다.

태양광 발전을 포함한 재생 에너지 기술은 경제성 여부를 떠나 우리의 미래를 위해서 과감히 투자하고 발전시켜 가야 하는 기술이다. 끊임없는 발전과 성장보다는 지속 가능한 발전, 지속 가능한 소비에 대해 고민하고 대안을 준비해야 하는 때다. 이런 관점에서 국가적인 에너지 정책도 화석 연료의 확보와 활용의 관점에서 벗어나 패러다임의 근본적 변화가 필요해졌다. 아름답고 푸른 지구를 지키는 것은 경제성만을 중심에 두는 자본의 논리보다 훨씬 더 소중한 상위의 가치이기 때문이다.

21장
5G란 무엇인가

5G 통신과 전자기파

2018년 12월 1일은 5세대(5G) 이동통신의 시작을 알리는 첫 전파가 한반도에서 송출된 날이다. 뒤이어 5G 통신을 활용할 수 있는 휴대폰들이 속속 출시되었다. 시간 지연 없이 초고속으로 더 많은 기기를 연결한다는 5G 통신의 특징은 가상 현실 등 콘텐츠뿐 아니라 사물 인터넷, 스마트 공장, 자율 주행을 포괄하는 차세대 산업 분야에도 큰 영향을 끼칠 것으로 예상된다. 하지만 막상 5G 통신의 특징이나 이를 가능케 하는 전파의 속성에 대해선 잘 알려져 있지 않다.

5G 통신과 관련해 전파, 전자파, 전자기파 등 다양한 용어가 사용되지만 이들은 모두 동일한 물리적 실체를 가리킨다. 전자기파는 19세기 맥스웰이 기존의 전기와 자기에 관한 이론을 통합한 후 예측한 파동으로서 전기장과 자기장이 동일한 위상으로 진동하며 빛의 속도

로 날아가는 횡파를 말한다. 이론적으로 예측된 전자기파는 헤르츠의 실험을 통해 그 존재가 증명됐다. 헤르츠는 본인의 발견이 얼마나 큰 실용적 가능성을 갖는지 상상할 수 없었지만 뒤이은 마르코니의 무선 통신 실험을 거치며 통신 분야에서 전자기파의 활용이 본격적으로 시작됐다.

전자기파는 주파수(혹은 진동수)에 따라 분류된다. 주파수는 전자기파의 전기장(그리고 자기장)이 1초에 진동하는 횟수를 뜻하고 과학자 헤르츠의 연구 업적을 기려 Hz 단위를 사용한다. 이동 통신에 사용되는 주파수 대역은 보통 0.8~3.5기가헤르츠다. 1기가헤르츠는 전자기파의 전기장이 1초에 10억 번 진동함을 나타낸다. 와이파이(2.4~5기가헤르츠), 근거리 무선 통신 기술인 블루투스(2.4기가헤르츠 대역), 위성 항법 장치인 GPS(1.575기가헤르츠)에 활용되는 전자기파들도 모두 이 주파수 영역에 속한다. 따라서 각종 통신과 방송에 사용되는 주파수는 국제 기구와 각국 정부에 의해 엄격히 관리되며 배분된다.

현재 5G 통신은 기존의 롱텀에볼루션(LTE)과 결합된 주파수인 3.5기가헤르츠 대역을 사용하지만, 2021년 중에는 28기가헤르츠 부근의 고주파수 전자기파가 활용될 계획이다. 주파수가 증가하면 데이터를 전송할 수 있는 대역폭이 넓어지기 때문에 같은 시간에 더 많은 데이터를 주고받을 수 있다. 주파수가 수십 기가헤르츠인 전자기파의 파장은 밀리미터 정도라서 이 대역의 전자기파는 밀리미터파(millimeter wave)라 불리기도 한다. 이 파장 대역은 공기 중 수증기 등 일부 분자에 의한 흡수율이 높아서 먼 거리를 진행하기가 힘들다. 게다가 전자기파는 주파수가 높고 파장이 짧을수록 지향성이 강해져 벽이나 건물 같은 장애물을 피하기가 쉽지 않다. 따라서 5G 통신에서는 기존의 기지국이 커버하는 것보다 더 작은 공간을 담당하는 스몰 셀(small cell)이라 불리는 소형 기지국들이 촘촘히 배치되는 방식으로 운영된다. 게다가 스마트 안테나를 이용해 전자기파를 빔의 형태로 만들어서 사용하는 동안만 기기에 쏘아 주는 다중 입출력 방식이 적용된다.

한편으로 새로운 주파수 대역의 전자기파가 사람과 생태계에 미치는 영향에 대한 우려도 제기되고 있다. 전자기파는 다양한 방식으로 인체를 구성하는 생체 조직에 흡수되며 미약한 발열 효과를 낼 수 있다. 보통 6기가헤르츠 이하의 전자기파는 인체의 단위 질량당 흡수되는 양을 기준으로 관리한다. 곧 사용이 시작될 밀리미터파는 주로 인체의 피부에 흡수되는 것으로 알려져 있기 때문에 인체 보호를 위한 새로운 관리 기준을 만들기 위한 연구가 진행 중이다.

우리는 오늘도 다양한 전자기파가 실어나르는 신호에 둘러싸여 정보 소통의 시대를 살아간다. 5G 통신은 차선이 대폭 늘어난 정보 고속도로를 훨씬 더 많은 정보가 지체 없이 내달릴 가능성을 열어 준다. 사람과 사람, 사람과 사물, 그리고 사물과 사물을 새로운 차원의 네트워크로 연결할 5G 통신의 시대에 새롭게 열리는 가능성과 기회를 모두가 공평하게 누릴 수 있기를 기원해 본다.

지진의 물리학

며칠 내내 계속 퍼붓는 폭우는 홍수의 전조일지 모른다. 지독히 건조한 날씨가 지속되면 우린 산불의 발생을 걱정한다. 큰 피해를 일으키는 이런 자연 재해는 그래도 발생을 예측할 수 있는 현상들이 동반되기 때문에 어느 정도 대비할 수 있다. 그러나 불시에 찾아오는 지진은 발생 시기의 예측이 거의 불가능해 가공할 파괴와 희생이 뒤따르기도 한다. 이 때문에 과거에는 지진의 발생을 지구를 떠받치고 있는 거대한 동물들의 움직임이나 인간의 죄에 대한 신의 분노로 설명하곤 했다.

오늘날 인류는 지진이 지구라는 행성의 생물들에게 씌워진 피할 수 없는 숙명임을 안다. 우리가 발을 딛고 있는 지각은 평균 두께가 100킬로미터 정도인 단단한 암석으로 구성된 판의 껍질에 해당한다. 지구 물리학자들은 현재 10개의 주요 판이 지구를 덮고 있는 것으로 보고 있다. 이 판들은 맨틀이라는 유동성 있는 구조 위에 떠 있다. 유동성은 유체가 흐르는 속성을 의미하지만 맨틀의 유동성은 물이 흐르는 것과는 다르다. 맨틀층은 인간이 경험하는 시간의 스케일로 보면 단단한 고체로 보이나 수백만 년, 수억 년의 시간 속에서만 흘러가는 성질이 뚜렷이 확인된다.

물을 끓이면 뜨거워진 물이 올라가고 표면에서 식은 물이 다시 내려오듯 맨틀 역시 유동성으로 인해 동일한 대류 현상, 즉 상승과 하강을 나타낸다. 이 위에 놓인 판들은 맨틀의 흐름에 의해 1년에 수 센티미터씩 움직이며 서로 만나는 경계를 형성하고 이 판들의 경계에서 격렬한 지각 활동을 유도한다. 판 경계에 놓인 일본의 경우 태평양 쪽의 해양판이 육지 쪽 대륙판과 만나 그 아래로 들어가며 서로를 변형시킨다. 이런 변형이 판을 구성하는 암석들이 지탱할 수 있는 한계를 넘어서 어긋날 때 거대한 지진이 일어난다. 한국은 판의 경계에서 어느 정도 떨어져 있지만 판의 내부에도 과거의 지각활동에 의해 지층이 어긋나 있는 단층들이 존재한다. 따라서 한국에서 발생하는 지진은 판 내부 지진에 해당된다.

최근 한반도의 지각 활동은 한반도 역시 지진의 안전 지대가 아님을 극명히 보여 주었다. 2016년 경주에서 일어난 강진과 2017년 포항에서 발생한 강진이 대표적인 사례다.[1] 필자 역시 2017년 11월 15일 오후, 갑자기 울린 휴대 전화의 긴급 재난 문자에 포항의 강진 발생 사실을 알고 난 후 연구실의 건물이 흔들리는 것을 느낄 수 있었다. 실제로 전국의 많은 사람들이 긴급 재난 문자를 받은 후에 지진을 체감했다고 한다. 정부의 신속한 대처도 인상적이었지만 재난 문자가 지진파보다 먼저 도착한 것에 대해 신기하게 생각하는 사람들이 많았다. 이는 지진파가 일정한 속도로 전파되기 때문이다. 파동이란 파동을 전달하는 매질의 주기적인 진동이 에너지를 동반하며 일정한 속도로 전달되는 현상이다. 지층이 어긋나거나 판의 충돌 과정에서 발생하는 격렬한 요동은 지각의 진동, 즉 지각을 구성하는 암석의 진동을 통해 우리에게 전달된다.

지진파는 P파(primary wave)와 S파(secondary wave), 표면파로 구분

된다. 성대를 울려 말을 하면 성대는 공기를 진동시키며 공기의 밀도에 주기적인 변화를 일으킨다. 음파라 불리는 공기의 소밀파가 1초에 약 340미터를 날아가 다른 이의 귓속 고막을 진동시키며 소리가 전달되는 것이다. P파는 공기 중 음파와 같이 단층의 어긋남에 동반되는 충격이 지각 구성 물질의 밀도 변화로 전달되는 종파다.[2] 압축파라고도 불리는 P파의 속도는 지구 속 구성 물질에 따라 달라지지만 대략 초속 5~7킬로미터로 알려져 있다. S파는 층밀림파(shear wave)라고 불리는데 고체가 파동이 전파되는 방향에 대해 수직으로 어긋나며 변형되는 파동이다. 즉 뱀이 구불거리며 지나가는 형상과 비슷한 방식으로 진동하며 진행하는 횡파다. S파는 P파보다 느려 속도가 대략 초속 3~4킬로미터로, 유동성을 갖는 액체나 기체 내에서는 형성되지 않는다. 마지막으로, 진앙에서 출발해 지표면에 도착한 P파와 S파가 지표면에서 반사되는 과정에서 표면을 진동시키며 표면파가 만들어진다. 잔잔한 호수 표면 위에 형성된 수면파가 표면파의 모습에 대응된다. 이 표면파는 지표면을 따라 제일 느린 속도로 진행하지만 진동이 가장 심해 큰 피해를 일으킨다.

포항에서 지진이 발생한 후 약 23초 만에 재난 문자가 발송되었다고 한다. 이 시간 동안 P파는 진원으로부터 약 115~160킬로미터를, S파는 약 70~90킬로미터를 진행하고 있었을 것이다. 따라서 이 반경 바깥에 있는 사람들은 재난 문자를 받은 후 지진파가 본인의 위치에 도달하고 나서야 지진을 느낄 수 있었다. 사람들은 P파보다는 S파, S파보다는 표면파를 느꼈을 가능성이 더 크다. S파가 P파에 비해,

그리고 표면파가 S파에 비해 진폭이 더 커서 파괴력이 더 크고 이에 따라 체감하는 충격도 더 높았을 것이기 때문이다.

지진파를 발생시키는 판의 움직임을 좀 더 자세히 살펴보자. 접촉하는 판과 판, 혹은 단층으로 나뉜 양쪽 지층은 간단한 용수철 모형으로 비유해 볼 수 있다. 판 경계 혹은 단층이 서로 어긋나는 방향으로 힘이 가해져도 접촉면의 마찰과 접착으로 인해 양쪽의 암석층이 쉽게 움직이지 못하는 상태에서 변형이 일어난다. 판이나 지층의 변형은 용수철이 늘어나는 상황과 비슷하다. 용수철이 계속 늘어나면 원래 형상으로 돌아가려는 복원력이 커지듯이 암석층의 변형이 커질수록 원래 형상을 회복하려는 힘도 증가한다. 판이나 지층의 접촉면이 변형을 더 이상 버티지 못하는 순간 순식간에 미끄러져 원래 상태로 돌아가면서 변형에 의해 축적된 에너지가 풀려나 지각의 격렬한 요동을 일으킨다.

역사적으로 지진은 인류에게 불시에 큰 재앙을 안겨 주는 두려운 재해였지만, 지진에 동반되는 지진파로 인해 우리는 지구의 내부 구조를 과학적으로 조사할 수 있게 되었다. 20세기 초 각지에 세워진 지진계의 측정 결과를 분석하면서 과학자들은 지구 내부가 밀도가 다른 여러 영역으로 구분된다는 것을 파악하기 시작한 것이다. 오늘날 과학자들은 크게는 내핵과 외핵, 맨틀 및 지각 등으로 구성된 지구의 내부 구조, 각 영역의 밀도와 지진파의 속도, 지진의 원인을 상당히 구체적으로 이해하고 있다.

아서 클라크(Arthur Clarke, 1917~2008년)의 공상 과학 소설을 보면 핵폭탄으로 판들을 용접해서 지진을 막으려는 계획이 나온다. 그러나 지구가 형성된 때부터 내부에 품어 온 열, 이에 더해 지구 내부 방사성 물질의 붕괴로 끊임없이 만들어지는 열들이 지구를 데우고 맨틀을 움직이는 한 이 위에 올라타 서서히 움직이는 판들의 격렬한 충돌과 지각의 변형을 막을 수 있는 방법은 없다. 지구의 내부 구조와 지진의 발생과정을 더 잘 이해할수록 역설적으로 지진은 우리가 피할 수 없는 불가항력적 현상이라는 것을 알게 된 것이다.

이런 면에서 지진의 안전 지대에 산다고 믿어 온 사람들에게도 지진 발생은 이제 가능성을 넘어 필연적으로 부딪혀야 할 현실이 될 것이다. 어쩔 수 없이 일어날 수밖에 없는 자연 현상이라면 그에 대한 철저한 준비만이 답이 될 것이다. 지진에 대한 철저한 방재뿐 아니라 한반도에서 일어나는 지진 및 이에 동반되는 지각의 변화를 더 체계적으로 측정하고 연구함으로써 우리가 발 딛고 있는 땅속에서 어떤 변화가 일어나고 있는지를 깊이 이해해야 할 때이다. 최악의 상황을 가정한 철저한 대비가 필요하다.

양수 속 태아의 움직임을 잡는 초음파 영상법

인구 절벽에 관한 뉴스가 매스컴을 타고 퍼져 나가는 요즘, 특히 악화되고 있는 실업률과 계층 간 이동을 막는 높은 장벽 앞에서 젊은 세대가 선뜻 출산과 육아를 결정하기는 쉽지 않아 보인다. 그럼에도 불구하고 새 생명의 잉태와 탄생의 과정은 우리를 경이의 세계로 이끈다. 이 놀랍고 신비로운 경험은 보통 태아의 존재와 움직임을 진단하는 초음파 검사로부터 시작한다. 모니터 스크린에 보이는 작은 아기집이나 스피커를 통해 들리는 태아의 심장 소리가 안겨 주던 감동은 부모로서 가슴 속 깊이 간직하고 있는 소중한 경험일 것이다. 초음파 영상법은 어떻게 양수 속 태아의 작은 형상과 움직임을 잡아내는 것일까? 검사 장비에 연결된 젤이 발린 도구(변환기)를 통해 감지하는 것이 자기 몸에 부딪히는 초음파에 대한 아기의 메아리라는 점을 아는 사람은 그리 많지 않다.

안개가 자욱한 산 정상에서 소리를 질러본다고 상상해 보자. 목청껏 성대를 울려 주변의 공기를 흔들며 만들어 낸 소리가 시원스럽게 사방으로 퍼진다. 성대의 진동으로 주변 공기가 밀려나며 압축되고 성긴 부분들이 주기적으로 생기고 이 밀도 변화의 패턴이 진동하며 퍼져 나가는 것이 바로 소리, 즉 음의 파동(음파)이다. 공기의 진동이 우리 귀로 전달되면 귀의 고막을 흔들고 이것이 귓속 달팽이관을 거쳐 신경 신호로 바뀌어서 뇌로 전달된다. "야호!"라는 소리에 반향하는 메아리가 귀에 들리면, 우리는 퍼져 나간 소리의 파동을 우리에게 되돌리는 산들이 짙은 안개 속에 웅크리고 있음을 확신하게 된다. 이 메아리를 잘 분석하면 안개 속에 숨어 있는 산들의 위치나 형상에 대한 정보까지 파악할 수 있다.

음파와 같이 어떤 주기적인 패턴이 진동하며 퍼져 나가는 것을 과학자들은 파동이라 한다. 공기의 진동이 음파를 만들 듯이 호수 수면의 진동이 수면파를 만들며 지각 변동에 의한 땅의 진동은 공포스러운 지진파로 전달된다. 이런 파동들의 가장 중요한 속성 중 하나는 파동을 만드는 패턴이 1초에 진동하는 횟수를 나타내는 '주파수(혹은 진동수)'다. 잔잔한 호수에 종이배를 띄우고 돌멩이를 던진다고 생각해 보자. 돌멩이가 떨어진 곳을 중심으로 동심원으로 퍼지는 수면파에 의해 종이배는 위 아래로 흔들린다. 초시계를 놓고 종이배의 진동 횟수를 측정하면 수면파의 주파수는 간단히 측정된다. 인간이 귀로 들을 수 있는 음파의 주파수를 가청 주파수라 한다.[3] 이보다 높은 주파수를 가진 음파는 인간의 가청 주파수를 초월하기 때문에 초음파라 불리고 초음파 영상법에 사용된다.

아니, 산모의 뱃속으로 음파를 집어넣는다고? 바로 그렇다. 넓은 의미의 음파는 물질의 밀도가 주기적으로 변해 전달되는 모든 파동을 말한다. 이를 전달시키는 매질이 공기든지, 액체든지, 아니면 생체조직이나 금속과 같은 고체이든지, 음파는 매질을 구분하지 않는다.[4] 물속에 푹 잠겨 헤엄치며 바로 옆에서 나란히 수영하는 친구를 향해 말을 건다고 하자. 성대가 물을 진동시키면 이로 야기되는 물의 밀도 변화가 친구의 고막을 흔들며 물속으로 전달되는 소리가 들릴 것이다. 공기 중 소리는 1초에 약 340미터를 날아가지만 물속에서 지르는 소리는 초속 약 1500미터다. 쇠막대의 한쪽을 손으로 툭툭 치면 어떻게 될까? 막대를 구성하는 철의 밀도가 주기적으로 압축되고 성기게 되면서 그 변화의 패턴이 막대의 반대편으로 전달된다. 그 속도는 초속 약 5000미터로 공기 속 음속의 10배를 훌쩍 뛰어 넘는다.

의사가 산모의 배 위에 갖다 대는 초음파 영상 장비의 변환기에는 두 가지 역할이 있다. 우선 산모의 배에 약한 진동을 주어 그 진동이 생체 조직을 거쳐 태아로 향하게 한다. 초음파 영상법에 사용되는 음파의 주파수는 가청 주파수를 한참 벗어난 1~10메가헤르츠다. 이렇게 배를 거쳐 몸속으로 입사된 파동은 양수와 태아처럼 밀도의 차이가 나는 경계면에서 반사되어 메아리로 되돌아온다. 이 반향을 측정하는 것 역시 초음파를 만들어 낸 변환기이다. 이런 변환기 속에는 전기 에너지를 진동 에너지로, 역으로 진동 에너지를 전기 에너지로 변환하는 압전 소자가 들어 있다. 따라서 태아에 부딪혀 되돌아온 초음파가 변환기를 때리면 그 압력이 전기 신호로 바뀌고 이를 처리해 태아의 영상을 재구성할 수 있다. 바닷속 물체나 어군을 탐지하는 수중 초음파나 건물이나 다리의 균열을 탐지하는 비파괴 검사도 기본적인 원리는 초음파 영상법과 동일하다. 초음파를 발사하고 물고기 무리나 균열에서 반사되는 메아리를 탐지하는 것이다. 최근 활발한 연구가 이루어지고 있는 수중 통신망도 바다 속에서 이루어지는 음파의 발생과 전송, 탐지를 통해 정보 전달이 가능해진다.

태아뿐 아니라 인체의 각종 기관을 탐지해 이상 유무를 진단하는 만능의 초음파 영상법도 접근하기 힘든 영역이 있다. 밀도가 매우 다른 두 매질이 맞닿는 경계면의 경우 초음파의 통과가 힘들어진다. 특히 부드러운 생체 조직을 통과한 초음파는 뼈와 같은 단단한 조직을 만나면 대부분 반사된다. 이에 따라 두개골로 보호되는 뇌의 구조를 초음파 영상법으로 진단하는 것은 매우 도전적인 과제이다. 이 분야의 연구자들은 상대적으로 딱딱한 두개골을 통과할 수 있는 파동으로 층밀림파를 고려해 왔다. 공기나 액체와 같이 유동성을 가진 매질 속에는 파동이 진행하는 방향으로 밀도 변화가 유도되는 종파만 존재할 수 있다. 그렇지만 원자와 원자가 주기적으로 단단히 연결되어 있는 고체 속에서는 파동의 진행 방향에 수직으로 흔들리는 움직임이 존재할 수 있다. 비유하자면 층밀림파의 진동 방식은 좌우로 구불거리며 진행해 나가는 뱀의 움직임과 비슷하다. 딱딱한 두개골을 통해서는 종파뿐 아니라 층밀림파도 진행할 수 있고 이 층밀림파는 초음파가 두개골을 투과하는 측면에서는 더 유리할 수 있다.

문제는 기존의 초음파 영상법에 사용되는 변환기가 층밀림파를 효과적으로 발생시키지 못한다는 것이다. 층밀림파를 형성하는 방법 중 하나는 종파를 층밀림파로 효율적으로 바꾸는 일종의 변환 필터를 개발, 활용하는 것이다. 2017년 서울 대학교 연구팀이 발표한 논문[5]에 따르면 메타 물질과 파브리-페롯 공명[6]이라는 고전적 기법을 활용하면 종파를 매우 효과적으로 층밀림파로 변환할 수 있다고 한다. 연구팀은 일정한 형상의 홈으로 적절히 디자인된 메타 물질로 구성된 판을 향해 종파를 쏘면 이 초음파의 일부가 층밀림파로 변환된다는 것을 확인했는데, 파브리-페롯 공명 이론에 기반해 층밀림파의 투과도가 최대가 되는 새로운 조건을 제시했다. 이 이론에 의해 디자인된 실험은 종파에서 층밀림파로의 변환 효율이 80퍼센트에 달한다는 결과를 보여 주었다. 이런 새로운 접근법이 초음파 영상법에 성공적으로 적용된다면 두개골로 보호되는 뇌에 대한 신뢰성 있는 영상을 손쉽게 획득할 수 있는 날도 멀지 않을 것이다. 그뿐 아니라 비행기나 건축물 내부 균열 탐지, 가스 파이프 라인 누출 감시 등 다양한 분야에서 비파괴 검사 방법을 혁신할 가능성도 기대되고 있다.

이런 새로운 연구 결과를 보면 문제의 해답은 의외로 가까운 곳에 있을지도 모른다고 느끼게 된다. 파브리-페롯 공명 현상은 이미 19세기 말 프랑스 과학자들에 의해 발표되었고 지난 한 세기 동안 고분해능 분광기나 레이저의 공진기 등 온갖 분야에서 광범위하게 적용되어 왔다. 이 고전적인 공명 이론이 이제는 초음파 영상법이나 비파괴 검사법을 혁신하는 수단이 될 수도 있다.

결국 문제는 발상의 전환이다. 멀리 있는 물체를 확대해 보는 망원경은 단순한 놀잇감일 수도 있으나 밤하늘의 별을 탐구하는 최첨단 장비가 될 수도 있다. 스스로 만든 망원경을 밤하늘을 향해 치켜들었던 갈릴레오의 발상의 전환으로부터 천동설을 뿌리로부터 뒤흔들 관측 결과들이 쏟아져 나올 줄은 본인도 미처 상상하지 못했을 것이다. 과학의 돌파구는 때론 기본적인 것부터 되돌아보고 고찰해 보는 데서 열릴 수도 있다. 그런 시도가 풍차를 향해 돌진하는 돈키호테의 창이 될지, 아니면 17세기의 밤하늘을 향했던 갈릴레오의 망원경이 될지는 모를 일이지만 말이다.

22장

컬링 경기의 비밀

가속과 미끄럼 사이의 줄타기

2018년 겨울은 국민들에게 큰 감동을 안겨 줬던 동계 올림픽과 패럴림픽의 감동과 환희로 기억되고 있다. 다양한 종목에서 얼음판 위 스피드의 박진감과 회전의 스릴을 만끽할 수 있었다. 회전 운동의 묘미를 느끼게 해 준 쇼트트랙 스케이팅을 예로 들어 빙판 위 경기 속에 숨어 있는 물리를 엿보도록 하자.

모든 물체에는 자신의 운동 상태를 그대로 유지하려는 성질, 즉 관성이 있다. 이 상태를 바꾸려면 힘이 필요하다. 얼음 위 상자를 움직이려면 힘을 줘서 밀어야 한다. 일정한 속도로 움직이는 상자를 멈추게 하거나 운동 방향을 바꿀 때에도 힘을 가해야 한다. 스케이팅 선수가 곡선 주로에 접어들어 진행 방향을 바꾸려면 어떻게 해야 할까?

물체의 방향이 계속 바뀌는 회전 운동에도 힘이 필요한데 이것이 구심력이다. 줄에 묶여 원운동을 하는 깡통을 돌리는 구심력은 줄이 깡통을 당기는 장력이다. 줄이 끊어지면 깡통은 그 순간에 움직이던 방향을 따라 직선으로 달아난다. 달이 지구 주위를 도는 이유도 지구가 달을 자신 쪽으로 끄는 만유인력 때문이다. 선수가 회전 구간에서 스케이트 날로 얼음을 바깥으로 밀면 그에 대한 반작용으로 얼음이 스케이트 선수를 안쪽으로 미는 힘이 생기는데 이것이 선수의 진행 방향을 바꾸는 구심력이 된다. 날을 바짝 눕혀 밀수록 반작용의 수평 성분이 커져 구심력을 키울 수 있기 때문에 선수들은 곡선부에서 스케이트 날을 크게 기울여 얼음을 지친다.

멈춰 있던 버스가 갑자기 출발하며 뒤로 밀리는 경험을 떠올려 보자. 버스가 앞으로 가속하면 신발과 바닥 사이의 마찰로 인해 발도 덩달아 가속되면서 몸은 상대적으로 뒤로 밀린다. 회전하는 놀이기구에 올라탔을 때 몸이 바깥으로 쏠리는 것도 같은 방식으로 이해할 수 있다. 놀이 기구에 접촉한 발이나 손은 기구와 함께 돌며 회전 중심으로 구심력을 받지만 몸의 나머지 부분은 관성으로 인해 바깥으로 밀리게 된다. 이 관성에 따른 몸의 쏠림을 우리는 힘의 작용처럼 느끼게 되는데, 이것은 비록 실제로 작용하는 힘이 아니지만 원심력이라는 이름으로 표현한다.

관성에 의해 느끼는 원심력은 속도가 빠를수록, 회전 반경이 작을수록 더 커진다. 쇼트트랙 곡선 주로를 더 빨리 돌수록 선수의 몸을 바깥으로 미는 원심력이 커지게 된다. 따라서 곡선 구간에서 선수는 중력에 원심력이 더해진 방향, 즉 자신이 힘을 받는 방향과 나란하게 몸을 기울여 균형을 유지하려 한다. 그러나 스케이트와 얼음 사이의 마찰력이 빠른 속도에 의해 덩달아 커지는 구심력에 못 미치면 선수는 안타깝게도 접선 방향으로 미끄러진다. 곡선 도로에서 자동차가 과속하다가 도로를 벗어나는 것도 같은 맥락으로 이해할 수 있는 현상이다.

원심력에 따른 미끄러짐을 방지하는 확실한 방법은 얼음 바닥을 기울이는 것이다. 평창 동계 올림픽에서 윤성빈 선수가 금메달을 땄던 스켈레톤 경기의 경우를 보자. 마의 구간이라 불리던 9번 곡선의 회전 반지름은 약 31미터, 여기를 지나는 선수들의 평균 속도는 시속 140킬로미터였다 한다. 이 조건에서 선수가 느끼는 원심력은 지구 중력의 다섯 배에 달한다. 그래도 문제가 없었던 건 선수에게 가해지는 힘을 거의 수직으로 받치도록 기울인 경기장의 얼음벽이 있었기 때문이다.

엄청난 속도로 질주하며 회전하는 순간순간이 얼음 위 선수들에게는 가속과 미끄럼 사이의 절묘한 줄타기였을 것이다. 그 겨울을 감동과 환희의 순간의 연속으로 만들어 낸 모든 선수들, 특히 신체적 한계를 열정과 노력으로 승화해 사상 최고의 성적을 거둔 패럴림픽 선수들에게 경의를 표한다.

겨울 올림픽과 빙상 경기의 묘미

겨울 스포츠의 묘미는 선수들이 매우 미끄러운 얼음 위에서 실력을 펼쳐야 한다는 점이다. 이로 인해 선수들은 엄청난 스피드를 낼 수도 있고 때론 처참한 좌절을 겪기도 한다. 빙판이 미끄러운 것은 마찰이 작기 때문이다. 접촉한 물체 사이의 마찰력이란 서로 미끄러지는 운동에 저항하는 힘이다. 재질이나 표면의 미세한 굴곡 등이 마찰에 영향을 미치지만 표면의 원자들 사이에 작용하는 전자기력이 마찰력의 근본적인 원인이다. 그런데 얼음의 표면은 왜 그리 미끄러울까? 이는 오랜 동안 과학자들을 고민에 빠뜨린 문제였다.

얼음은 물 분자들이 수소 결합을 통해 3차원 네트워크로 묶여 있는 고체다. 그렇지만 얼음 표면의 분자들은 연결될 수 있는 이웃 분자들이 부족해 다소 무질서하며 유동성을 가지는 얇은 층을 형성한다. 특히 0도보다 약간 낮은 온도에서는 이 얇은 수막의 유동성이 커지면서 얼음 특유의 미끄러움이 형성된다. 게다가 그 위를 지나가는 썰매나 스케이트에 의해 발생하는 마찰열은 얼음을 녹여 수막을 더 두껍게 만든다.[1]

미끄러운 얼음 위에서도 마찰은 존재한다. 마찰력이 전혀 없다면 선수들은 얼음 위에서 걷거나 뛸 수가 없다. 물리학의 운동 법칙 중에 작용-반작용 법칙이 있다. 스케이팅으로 설명하자면 선수가 스케이트 날로 빙판을 밀어 힘(작용)을 가하면 빙판은 크기는 같고 방향은 반대인 힘(반작용)을 선수에게 가한다는 것이다. 벽을 밀면 벽도 나를 미는 듯 느껴지는 것도 같은 현상이다. 반작용의 힘을 받은 선수의 몸은 앞으로 가속되며 빨라진다. 선수가 얼음을 더 세게 뒤로 지칠수록 얼음이 선수를 미는 반작용이 강해져 더욱 속도가 붙는다.

따라서 스케이팅 선수들은 출발 초기에 가능한 마찰력을 크게 해 앞으로 튀어나가려 한다. 선수들이 스케이트 날을 운동 방향에 대해 큰 각도로 틀어서 얼음을 지치는 이유가 여기에 있다.

속도가 충분히 난 상태에서는 얼음 및 공기와의 마찰을 최소화하기 위한 갖가지 방법이 동원된다. 스켈레톤 선수들은 몸을 가능한 한 낮춰서 공기와의 마찰을 줄인다. 일부 종목의 선수복에는 골프공과 비슷하게 공기의 흐름을 원활하게 하는 홈들을 새기기도 한다. 쇼트트랙 선수들이 곡선 구간을 돌며 바닥을 짚을 때 사용하는 개구리장갑의 끝부분에도 얼음과의 마찰을 줄이는 물질이 발라져 있다.

얼음 위 마찰력의 미묘한 작용을 실감나게 볼 수 있는 스포츠는 평창 올림픽에서 한국팀이 맹활약을 펼쳤던 컬링 경기일 것이다. 컬(curl)은 휘어진다는 뜻이다. 초기에 회전을 주면 컬링 스톤은 가로막은 상대편 가드 스톤을 피해 휘어져 나아갈 수 있다.[2] 재미있는 것은 컬링 스톤이 회전하는 방향이다. 일반 탁자 위에 유리컵을 거꾸로 놓은 후 손으로 회전시키면서 밀어 보자. 오른쪽으로 회전하는, 즉 위에서 내려봤을 때 시계 방향으로 도는 컵은 진행하면서 왼쪽으로 휜다. 반면에 왼쪽으로 회전시키며 민 컵은 오른쪽으로 휜다. 컵을 회전시키며 밀면 진행하는 방향인 앞쪽으로 컵이 약간 기울어진다. 즉 컵의 앞쪽이 약간 더 센 힘으로 바닥을 누르며 컵의 뒤쪽보다 더 큰 마찰력을 느낀다. 오른쪽으로 돌려 민 컵의 경우 오른쪽을 향하는 컵의 앞부분이 느끼는 마찰력(마찰력은 움직임과 반대 방향으로 작용하기 때문에 이 경우는 왼쪽으로 작용함)이 왼쪽으로 도는 뒷부분이 느끼는 마찰력(이 마찰력은 오른쪽으로 작용함)보다 더 커진다. 두 마찰력의 대결에서 앞부분이 승리하는 상황이 벌어지고 컵의 중심은 왼쪽으로 휘어지며 진행한다.

그러나 컬링에서는 상황이 정확히 반대가 된다. 오른쪽으로 회전시키는 스톤은 오른쪽으로 휘고 왼쪽으로 회전시키며 민 스톤은 왼쪽으로 휜다. 얼음 위에서도 움직이는 스톤이 진행 방향으로 약간 기울어질 텐데 왜 꺾이는 방향이 반대가 되는가? 전통적인 의견 중 하나는 스톤의 앞부분이 바닥을 더 세게 밀면서 그 압력에 의해 얼음의 온도가 올라가 수막이 만들어지고 이로 인해 스톤의 앞부분이 느끼는 마찰력이 줄어든다는 것이었다. 이렇게 되면 탁자 위를 회전하며 이동하는 유리컵과 상황이 반대가 되므로 꺾이는 방향도 반대라는 것이다.

스웨덴 웁살라 대학교 연구팀은 의견이 달랐다. 2013년 연구에 따르면 화강암 재질인 스톤 표면의 미세한 거칠기로 인해 빙판에 형성되는 스크래치가 스톤 회전의 주요한 원인으로 지목된다.[3] 즉 스톤의 앞부분이 회전하면서 형성하는 비스듬한 스크래치를 따라 뒷부분 아랫면의 돌기들이 움직이면서 뒷부분의 움직임에 영향을 주어 스톤을 회전시킨다는 것이다. 게다가 움직이는 스톤의 앞에서 선수들이 부지런히 행하는 빗자루질(스위핑)은 마찰력을 줄여 스톤을 더 멀리 휘어져 나아가게 한다.

재미있는 것은 스웨덴 연구팀의 연구 결과가 발표된 후에도 이를 반박하는 논문들이 발표되는 등[4] 아직도 컬링 경기의 역학을 이해하기 위한 과학자들의 노력이 꾸준히 이어지고 있다는 점이다. 무척 단순하고 지루해 보이던 컬링 경기가 전 국민의 관심을 한몸에 받은 것처럼 컬링 스톤과 빙판 사이에서 벌어지는 미묘한 운동의 역학은 지금도 과학자들을 자극하는 호기심의 보고다. 빙판 위에서 펼쳐지는 선수들의 투지와 환희, 눈물에 공감하는 것도 좋겠지만 각종 움직임 뒤에 숨어 있는 물리 법칙의 미묘한 작용까지 고려한다면 컬링과 같은 빙상 경기를 보는 즐거움이 배가될 것 같다.

추락하는 고드름에는 날개가 없다

건물 외벽을 따라 아래로 길쭉하게 자라난 고드름은 치명적인 낙하 사고의 잠재적 요인이다. 고드름은 눈이나 얼음이 햇빛이나 건물의 열에 의해 녹은 후 흘러내리는 과정에서 다시 얼어붙으며 형성된다. 러시아에서는 겨울철 고드름의 낙하로 매년 수십 명이 사망한다고 한다. 제 무게를 버티지 못해 추락하는 고드름의 낙하 운동을 따라가 보자.

5층 빌딩 높이인 10미터 위에 달린 1킬로그램의 고드름이 떨어진다고 가정하자. 공기 저항을 무시하면 고드름은 중력에 의한 자유낙하 운동을 한다. 지구가 당기는 인력은 지표면 근처에서 낙하하는 물체의 속도를 일정한 비율로 증가시킨다. 10미터 높이에서 낙하하는 고드름은 1.43초 만에 속도가 시속 약 50킬로미터로 늘어나며 바닥에 부딪힌다. 고드름에 저장되어 있던 위치 에너지는 낙하 과정 중

운동 에너지로 바뀐다.[5] 부딪히기 직전 고드름이 갖는 운동 에너지는 투수가 시속 130킬로미터로 던지는 야구공의 운동 에너지와 비슷하다.

빠르게 날아온 공을 야구 글로브로 받을 때 손이 충격을 느끼는 것처럼 고드름이 바닥에 부딪히면 바닥과 고드름 양쪽 모두 충격을 받는다. 이때 받는 충격력은 짧은 충돌 시간 동안 물체의 속도가 얼마나 빨리 바뀌는지에 따라 달라진다. 즉 충격력은 단위 시간 동안 속도의 변화량에 비례한다. 계란을 바닥과 스티로폼에 떨어뜨리는 두 경우를 비교해 보자. 양쪽 모두 충돌 직전에 동일한 속도를 가진 계란이 충돌 후 정지 상태로 바뀌므로 속도 변화량은 같다. 그러나 딱딱한 바닥과 계란 사이의 충돌 시간은 스티로폼과 계란의 충돌에 비해 매우 짧을 것이다. 따라서 단위 시간당 속도 변화량으로 환산하면 딱딱한 바닥에 부딪히는 계란이 받는 충격력이 훨씬 크다. 이것이 딱딱한 바닥에 부딪힌 계란이 쉽게 깨지는 이유다. 자동차 에어백이나 충격을 흡수하는 쿠션화는 충돌 시간을 늘려 충격력을 줄이면서 신체나 다리를 보호한다.

시속 50킬로미터의 고드름이 딱딱한 바닥에 부딪힐 때 예상되는 충돌 시간은 대략 1000분의 1초다. 이로 인해 바닥이 느끼는 충격력은 1톤 정도의 물체가 가하는 무게와 맞먹는다. 더 중요한 것은 단위 면적에 가해지는 힘인 압력이다. 책의 면보다 모서리나 꼭짓점으로 피부를 누르면 같은 힘이라도 압력이 더 커지기 때문에 통증도 더 심하다. 고드름이 부딪힐 때의 충격력이 작은 면적을 통해 신체로 전달된다면 충돌 부위가 받는 엄청난 압력은 치명적인 손상을 일으킨다. 이런 위험도는 고드름의 낙하 위치가 높을수록 훨씬 더 커진다.

땅값이 비싼 도시에서 인간의 활동 영역이 수직으로 확장되는 건 불가피한 선택이다. 뉴스에 심심치 않게 등장하는 낙하 사고는 이런 선택에 동반되는 불가피한 부작용일지 모른다. 겨울은 빌딩 위 고드름에 저장된 위치 에너지가 비극을 초래하는 운동 에너지로 바뀌지 않도록 우리 모두의 주의가 필요한 시기다. 매 겨울철마다 한파 속에서 외줄에 매달려 고드름과의 싸움을 벌이는 소방관들의 안전을 기원한다.

드론의 물리학

어느새 우리 생활의 일부로 자리 잡은 드론은 보통 무인 항공기를 총칭하는 말이지만 가장 친숙한 쿼드콥터(quadcopter),[6] 즉 회전 날개가 4개인 드론만을 살펴보자. 비행기와 같은 날개도 없는 드론을 자유자재로 움직일 수 있는 비결은 무엇일까? 드론을 포함해 하늘을 나는 모든 비행체에는 네 가지 힘이 작용한다. 비행체를 띄우는 양력, 비행체를 가속시키는 추력, 공기에 의한 저항력, 마지막으로 지구가 당기는 중력이다. 양력과 중력은 상하 방향으로 작용하는 힘이고 추력과 저항력은 수평에 나란한 힘이다. 모든 거시적 물체처럼 드론도 뉴턴의 운동 법칙에 따라 움직인다. 즉 힘을 받지 않는 드론은 정지해 있거나 등속으로 움직이며 힘을 받으면 속도가 변하는 가속 운동을 한다. 가속 운동에는 빠르기가 변하는 경우와 운동의 방향이 바뀌는 경우가 모두 포함된다.

흔히 호버링(hovering)이라 불리는 드론의 공중 정지 상태를 우선 들여다보자. 드론이 공중에 가만히 떠 있기 위해서는 드론에 가해지는 모든 힘이 상쇄되어 남아 있는 힘이 없어야 한다. 즉 드론을 아래로 당기는 중력을 정확히 상쇄할 양력이 필요하다. 이는 회전 날개가 공기를 아래로 분출함에 따라 위로 생기는 반작용의 힘이 담당한다. 만약 회전 날개가 더 빨리 돌아 반작용의 힘이 중력보다도 커진다면 드론은 하늘로 가속하며 상승할 것이다.

호버링 중인 드론을 수평으로 날아가게 하려면 어떻게 해야 할까? 4개의 회전 날개 중 뒤쪽에 위치한 두 날개의 회전 속도를 높인다. 뒷부분에서 증가한 반작용으로 인해 드론의 몸체가 기울어짐과 동시에 양력도 비스듬히 작용한다. 이 양력의 수직 성분은 중력과 상쇄되고 양력의 수평 성분은 추력이 되어 드론을 앞으로 움직인다. 물론 이 추력은 공기의 저항력을 이겨낼 정도로 커야 한다.

마지막으로 드론의 회전을 생각해 보자. 문의 손잡이를 당기면 문은 경첩을 중심으로 회전하며 열린다. 손잡이가 회전축에서 멀수록 문을 돌리기가 쉽듯이 힘이 작용하는 지점이 회전 중심에서 멀수록 회전시키기가 용이해진다. 회전 운동에 관련된 돌림힘은 힘이 작용하는 점과 회전축 사이의 거리에 비례하기 때문이다. 힘이 가해질 때 물체의 직선 운동의 상태가 바뀌는 것처럼 돌림힘은 물체의 회전 운동을 변화시킨다. 회전 반지름이 일정한 상태에서 돌림힘이 작용하

면 물체의 회전 속도가 빨라지거나 느려진다.[7]

쿼드콥터형 드론에 달린 네 회전 날개의 회전 방향은 같지 않다. 한 대각선으로 놓여 마주한 두 날개가 시계 방향으로 돈다면 다른 대각선에 놓인 두 날개는 반시계 방향으로 돈다. 이 두 회전 방향의 균형으로 인해 드론은 돌지 않고 안정적인 자세를 유지한다. 만약 시계 방향으로 도는 두 날개의 회전 속도만 더 높이면 어떻게 될까? 날개가 시계 방향으로 공기를 더 세게 휘저을수록 이에 대한 반작용으로 공기는 날개에 반시계 방향으로 더 큰 힘을 가한다. 이 힘이 드론의 중심에 대해 돌림힘으로 작용하면서 드론의 몸체를 반시계 방향으로 회전시킨다. 두 대각선의 끝에 놓여 서로 반대 방향으로 회전하는 두 쌍의 날개의 회전 속도를 조정함으로써 드론 몸체를 자유롭게 원하는 방향으로 회전시킬 수 있는 것이다.

이처럼 자유롭게 조정되는 드론을 낚시에 이용하기도 한다. 방법은 보통 두 가지다. 하나는 드론에 낚싯줄을 걸고 멀리 옮겨 물고기가 움직이는 지점에 바늘을 떨어뜨린 후 줄을 당기는 원거리 낚시 방식이다. 다른 하나는 드론이 낚싯줄을 물속으로 내리고 대기하다가 물고기가 바늘을 물면 잡아 올리는 방식이다. 그러나 후자의 방법은 조심할 필요가 있다. 낼 수 있는 최대 양력보다 더 큰 힘으로 줄을 당기는 물고기를 만나면 드론은 아래로 가속되어 바다에 처박힐 것이기 때문이다. 결국은 힘의 균형이 문제다.

23장
세상의 물리

의식과 무의식의 경계를 찾아서

물리학자 중에는 커피를 좋아하는 사람들이 많다. 이른 아침 상쾌한 기분으로 출근한 연구실에서 물리학자들이 가장 먼저 하는 일은 보통 적당히 갈린 커피 원두 위로 끓인 물을 붓는 것이다. 원두 사이로 난 물길을 따라 흘러가며 사이사이 숨어 있는 은은한 향을 캐내고 커피색으로 물들어 떨어지는 물방울들, 그 속의 카페인이 전해 줄 각성과 활력을 기대하며 커피가 완성되기를 기다리는 것은 물리학자들의 커다란 즐거움 중 하나다. 커피를 내리는 동안 물리학자들의 머릿속은 가끔 엉뚱한 상상으로 채워지곤 한다. 원두 사이를 흐르는 물이 붙어 버린 커피 알갱이들로 인해 막힌 통로를 만나면 어떻게 될까? 막힌 통로가 늘어나도 물이 원두 더미를 통과해 끝까지 흘러갈 수 있을까? 다공성 암석 속으로 물이 스며드는 상황과 흡사한 이 문제는 물리학에서 스미기(percolation) 현상으로 알려져 있다. 가령 그물 모양 철망의 여기저기를 마구 잘라낸다면 몇 군데나 잘라야 양 끝을 연결하는 철선이 없어지는지를 알아보는 것은 전형적인 스미기 문제 중 하나다.

스미기 문제는 실용적인 측면에서도 중요한 의미를 지닌다. 예를 들어 바이러스에 감염된 사람이 있다고 하자. 바이러스의 종류와 보건 위생 정도, 사람들의 면역 정도에 따라 감염자로부터 주변 사람들로 병이 전파될 확률이 결정될 것이다. 2020년 전 세계를 공포 속으로 몰아 넣었던 코로나 바이러스의 경우 전파 확률이 높아서 그만큼 전염 속도가 빨랐던 것이다. 이 확률이 낮을수록 감염자를 중심으로 병이 퍼져 나가는 범위는 제한될 것이다. 커피 원두를 힘으로 눌러 물길을 막을수록 물이 원두 사이로 흘러가기가 더 힘들어지는 것과 비슷한 현상이다. 감염자와 그 이웃처럼 개체와 개체 사이의 관계에 어떤 사건이 발생할 일정한 확률을 부여하고 이 확률 변화에 따라 네트워크로 연결된 전체의 상태가 어떻게 변하는지를 분석하는 것이 스미기 문제에 대한 물리학의 접근법이다. 이 방법을 화학 결합에 적용함으로써 과학자들은 계란이 삶아지는 과정이나 고분자 합성 과정을 더 잘 이해하게 되었고 산불이나 대규모 정전 현상 등 실용적인 문제의 해결책 모색에도 활용하고 있다.

이러한 스미기 문제가 최근 의식과 무의식의 경계를 파헤치는 도전에도 활용되었다. 미국 피츠버그 대학교 연구팀은 뇌 속 정보 전달 과정을 스미기 문제로 접근해 마취로 인한 무의식 상태를 컴퓨터로 재현할 수 있다는 결과를 발표했다.[1] 이들은 뇌의 시상에서 대뇌피질로 각종 감각 신호가 전달되는 과정을 나무 형상의 네트워크 모형으로 치환한 후 나무 줄기에서 가지를 거쳐 가지 끝단으로 정보가 퍼져 나가는 과정을 확률을 바꿔가며 살펴보았다. 이 확률이 50퍼센트라면 가지의 분기점과 분기점 사이의 정보 전달은 두 번의 시도 중 한 번만 발생한다. 이 확률이 높을수록 시상에 대응하는 나무줄기에 입력된 정보가 대뇌피질에 해당하는 가지 끝으로 잘 전달될 것이다. 연구팀은 컴퓨터 전산 모사로 이 확률을 줄이며 정보 전달 신호를 분석, 실험으로 구한 마취 환자들의 뇌파도와 비교해 보았다. 그 결과 확률이 약 0.3 이하로 줄어들자 마취 전의 뇌파가 마취 후의 뇌파로 바뀌는 과정이 컴퓨터 전산 모사 상에 정확히 재현되었다.

뇌가 가지는 복잡한 생물학적 특징들이 포함되지 않은 비교적 단순한 스미기 모형이 인간의 마취 과정, 즉 의식에서 무의식으로 넘어가는 과정에 동반되는 주요 특징을 설명했다는 점에서 본 연구 결과는 매우 흥미롭다. 과학에서 가장 미지의 영역이자 극도로 복잡한 인간의 뇌의 활동에 비교적 단순한 작용 원리가 포함되어 있을지도 모른다는 시사점을 던지고 있기 때문이다. 물론 이런 모형을 기반으로 인간의 의식 활동이 명확히 해명되기를 바라는 것은 우물에서 숭늉 찾는 꼴이겠지만, 이런 연구 성과들이 쌓이면 적어도 숭늉을 만들 재료들이 하나씩 확보될 것이다.

겨울철의 불청객, 정전기

건조한 겨울철만 되면 자동차 문을 열기가 겁나는 사람들이 늘어난다. 자동차의 키를 차에 댈 때 정전기가 일으키는 스파크(spark)가 손에 찌릿한 괴로움을 안기기 때문이다. 이뿐 아니다. 빗으로 머리를 빗을 때, 옷을 입거나 벗을 때에도 정전기의 불쾌감이 이어지곤 한다. 환영 받지 못하는 불청객인 정전기는 왜 겨울철에 주로 생길까?

정전기의 원인은 물질을 구성하는 근본 성분과 관련되어 있다. 1965년 노벨 물리학 수상자인 리처드 파인만(Richard Feynman, 1918~1988년)은 후세에 물려줄 단 한 문장의 과학적 지식을 고른다면 "모든 물질은 원자로 이루어져 있다(Everything is made of atoms.)."를 고르겠다고 말했다. 아직도 이해하지 못하는 암흑 물질을 제외한다면 주변에서 흔히 보는 모든 물질은 모두 원자로 구성되어 있다.[2] 원자는 다시 양전하를 띠는 원자핵과 이를 감싸며 음전하를 띠는 전자로 이루어진다. 이 두 전하량의 크기는 같기 때문에 원자와 이로 이루어진 물질들은 전기적으로 중성이다.

물질을 구성하는 원자는 열이나 압력, 마찰 등 다양한 원인에 의해 전자를 잃거나 얻는다. 플라스틱을 헝겊으로 문지르면 헝겊을 이루는 원자의 전자들이 플라스틱으로 옮겨가면서 전자가 많아진 플라스틱은 음으로, 전자가 부족해진 헝겊은 양으로 대전된다. 자동차의 경우에도 가속이나 감속 등 다양한 운동 과정에서 마찰이 일어나고 이 과정에서 생성된 전하가 차체에 쌓이면서 정전기가 형성된다.

평상시에는 공기 중의 습기, 즉 물 분자가 물체 표면에 형성된 정전기를 대부분 제거한다. 물 분자가 양전하와 음전하의 분포가 불균일한 극성 분자[3]이기 때문이다. 극성 분자는 음으로 대전된 물체 위 여분의 전자를 빼앗거나 양으로 대전된 물체에 전자를 전달함으로써 정전기를 없애고 중성 상태로 돌려놓는다.

문제는 습도가 매우 낮은 겨울철에 발생한다. 중성으로 되돌릴 물 분자가 공기 중에 부족한 상황에서 물체의 대전 상태가 유지되며 전하가 쌓여 대전된 물체와 이웃 물체 사이에 걸리는 전압이 높아진다. 이 전압이 어떤 한계치를 넘어서면 부도체인 공기의 절연 특성, 즉 전기가 흐르지 않는 성질이 파괴되며 공기 중으로 순간적인 전류 흐름인 스파크가 발생한다. 이런 현상의 가장 극단적인 형태가 바로 번개다. 폭풍우 속 격렬한 기류 속에서 부딪히는 얼음 알갱이들에 쌓이는 전하는 수백만 혹은 수천만 볼트의 전압을 형성한다. 적절한 조건이 갖춰지면 구름과 대지 사이에 형성된 높은 전압에 의해 중성인 공기 분자들이 이온화되고 이들이 만드는 전류 흐름이 구름에 쌓인 전하를 순식간에 방전시키며 번개를 일으킨다.

겨울철에 경험하는 방전 스파크도 기본 원리는 번개와 동일하다. 겨울에는 건조해진 몸이나 입고 있는 옷이 여분의 전하가 쌓이는 저장고 역할을 한다. 이로 인해 형성되는 전압은 보통 수천 볼트, 혹은 수만 볼트에 달한다. 이렇게 대전된 사람이 상대방과 악수를 하거나 도체인 자동차에 접근하면 공기의 절연이 파괴되면서 이온화된 전류 채널, 즉 스파크가 형성되고 이를 통해 여분의 전하가 방전되며

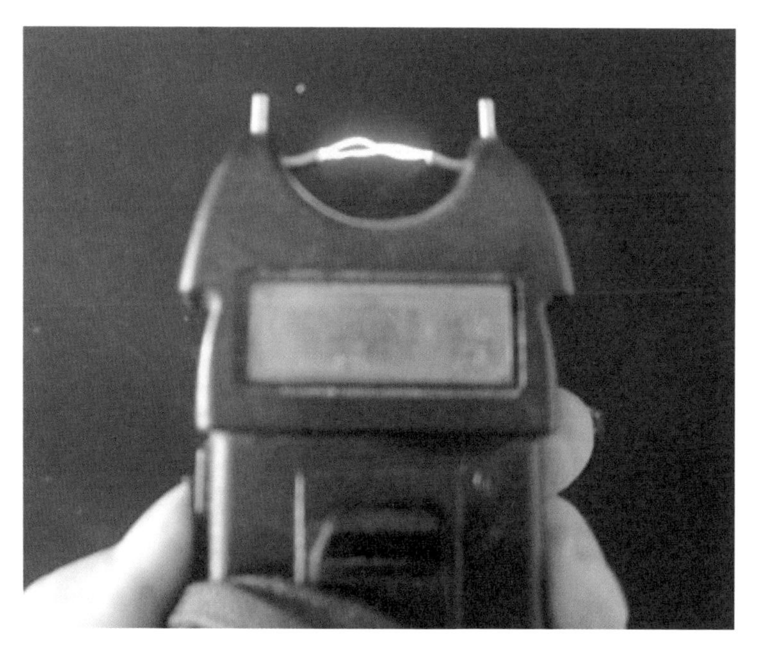

15만 볼트가 걸린 전기 충격기의 두 전극 사이에 형성된 스파크.

제거되는 것이다.

정전기에 의한 방전 스파크를 예방하기 위해서는 쌓인 전하를 미리 없애야 한다. 자동차 문을 열기 전에 키로 차체를 톡톡 두드려서 쌓인 전하를 흘러가게 하는 것, 손에 입김을 불어 인위적으로 습도를 높이는 것 등이 스파크를 방지하는 몇 가지 방법이다. 또한 악수할 때나 손잡이를 잡을 때에 정전기에 의해 방전되면서 깜짝깜짝 놀라는 불쾌한 경험을 없애기 위해서는 방이나 사무실의 습도를 높이는 것이 가장 효과적인 방법이다.

불쾌감을 유발하는 스파크와 같은 방전 현상이 다른 한편으로는 유용한 기술의 기반이 된다. 스파크는 방전에 의해 형성되는 순간적인 전류 흐름이다. 반면에 전기 에너지를 이용해 전류 채널을 지속적으로 발생시키면 아크 방전이 된다. 19세기 사용된 아크등은 탄소 전극 사이에 형성된 아크가 방출하는 빛을 조명으로 이용한 것이다. 오늘날 조명으로 쓰이는 형광등은 내부에 약한 아크를 형성하고 여기서 방출되는 자외선을 유리관에 코팅한 형광 물질에 쬐어 빛을 만든다. 산업 현장에서는 저온 플라스마를 표면 처리 등 다양한 공정에 이용한다. 극단적으로 온도가 높은 고밀도 플라스마는 핵융합 실험에 사용된다.

"아는 만큼 보인다."라는 친숙한 문장의 대상은 문화재나 사찰에만 국한되지는 않을 것이다. 정전기의 물리를 살펴봄으로써 우리는 정전기 현상 속에 숨어 있는 미시 세계를 엿보고 물질을 이루는 원자가 전하는 이야기를 들을 수 있었다. 이 이야기는 거센 폭풍우 속에서 내리치는 엄청난 규모의 번개와 우리 손에서 튀는 미세한 스파크가 본질적으로 동일한 현상이라는 사실을 들려준다. 다채롭고 복잡한 자연 현상의 이면에 숨어 있는 단순성과 패턴을 찾는 것, 그것이 물리학자들의 꿈이자 목표다.

디가우징의 물리학

컴퓨터 저장 장치 내 정보를 파괴하는 기법을 뜻하는 디가우징

(degaussing)이 언론에서 화제가 된 적이 있다. 디가우징은 제거를 뜻하는 접두사 디(de)와 자기장의 세기를 나타내는 단위 가우스(gauss)를 합친 단어다.[4] 원래 디가우징은 제2차 세계 대전 중 지구의 자기장이 군함의 선체에 남기는 자기장의 흔적을 제거해 적의 해상 기뢰로부터 배를 보호하기 위해 개발된 기술이었다. 요즘은 하드 디스크를 포함한 자기 저장 매체에 기록된 정보를 제거한다는 뜻이 추가됐다.

N극과 S극으로 구성된 자석들은 같은 극 사이에서는 서로 미는 척력이, 서로 다른 극 사이에는 인력이 작용한다. 서로 떨어져 있는 두 자석은 어떻게 상대방의 존재를 느끼고 힘을 주고받는 것일까? 자석은 주변에 N극에서 나와 S극으로 들어가는 자기장을 만들어서 다른 자석과 자기력을 주고받는다. 자석 주변에 철가루를 뿌렸을 때 나타나는 형상이 바로 눈에 보이지 않는 자기장의 패턴을 확인시켜 준다. 자기장은 전하의 흐름인 전류 주변에도 생긴다. 나선형 코일로 감긴 전선에 전류를 흘리면 그 속에 자기장이 형성되며 자석의 성질을 띤다. 이것이 바로 전자석의 원리다.

자철광처럼 자성을 띠는 물질 속을 확대하면 무엇이 보일까? 궁극적으로 자석을 구성하는 원자, 즉 원자핵과 그 주변을 도는 전자들이 남는다. 음전하의 전자가 핵 주위를 돌거나 전자의 자전에 비유되는 스핀을 가지면 전류 고리가 만들어진다. 전류 고리는 자기장을 만들기 때문에 이 원자들은 모두 초소형 자석처럼 행동한다. 이 원자 크기의 전류 고리들이 물질 속에서 한 방향으로 정렬하면 자기장이 강해지며 자석이 된다. 그런데 자석의 온도를 올리면 원자 단위로 정렬된 초소형 자석의 방향이 제멋대로 뒤엉키며 자성이 사라진다. 피에르 퀴리가 이 현상을 처음 발견했기 때문에 영구자석의 성질이 사라지는 온도를 퀴리 온도라 부른다.

자성 물질은 오랫동안 정보를 저장하는 수단으로 활용되었다. 현대 정보 사회에서 디지털 정보는 0과 1로 구성된 이진수로 전송되고 저장된다. 광통신의 경우 레이저 펄스의 점멸로 이진수의 두 상태를 만든다. 자성 물질의 경우 자기장 극성의 방향을 조절해 이진수를 구현할 수 있다. 자성 물질이 만드는 자기장의 N극이 위를 향하면 0, 아래를 향하면 1로 지정할 수 있다. 비유하자면 화살표가 위를 향하면 0, 아래를 향하면 1로 지정하는 방식과 비슷하다. 따라서 자성 물질을 작은 구역으로 나누고 각 구역별 극성을 외부 자기장으로 조절해 이진수 정보를 순차적으로 저장할 수 있다.

컴퓨터의 하드 디스크 속에는 플래터(platter)라 부르는 회전 디스크 위에 정보가 저장되는 자성 물질이 얇게 코팅되어 있다. 디스크 위의 자기 헤드는 저장할 정보를 담은 전기 신호를 자성 물질 위에 기록하거나 이미 저장된 정보를 읽는다. 가장 전통적인 자기 헤드는 정보 신호를 담은 전류를 헤드의 코일에 흘려 자기장을 만들고 이를 이용해 자성 물질의 극성을 정렬시키며 정보를 기록한다. 저장된 정보를 읽을 때는 구역별 자성 물질이 만드는 자기장이 헤드의 코일을 지날 때 발생하는 유도 전류를 이용한다.[5] 요즘은 자기장에 의해 저항이 바뀌는 자기 저항 물질의 이용이 더 보편적이다.

디가우징이란 바로 하드 디스크 속 자성 물질의 정렬된 극성을 무너뜨려 이에 저장된 정보를 없애는 것이다. 하드 디스크를 강한 외부 자기장에 노출시키면 이의 영향으로 자성 물질의 극성이 흐트러지며 저장된 정보가 사라진다. 정보의 완벽한 제거를 위해 디가우징을 여러 번 시행하기도 한다. 군사 기술이나 수사 기술의 발전은 어떤 면에서는 창과 방패의 끊임없는 싸움이었다. 디지털 포렌식의 발전이 디가우징으로 제거된 정보를 복원하는 기술적 진화로 이어질 수 있을지 궁금해진다.

유령 입자와 한반도 비핵화

한국을 포함한 6개국 물리학자들이 중성 미자 검출기를 북한 비핵화의 검증에 활용하자는 제안을《사이언스》에 발표한 바 있다.[6] 중성 미자란 원자로 내 핵분열 과정에서 생성되어 다량으로 방출되는 소립자를 말한다. 즉 북한 영변 원자로 주변에 검출기를 설치해 중성 미자를 탐지하면 원자로의 가동 여부와 출력을 파악할 수 있다는 것이다. 실제로 전남 영광에 있는 한빛 원자력 발전소 주변에서는 국내 연구진이 설치한 두 대의 검출기가 원자로에서 나오는 중성 미자를 탐지하고 있고 이 입자의 성질을 밝히는 데 기여해 왔다.[7]

중성 미자는 1930년경 방사성 원소의 핵이 붕괴할 때 에너지가 보존되지 않는 듯이 보이던 실험 결과를 설명하기 위해 독일의 물리학자 볼프강 파울리(Wolfgang Pauli, 1900~1958년)가 도입한 가상의 입자였다. 당시 방사성 원소 중 베타선, 즉 전자를 내놓고 다른 원자핵으로 변환되는 베타 붕괴 과정에서 에너지 및 운동량 보존 법칙이 완벽히 만족되지는 않는다는 실험적 사실을 설명하기 위해 파울리는 보이지 않는 미지의 중성 입자(중성 미자)를 제안했다. 이후 엔리코 페르미(Enrico Fermi, 1901~1954년)가 파울리의 제안에 근거해서 베타 붕괴 과정을 설명하는 이론을 수립하면서 그 과정에 관련된 새로운 상호 작용을 약한 상호 작용이라 불렀다.

중성 미자는 지금도 정확한 질량을 모를 정도로 매우 가볍고 빛처럼 빠르며 전기적으로는 중성을 띠고 있어서 일반 물질과 거의 반응하지 않는다. 이 소립자는 원자로 내 핵분열 과정뿐 아니라 태양과 같은 별 내부의 핵융합 과정, 큰 별의 최후를 장식하는 초신성 폭발에서도 막대한 양이 만들어진다. 그래서 지금도 매초 수백조 개의 중성 미자가 우리 몸을 지나가고 있다. 하나 그 대부분은 우리 몸을, 그리고 발밑의 지구를 그대로 관통해 빠져나간다. 이런 이유로 중성 미자는 유령 입자라 불렸다.

셀 수 없을 정도로 풍부하게 있으나 이를 탐지할 방법이 마땅치 않던 중성 미자는 1956년 이 입자가 풍부하게 만들어지는 미국 서배너강가 핵 발전소 옆에서 물리학자들의 눈앞에 최초로 모습을 드러냈다.[8] 중성 미자는 약한 상호 작용을 거쳐 물질과 반응하기 때문에 탐지할 확률이 엄청나게 낮다. 이처럼 희미하게 반응하는 소립자를 검출하는 방법은 대량의 반응 물질을 준비해 놓고 마냥 기다리는 것이다. 최초로 중성 미자를 검출했던 이 실험에서는 4200리터의 염화카드뮴 수용액이 사용됐지만, 그후 일본 가미오카 광산에서 이루어진 실험에서는 처음에는 3000톤, 나중에는 무려 5만 톤의 물이 중성 미자 검출에 이용되며 일본에 두 번의 노벨상을 안겼다.[9]

이처럼 물질과 반응하기를 꺼리는 중성 미자의 특성은 어떤 면에서는 장점으로 작용하기도 한다. 반응을 거의 하지 않는 만큼 중성 미자가 만들어진 곳의 정보를 그대로 가지고 오기 때문이다. 일반 망원경으로 태양을 관측하면 표면의 광구와 그 주변만을 보게 되지만 태양의 핵에서 만들어진 중성 미자를 탐지하면 태양의 내부 구조도 직접 확인할 수 있다. 즉 미시 세계의 비밀을 들여다보는 데 이용되던 중성 미자라는 과학의 창문이 별의 내부나 초신성 폭발의 순간 등을 상세히 들여다보는 새로운 방식의 망원경으로 자리 잡은 것이다.

그간 중성 미자의 중요한 비밀이 하나씩 벗겨질 때마다 노벨 물리학상이 주어졌듯이[10] 이 소립자는 현대 물리학의 핵심 연구 주제 중 하나였다.[11] 순수 기초 연구에 활용된 측정 기법을 평화적 핵 감시에 이용하자는 과학자들의 이번 주장은 제법 참신하게 다가온다. 특히 한빛 원자력 발전소 주변에 설치된 검출 장비가 순수 국내 기술로 구축된 만큼 이번 제안은 남북 공동 연구의 맹아도 품고 있다. 미국의 한 원자로 근처에서 처음으로 중성 미자의 정체를 드러냈던 검출 기술이 이제 북한의 원자로 옆에서 평화의 기운을 만들어 낼 수 있을지 지켜볼 일이다.

초소형 인간과 초소형 로봇

「바디 캡슐」이나 「이너스페이스」를 포함해 인간이 초소형으로 줄어든다는 설정은 많은 영화들의 단골 소재로 활용되어 왔다. 「다운사이징」에서도 인구 과잉의 해결책으로 개발된 인간 축소 프로젝트를 배경으로 스토리가 펼쳐진다. 실현 가능성을 떠나 인간이 실제로 줄어든다면 초소형 인간들도 우리처럼 아무런 문제없이 살아갈 수 있을까? 대답은 부정적이다.

이 축소 프로젝트에서는 인간의 부피가 2744분의 1로 축소되는데 이때 표면적은 196분의 1로, 길이는 14분의 1로 줄어든다. 이렇게 축소된 인간은 정상적인 인간과 비교하면 부피 대 면적의 비가 상대적으로 14배나 늘어나는 셈이다. 신진대사에 필요한 에너지가 생성되는 신체의 부피에 비해 열이 빠져나가는 피부의 면적이 14배나 증가한 만큼 영화 속 미니 인간은 늘어난 발열량을 감당하지 못해 체온을 정상적으로 유지할 수 없다.

초소형 인간으로 축소되는 게 불가능하다면 대체물을 만드는 방법도 있다. 바로 초소형 로봇이다. 초소형 로봇은 신체 내부로 진입해 병을 치료하거나 심하게 오염된 지역을 탐색하는 등 여러 분야에서 활약이 기대되는 차세대 기술이다. 문제는 미니 로봇에 에너지를 안정적으로 공급하거나 로봇의 동작을 원하는 대로 다양하게 조정하는 것이 쉽지 않다는 점이다. 최근 잇따라 발표된 연구 결과들은 이를 해결하기 위한 과학자들의 치열한 노력을 보여 준다.

독일의 한 연구팀은 연성 물질인 실리콘 속에 미세한 자석 입자들을 넣은 소형 로봇을 만들고 이에 외부에서 자기장을 걸어 다양한 동작을 시킬 수 있었다.[12] 수 밀리미터의 길쭉한 조각에 불과한 이 소형 로봇은 연구자들의 의도에 따라 걷기, 뛰기, 수영하기, 기어오르기, 배달하기 등 매우 다양한 동작을 성공적으로 수행했다. 독일의 또 다른 연구팀은 DNA 자기 조립체를 활용해 한 변이 불과 55나노미터인 판을 준비한 후 그 위에 길이가 25나노미터인 로봇팔을 부착했다.[13] 그리고 전기장을 이용해 이 팔의 방향과 위치를 조정하면서 분자 수준의 화물을 나를 수도 있음을 보였다. 이러한 연구들은 자체 에너지원이 없는 로봇을 외부에서 전기장이나 자기장을 이용해 자유자재로 조정할 수 있음을 보여 주었다. 이런 연구들이 축적되면 장기적으로 소형 로봇이 단지 약을 전달하거나 생체 공학의 보조적 수단을 넘어 궁극적으로는 마이크로 혹은 분자 수준의 공장을 실현하는 기반이 되리라 기대할 만하다.

그런데 이상적인 로봇이라면 주변 환경에서 스스로 에너지를 얻어 이동하는 능력이 필요할 것이다. 서울 대학교 연구팀은 최근 습도에 다르게 반응하는 두 소재를 접합해서 스스로 움직이는 로봇을 구현했다.[14] 습한 표면 위에 놓인 로봇은 높이에 따라 달라지는 습도에 반응해 위와 아래로 휘어지기를 반복하며 별도의 에너지원 없이 자율적으로 이동했다. 이런 로봇은 습기가 많은 생체 조직 위나 접근이 힘든 습한 지역에서 유용하게 사용될 수 있을 것이다.

인간이 수십분의 1로 축소되는 것은 불가능하다. 그렇지만 그 정도의 소형 로봇은 충분히 만들 수 있다. 이런 로봇의 개발에는 생명체의 지혜가 동원된다. 앞서 거론한 연구자들은 선충이나 자벌레, 식물 씨앗의 동작 등 자연의 사례로부터 초소형 로봇을 성공적으로 제어할 수 있는 결정적 아이디어를 얻었다고 한다. 특히 딱딱하고 고정된 로봇에 비해 다양한 유연성을 띠는 소형 로봇은 방해물들이 존재하는 거친 환경에서도 자유롭게 움직일 수 있어 활용도가 높아질 것으로 기대된다. 자연의 지혜를 빌어 자연을 더 닮아가고자 하는 것이 요즘 로봇 연구의 경향이다. 따지고 보면 생명체만큼 완벽한 로봇이 어디 있겠는가!

그래핀이 펼치는 과학 기술의 신지평

어렸을 때 누구나 한 번쯤 밤하늘의 별을 보면서 저 별이 무엇으로 이루어져 있을까 궁금해 하던 적이 있었을 것이다. 우주의 모든 물질들, 별뿐 아니라 우리 몸까지도 주기율표를 채우고 있는 92개의 원소(인공 원소까지 포함하면 118개)로 이루어져 있다는 사실을 배우면서 별들에 대한 묘한 동질감마저 느낀다. 그 원소 중에서 가장 유연하고 참견하기 좋아하며 다재다능한 능력을 발휘하는 원소는 무엇일까? 과학자들은 이구동성으로 탄소를 지목할 것이다.

원자 번호가 6번인 탄소는 다른 원자들과 결합할 수 있는 4개의 팔을 가져서 어느 방향으로든 비교적 자유롭게 연결될 수 있고, 이러한 유연성으로 인해 풍부하고 다양한 화합물을 형성한다. 자연계에서 탄소가 포함된 화합물은 1000만 종 이상이나 된다고 한다. 일상생활에서 보는 대부분의 물질에는 탄소가 포함되어 있다. 이러한 유연성으로 인해 탄소는 생명 현상을 떠받치는 기둥의 역할도 담당하고 있는데, 우리 몸을 이루는 단백질을 구성하는 아미노산 분자들 역시 탄소를 주축으로 형성된다. 재미있게도 탄소는 다른 종류의 원자들과 결합할 때뿐만 아니라 자기들끼리 결합할 때에도 변화무쌍한 모습을 발휘한다.

각 탄소 원자들이 4개의 팔을 통해 서로 간에 강하게 결합하면서 형성하는 3차원의 구조물이 바로 다이아몬드다. 만약 탄소 원자들이 6각형의 벌집 모양으로 연결되어 평면을 만들고 이들이 층층이 쌓이면 연필심의 재료인 흑연이 된다. 흑연을 일종의 인공 번개인 아크 방전에 노출시키면 흑연을 구성하는 탄소 층이 말리면서 플러렌(fullerene)이라 불리는 축구공 모양의 분자가 되거나 지름이 수 나노미터에 불과한 날카로운 기둥 모양의 탄소 나노 튜브가 만들어진다. 이러한 탄소 기반의 나노 물질들을 이용해 새로운 광원이나 혁신적인 나노 소자를 만들어 내기 위한 연구가 지난 20여 년간 활발히 진행되어 왔다.

2010년도 노벨 물리학상은 탄소만으로 구성된 나노 물질의 목록에 그래핀(graphene)을 새롭게 추가한 맨체스터 대학교 과학자들에게 돌아갔다. 그들은 2004년 접착 테이프를 이용해 흑연으로부터 단 하나의 탄소층만을 분리해 내고 그 물성을 밝히는 데 기여한 안드레 가임(Andre Geim, 1958년~)과 콘스탄틴 노보셀로프(Konstantin Novoselov,

1974년~)였다. 이 세상에서 가장 얇고 완벽한 이 2차원의 탄소 결정은 그 특이한 구조로 인해 흑연이나 다이아몬드와 같은 3차원 탄소체에서는 볼 수 없는 특이한 성질이 나타난다. 전류를 형성하는 전자들의 속도가 매우 빠르고 열을 전달하는 능력이 탁월하며 강철보다 100배는 더 강하다. 게다가 그래핀은 단 1개의 탄소층으로 구성되어 있기 때문에 매우 투명하고 자유롭게 구부러질 수 있으며 뛰어난 신축성을 가지고 있다. 이로 인해 그래핀은 플렉서블 디스플레이나 터치 스크린의 투명 전극, 초고속 전자 소자, 고효율 태양 전지, 초고용량 축전기, 생체 센서 등 다양한 응용 분야에서 적용 가능성이 높은 물질로 연구되고 있고 일부 전자 소자나 고강도 복합체의 재료로 사용되고 있다.

그래핀을 활용한 기술들이 과연 어느 정도의 속도로 상용화될까? 고순도 실리콘의 생산이 뒷받침되어 트랜지스터가 탄생하고 오늘날 정보 기술 혁명이 시작되었듯이 아마도 질 높은 그래핀을 대량 생산하는 기술을 확보하는 것이 상용화 기술 개발의 전제 조건일 것이다. 우리나라는 반도체와 평판 디스플레이 기술의 선두 주자답게 이 분야에 있어서도 높은 기술 수준을 유지하고 있다. 그래핀의 탄생이 주는 또 하나의 중요한 의의는 이 나노 물질이 과학의 새로운 지평을 여는데 크게 기여할 수 있기 때문이다.

일반적인 반도체가 에너지 띠틈(energy bandgap)[15]을 가지고 있는데 비해 그래핀은 띠틈이 없다. 에너지 띠틈은 묶여 있는 전자를 전도성 상태로 만들기 위해 필요한 최소한의 에너지로서 물질의 광학적 성질과 수송 특성을 결정한다. 금속처럼 전도성이 좋은 그래핀을 전자 회로 속 소자로 만들기 위해서는 전자의 흐름을 조정할 수 있는 성질을 부여하는 띠틈이 필요하다. 그래서 그래핀을 양자점 혹은 폭이 좁은 리본 형상으로 만들거나 기판과의 경계면의 성질을 조정해 에너지 띠틈을 부여한다. 최근에는 그래핀과 같은 2차원 물질이면서 에너지 띠틈이 있는 이황화몰리브덴(MoS_2)이나 이셀레늄화텅스텐(WSe_2)의 물성 및 응용에 대한 연구도 활발히 이루어지고 있다.

3차원의 세계에 살고 있는 우리에게 2차원이나 1차원, 혹은 양자점과 같은 0차원 물질은 3차원 물질이 갖지 못한 새로운 물성을 탐색할 수 있는 보고이자 새로운 응용 분야를 창출할 수 있는 원천이기도 하다. 이 저차원 물질들에 적절한 형상과 특성을 부여하면서 3차원의 소자에 집적시키는 것은 또 다른 도전적 문제일 것이다. 저차원 물질에 기반한 새로운 물성의 소자들이 기존의 실리콘에 기반한 정보 통신 문명 속에 어떻게 안착해 들어올지 지켜보는 것도 흥미로운 일일 것이다.

맺음말

빛에서 빛으로

아침에 눈을 뜰 때 습관적으로 확인하는 휴대 전화 화면에서부터 하루를 마치고 잠자리에 들 때 끄는 조명등에 이르기까지 우리의 하루는 빛으로 시작해 빛과 함께 끝납니다. 먼 과거 인류의 조상들은 조명도 없는 칠흑 같은 어둠 속에서도 희미한 빛을 느낄 수 있는 눈의 도움으로 맹수를 피하며 삶을 이어 왔습니다. 우리는 빛으로 세상을 보고 느끼며 빛으로 정보를 주고받습니다. 디스플레이를 포함한 광기술이 없는 세상, 빛으로 연결되지 않은 세상을 이젠 상상하기 힘듭니다. 그리고 그 빛은 우리를 먼 과거로 연결해 주기도 합니다. 과학자들은 빅뱅의 잔해로 남은 빛(마이크로파 배경 복사)을 찾아 우주의 기원을 파악하기도 하고 더 멀리서 온 빛을 볼 수 있는 차세대 우주 망원경을 준비하며 더 오래된 과거를 추적하려 합니다.

이 책에서 저는 빛을 통해 보는 세상을 그리고 싶었습니다. 우연히 발견한 무지갯빛 채운 속에, 과학자들이 끊임없이 우주로 올려 보내는 탐사선의 활동 속에, 날로 발전하는 디스플레이와 조명 기술 속에 빛의 어떤 비밀이 숨어 있는지 독자들과 나누고 싶었습니다. 거기서 발견한 빛의 비밀은 우리를 과거로만 아니라 인류의 미래로도 이어줄 것입니다. 이 책을 통해 여러분들이 자연 속에 숨어 반짝이는 영롱한 빛의 아름다움을 발견하거나 인류의 미래와 함께 할 광기술의 원리에 조금이라도 관심을 갖게 된다면 제 희망은 충분히 달성되는 것입니다. 그러면 저는 빛과 함께 하는 또 다른 여행을 준비할 힘을 얻게 될 것입니다.

후주

1부 태초에 빛이 있었다

1장 빛의 속도로 가라

1 2018년 국제 도량형 총회는 기본 물리 상수를 근거로 질량의 단위인 킬로그램(kg), 전류의 단위인 암페어(A), 온도의 단위인 켈빈(K), 물질의 양의 단위인 몰(mol)을 재정의한 바 있다. 이렇게 다시 정의된 단위는 2019년 5월 20일부터 적용되기 시작했다.

2 L. V. Hau, S. E. Harris, Z. Dutton, C. H. Behroozi, "Light speed reduction to 17 metres per second in an ultracold atomic gas", ***Nature*** 397권, 594~598, 1999년. https://www.nature.com/articles/17561.

3 N. S. Ginsber, S. R. Garner, L. V. Hau, "Coherent control of optical information with matter wave dynamics", ***Nature*** 445권, 623~626, 2007년. https://www.nature.com/articles/nature05493.

4 GPS의 시간 보정에는 특수 상대성 이론만 아니라 아인슈타인이 1917년에 발표한 일반 상대성 이론에 따른 시간 보정이 핵심적인 역할을 한다.

5 공식 홈페이지. http://www.light2015.org/Home.html.

6 펨토초(femtosecond) = 10^{-15}초.

7 아토초(attosecond) = 10^{-18}초.

8 589나노미터 파장의 빛은 소듐 원소의 대표적인 공명 에너지 준위에 대응된다. 소듐등이 바로 이 파장의 황색 빛을 방출한다. 589나노미터 파장의 빛 대신 근자외선 레이저를 쏘고 대기에서 산란된 성분을 검출해 인공별로 사용하기도 한다.

2장 보이는 빛과 보이지 않는 빛

1 빛이 물질 표면에 비스듬히 입사할 때 굴절되는 정도는 굴절률이라는 물질의 속성과 관련되어 있다. 굴절률이 클수록 더 큰 각도로 꺾인다. 유리나 물처럼 투명한 물질들은 대개 파장이 긴 빨간색의 굴절률보다 파장이 짧은 파란색 쪽의 굴절률이 더 크고 그래서 더 큰 각도로 굴절된다. 파장에 따라 굴절률이 달라지는 현상을 분산(dispersion)이라 부른다.

2 전기장과 자기장이 1초에 진동하는 횟수를 진동수(혹은 주파수, frequency)라고 부른다.

진동수는 전기장이 한번 진동할 때 걸리는 시간인 주기(period)의 역수다. 파동의 속력은 거리를 시간으로 나누면 되는데 한번 진동할 때 가는 거리인 파장(wavelength)을 한번 진동하는데 걸리는 시간인 주기로 나누면 된다. 주기로 나눈다는 것은 그 역수인 진동수를 곱한다는 의미이므로 파동의 속도는 파장과 진동수의 곱으로 나타낼 수 있다.

3 1나노미터(nanometer)는 10억분의 1미터를 의미하고 지수를 사용하면 10^{-9}미터다. 빛의 속도가 파장과 진동수의 곱이므로 주어진 파장과 알려진 광속을 이용해 가시광선의 진동수를 구해 보면 약 3.8×10^{14}~7.9×10^{14}헤르츠이다. Hz(헤르츠)는 진동수의 단위로써 1초에 1번 진동하면 1헤르츠가 된다.

4 일정한 온도를 가진 물체에서 방출되는 전자기파는 물체를 구성하는 원자나 분자들의 열적 움직임에 의해 발생한다. 온도가 올라갈수록 열적 움직임도 활발해지기 때문에 방출되는 전자기파의 양이 급격히 증가하고 파장도 짧아진다. 이에 관련된 이론이 흑체 복사(blackbody radiation) 이론이다.

5 일반적인 백열전구가 방출하는 전체 복사 에너지 중 가시광선이 차지하는 비중은 5퍼센트 정도에 불과하다.

6 uv는 ultraviolet의 약자다.

7 전기장 벡터의 끝이 진동하는 방식에 따라 선형 편광, 원형 편광, 타원 편광 등 다양한 편광 모드를 정의할 수 있다.

8 공기와 물 사이에 형성되는 브루스터 각은 약 53도이다.

9 특정한 방향의 선형 편광을 흡수하고 그에 수직인 선형 편광을 투과시키는 편광자를 흡수형 선형 편광자라 한다. 보통 폴리비닐 알코올이라는 고분자에 아이오딘을 첨가해 만든다.

3장 빛을 보는 법

1 요즘은 필름 대신 전하 결합 소자(Charge Coupled Device, CCD)나 CMOS(Complementary Metal Oxide Semiconductor) 이미지 센서라 불리는 반도체 소자가 빛을 감지한다.

2 원추세포는 원뿔세포, 막대세포는 간상세포라고도 불린다.

3 매우 어두운 곳에서 막대세포만 활성화되어 있을 때의 시각을 암소시(scotopic vision), 밝은 환경에서 원추세포가 활성화될 때의 시각을 명소시(photopic vision), 그 중간에서 양 시각세포가 동시에 활성화되며 작용하는 시각을 박명시(mesopic vision)라 한다.

4 인간이 지각하는 빛의 밝기를 정량화한 측정량이 휘도(luminance)로서 단위는 cd/m^2

이다. 칸델라(candela)라 불리는 cd는 국제 단위계의 7가지의 기본 단위 중 하나인 광도의 단위를 나타낸다. 인간이 지각할 수 있는 가장 낮은 휘도는 0.001~0.0001cd/m^2 정도이고 태양의 휘도는 정오경에 약 1.6×10^9cd/m^2이다.

5 태양빛이 직접 내리쬐는 곳에 놓인 흰색 반사판의 휘도 정도로서 약 10000cd/m^2에 대응된다.

6 Arne Valberg, ***Light Vision Color,*** Wiley, 146쪽, 2005년.

7 적추체, 녹추체, 청추체는 각 세포가 높은 감도를 가지는 파장 영역에 따라 각각 L(long), M(medium), S(short)라고 한다.

8 조건 등색(metamerism)이라 한다.

9 https://en.wikipedia.org/wiki/Chromostereopsis#/media/File:Muzeum_Su%C5%82kowskich_-_Zabytkowy_Witra%C5%BC.jpg.

10 비슷한 착시 현상을 이 링크에서 확인할 수 있다. http://i.imgur.com/IOOx6.gif.

4장 태양과 자연이 빚어낸 빛의 교향곡

1 유리나 플라스틱처럼 투명한 물질들은 보통 자외선 파장 영역에 흡수 공명 대역이 있다. 이는 이 물질들을 구성하는 원자들의 공명 진동수, 즉 에너지 준위의 존재에 따른 흡수가 자외선 대역에 존재하기 때문이다. 이 경우 가시광선에서 자외선 공명 진동수로 전자기파의 진동수가 증가해 다가감에 따라 전자기파가 느끼는 물질의 굴절률이 높아진다. 즉 파란색 빛의 굴절률이 빨간색 빛의 굴절률보다 높고 더 많이 굴절되기 때문에 이들을 통과할 때 백색광의 색 분산이 발생하는 것이다.

2 물 분자처럼 분자의 양전하의 중심과 음전하의 중심이 다른 경우 이를 극성 분자(polar molecules)라 한다. 극성 분자를 이루는 양전하와 음전하는 전자기파를 구성하는 전기장의 영향 하에 서로 반대 방향으로 힘을 받으며 움직인다. 극성 분자들이 마이크로파의 주파수에 따라 방향을 바꾸며 에너지를 얻어 온도가 올라가는 현상을 유전 가열(dielectric heating)이라 부른다. 적외선과 빨간색을 흡수하는 물 분자의 진동은 공명 진동이지만 전기장의 변화에 따라 물 분자가 방향을 바꾸는 운동은 완화(relaxation) 과정이라 부른다.

3 빛의 파장보다 훨씬 작은 크기의 입자들에 의해 발생하는 광산란 현상을 본문 중에도 언급했듯이 레일리 산란이라 한다. 반면 빛의 파장과 크기가 비슷하거나 이보다 더 큰 입자들에 의해 빛이 비교적 색상에 무관하게 산란되는 현상을 미 산란(Mie

scattering)이라 부른다.

4 카시니 호가 촬영한 토성의 아름다운 대기를 감상하려면 이 사이트를 방문하면 된다. https://www.nasa.gov/mission_pages/cassini/multimedia/pia06177.html.

5 수평 방향으로 형성된 대기층의 두께는 수직 방향 두께에 비해 37배 정도 더 두껍다.

6 드라마 「눈이 부시게」에서 배우 김혜자의 마지막 독백 중 일부이다.

7 영화 「변산」에서 노을을 바라보던 배우 김고은의 대사 중 일부이다.

8 진공에서 굴절률은 정확히 1이지만 지구 바닷가 부근의 깨끗한 공기의 굴절률은 초록색 빛에 대해 1.0003 정도이다. 굴절률의 변화는 매우 작지만 두터운 대기 속에서 빛의 굴절 효과는 쉽게 관측될 수 있다.

9 석양 무렵 대기를 길게 통과한 햇빛이 붉게 보이는 것도 같은 이유이다.

10 물체 속 원자나 분자에 묶여 있는 전자가 가질 수 있는 에너지 값은 분절적으로 제한되어 있고 전자는 이에 대응되는 에너지 준위에 놓인다. 에너지 준위의 구조에 따라 전자는 특정한 파장의 전자기파에만 공명하며 여기(excitation)될 수 있다. 응집 물질 속에서는 전자의 여기 에너지가 열로 흡수되어 손실되기 때문에 특정 파장 대역을 흡수하는 흡수 공명 현상을 보인다.

11 람베르트 반사라 부르기도 한다.

12 https://www.atoptics.co.uk/fz120.htm.

5장 빛의 사계

1 세기가 강한 1차 무지개는 빛이 물방울의 윗부분을 통해 들어가 내부에서 한 번 반사된 후 물방울의 아래 표면을 통해 42도 정도의 각도로 굴절되어 빠져나온다. 가장 적게 굴절되는 빨간색의 고도가 제일 높아서 위로부터 아래로 빨주노초파남보의 색깔이 펼쳐진다. 세기가 약한 2차 무지개는 물방울의 아래쪽으로 들어가 두 번의 반사를 거쳐 52도 정도의 각도로 탈출한다. 가장 많이 굴절되는 보라색의 고도가 제일 높이 보여 1차 무지개와는 반대의 순서로 색깔이 펼쳐진다.

2 수평호(circumhorizontal arc)의 형성 원리. https://www.atoptics.co.uk/halo/chaform.htm.

3 컬러 프린터의 잉크들은 반사색을 구현하고 스테인드글라스는 투과색을 구현하지만, 두 방법 모두 백색에서 특정 색을 흡수해 빼 버림으로써 색상이 구현되기 때문에 감법 혼색이라 부른다.

4 P. Debenedetti, G. Stanley, "Supercooled and Glassy Water", ***Physics Today*** 56권, 40~46, 2003년.

6장 목성에서 번개가 친다면

1 목성에서 목격된 번개의 사진. https://www.nasa.gov/feature/jpl/juno-solves-39-year-old-mystery-of-jupiter-lightning.

2 메가헤르츠(MHz)와 기가헤르츠(GHz)는 각각 1초에 100만 번과 10억 번 진동하는 주파수(진동수)를 일컫는 단위이다.

3 S. Brown 외, "Prevalent lightning sferics at 600 megahertz near Jupiter's poles", ***Nature*** 558권, 87~90, 2018년. https://www.nature.com/articles/s41586-018-0156-5.

4 지구의 대기권은 지면으로부터 위로 대류권, 성층권, 중간권, 전리권(열권), 외기권으로 구분된다. 대부분의 기상 현상은 대류권에서 발생한다. 지구를 태양의 자외선으로부터 보호하는 오존층은 성층권에 있고 이로 인해 성층권에서는 고도가 높아질수록 온도가 상승한다. 중간권을 거쳐 만나는 전리권에서는 원자들이 태양풍에 의해 이온화되기 때문에 전리층으로 불리기도 한다.

5 우주선은 우주에서 지구 대기권으로 날아오는 고에너지의 입자들로써 주로 고에너지 양성자와 원자핵으로 구성되어 있다. 우주선의 기원은 태양계 외부, 우리 은하의 외부, 태양으로 나눌 수 있다.

6 P. Schellart 외, "Probing Atmospheric Electric Fields in Thunderstorms through Radio Emission from Cosmic-Ray-Induced Air Showers", ***Physical Review Letters*** 114권, 165001, 2015년. https://journals.aps.org/prl/abstract/10.1103/PhysRevLett.114.165001, https://physics.aps.org/articles/v8/37.

7 전하가 가속 운동을 하면 전자기파를 방출한다. 송신용 안테나에서 +와 -의 극성이 주기적으로 바뀌며 전하가 진동하면 동일한 진동수의 전자기파가 방출되는 것도 같은 원리다.

8 편광은 전자기파를 구성하는 전기장의 진동 방식을 의미하는데 선형 편광, 원형 편광, 타원 편광 등으로 나눌 수 있다.

9 하나의 예를 다음 링크에서 볼 수 있다. C. Knoblauch, C. Beer, S. Liebner, M. N. Grigoriev, E.-M. Pfeiffer, "Methane production as key to the greenhouse gas budget of thawing permafrost", ***Nature Climate Change*** 8권, 309~312, 2018년. https://www.

nature.com/articles/s41558-018-0095-z.

10 분자는 자신의 고유 진동수와 동일한 진동수의 전자기파를 흡수한다. 이는 공명 현상의 일종이다. 메테인 분자의 고유 진동수는 약 3×10^{13}~9×10^{13} 헤르츠로, 전자기파의 영역 중 적외선에 해당한다.

11 각종 온실 기체의 대기 중 농도는 다음 링크에서 확인할 수 있다. https://www.epa.gov/climate-indicators/climate-change-indicators-atmospheric-concentrations-greenhouse-gases.

12 parts per million. 1ppm은 100만분의 1, 혹은 100만 개 중 하나의 비율을 의미한다.

13 X. Fang 외, "Rapid increase in ozone-depleting chloroform emissions from China", *Geoscience* 12권, 89~93, 2018년. https://www.nature.com/articles/s41561-018-0278-2.

14 이곳이 전리권(ionosphere)이다. 전리권에는 이온과 전자 등 하전 입자들이 플라스마를 이루고 있어서 통신에 사용되는 특정 전자기파를 반사함으로써 대륙 간 무선 통신에 활용된다.

15 산소 분자는 240나노미터보다 짧은 파장의 자외선에 의해 2개의 산소 원자로 분해된 후에 다른 산소 분자와 결합해 오존 분자를 형성한다. 반면에 오존 분자는 자외선을 흡수해 다시 산소 분자 1개와 산소 원자 1개로 분해된다. 이 두 과정은 같은 비율로 일어나며 성층권의 오존 농도를 일정하게 유지시킨다.

16 염소 원자 하나는 오존과 반응해 분해한 뒤 다시 원래 상태로 돌아와 다른 오존과 반응하는 방식으로 보통 10만 개 정도의 오존 분자를 분해하는 것으로 알려져 있다.

2부 인간이 만든 빛

7장 인공 광원이 펼치는 빛의 세계

1 보통 아르곤이나 네온이 적절한 비율로 섞여 봉입된다.

2 흑체(blackbody)란 자신에게 쏟아지는 모든 전자기 복사 에너지를 100퍼센트 흡수하는 이상적인 물체를 말한다. 흑체는 스스로의 온도에 대응하는 자신만의 전자기파를 방출하는데 이 스펙트럼은 물체의 조성과는 무관하게 온도에 의해서만 결정된다.

3 K는 절대온도의 단위로써 켈빈이라 읽는다. 0K은 섭씨 영하 273.15도이다.

4 조명이 물체색을 연출하는 능력은 연색지수(color rendering index)로 평가되는데 백열전구의 연색지수는 연색지수가 가질 수 있는 최대값인 100이다.

5 아크등은 2개의 탄소 전극 사이에 고전압을 인가해 공기의 절연성을 파괴, 전기적 아크 방전(arc discharge)을 형성해 이에 동반되는 빛을 이용하는 전기등이다. 번쩍거림과 소음이 심해 19세기에 주로 야외의 가로등이나 극장 등 대규모 공연 공간의 조명등으로 활용되었다.

6 수은형 형광등에서 형성되는 자외선은 수은 원자의 에너지 준위에 의해 결정되는데, 파장 253.7나노미터 자외선이 대부분이나 일부 185나노미터 단파장 자외선도 발생한다.

7 사단 법인 변화를 꿈꾸는 과학 기술인 네트워크(ESC) 산하 과학 문화 위원회에서 주관한 미술관 데이트 행사의 일환으로 이루어졌다.

8 사람이 인지하는 면 발광체의 밝기는 휘도(luminance)란 측정량으로 정량화된다. 람버시안 표면은 어느 각도로 바라보더라도 동일한 밝기, 동일한 휘도로 보이는 발광면을 말한다. 대표적으로 A4 용지나 달의 표면을 들 수 있다.

9 소듐등은 기체 방전 램프의 일종이다. 기체 방전 램프 내부에서는 고전압이 가해짐에 따라 내부 기체의 일부가 이온화되어 플라스마가 형성된다. 플라스마 속 전자가 빠른 속도로 중성 원자와 충돌하면 원자 속에 묶여 있는 전자가 여기되었다가 에너지를 잃고 떨어지면서 빛을 방출한다. 방출되는 빛의 스펙트럼은 방전 기체를 구성하는 원자의 종류와 압력, 전류밀도 등 다양한 변수에 의존한다. 방출되는 빛이 자외선인 경우에는 형광 물질을 이용해 가시광선으로 바꾸기도 한다. 이런 원리를 이용한 램프로는 형광등이 대표적이다.

10 이런 감도 곡선은 어느 정도 밝기가 보장되는 환경에 대한 것이고, 매우 어두운 조건에서는 눈의 감도 곡선이 507나노미터에서 최대가 된다.

8장 LED와 21세기

1 n과 p는 각각 negative와 positive의 약자이다.

2 LED의 p형 반도체에 (+)의 전압을, n형 반도체에 (-)의 전압을 가하면 양의 성질을 띠는 정공은 (+)의 전압에 밀리고 음의 성질을 띠는 전자는 (-)의 전압에 의해 힘을 받으며 접합면으로 이동하게 된다. 이렇게 가하는 전압을 순방향(forward) 전압이라 한다. 역방향으로 전압을 걸어 주면 다이오드는 전류가 통하지 않는 상태를 유지한다. 이 성질은 전류를 한 방향으로만 흐르게 하는 정류 작용에 활용할 수 있다.

3 청색 LED가 등장하기 전에는 적외선에서 초록색까지의 파장 영역을 커버할 수 있는 LED만 상용화되어 있는 상태였다. 따라서 LED를 이용해 백색광을 구현할 수 없었다.

4 휴대폰의 경우 백색 LED를 백라이트로 사용하는 LCD 타입과 유기 발광 다이오드(OLED) 타입이 있는데, 갈수록 OLED 타입의 비중이 커지고 있다.

5 GaN 자체의 발광 파장은 약 365나노미터로 근자외선에 속한다. Ga의 자리에 인듐(In)을 치환한 InGaN에서 In의 치환 비율을 늘림에 따라 발광 파장이 길어지며 자외선을 벗어나 청색과 같은 단파장 가시광선을 방출할 수 있다.

6 루멘(lumen)은 사람이 인지하는 1초당 빛 에너지의 단위이다. 사람의 눈은 555나노미터의 파장을 갖는 초록색 빛에 대해 최대 감도를 가지고 있는데, 이 파장의 빛 1 W(와트)가 683루멘으로 정의된다.

7 상용화된 제품의 효율은 아니고 연구실에서 최적의 디자인을 통해 개발한 연구 성과의 수치다. 관련 기사 링크는 다음과 같다. https://www.cree.com/news-media/news/article/cree-first-to-break-300-lumens-per-watt-barrier.

8 가시광 통신은 LED의 고속 변조(점멸)를 통해 이진수 정보를 전달한다는 개념이다. 어디나 존재하는 조명을 통신 인프라로 활용하겠다는 목적으로 개발되고 있다.

9 역으로 굴절률이 작은 공기에서 굴절률이 큰 물로 빛을 보내면 물속으로 들어가는 순간 법선에 더 가까운 방향으로 굴절된다.

10 물과 공기의 계면에서 임계각은 약 48.6도이다.

11 Jae-Jun Kim 외, "Biologically inspired LED lens from cuticular nanostructures of firefly lantern" *PNAS* 109권, 18674~18678, 2012년. https://www.pnas.org/content/109/46/18674.

12 나방 눈에 새겨진 미세한 돌기는 튀어나오는 방향으로 점점 가늘어진다. 따라서 나방 눈의 표면으로부터 멀어질수록 돌기와 돌기 사이의 공기의 비중이 늘어난다. 돌기의 굴절률은 높고 공기의 굴절률은 낮기 때문에 공기의 비중이 늘어나면 빛이 느끼는 평균 굴절률은 점차적으로 낮아지게 된다. 유리와 공기 사이의 계면처럼 굴절률이 갑자기 바뀌는 경우보다 나방 눈처럼 굴절률이 점진적으로 바뀌는 경계면에서는 반사되는 빛의 양이 줄어든다.

9장 디스플레이의 과거

1 high definition의 약자이다.

2 빨간색, 초록색, 파란색 빛을 내는 부화소들의 밝기를 각각 3 비트의 이진수 신호로 조절한다고 하자. 3비트는 $2^3 = 8$ 가지 단계로 각 색깔의 밝기를 조절할 수 있다는 것이다. 그러면 빛의 삼원색을 조합하는 방법은 $8 \times 8 \times 8 = 512$로써 총 512가지의 색상을 구현할 수 있다. 8비트의 이진수 신호를 사용하면 약 1670만 가지, 10비트의 신호를 이용하면 총 10억 가지 정도의 색상을 구현하게 된다.

3 전자빔은 음의 전하를 띠는 전자들로 구성되어 있다. 전하를 띠는 입자는 전기장에 의해 힘을 받아 운동 상태를 바꾼다. 게다가 움직이는 전하는 자기장 속에서 로렌츠 힘을 받아 운동 방향이 변한다. 브라운관 TV 내에서는 이 전기적 힘과 자기장에 의한 힘을 적절히 조합해서 전자빔의 방향을 정교하게 조절할 수 있다.

4 PDP 내 크세논 원소로부터 방출되는 자외선의 파장은 147나노미터와 172나노미터로써 형광등의 수은이 방출하는 자외선(254나노미터)보다 파장이 짧다.

10장 LCD의 진화

1 막대기형 분자들의 장축이 비슷한 방향으로 정렬해 있는 상태를 네마틱 액정(nematic liquid crystal) 상이라 부른다. 온도를 더 낮추면 방향이 비슷해질 뿐 아니라 층 구조로 정렬되는 상태로 바뀔 수 있는데 이것을 스메틱 액정(smectic liquid crystal) 상이라 한다.

2 선형 편광판이 통과시키는 빛의 전기장의 진동 방향, 즉 편광 방향이 해당 편광판의 투과축(transmission axis)이 된다. 따라서 선형 편광판를 통과한 빛은 선형 편광 상태를 유지하고 이것이 선형 편광판이라는 이름을 설명해 준다.

3 이런 차이는 액정 분자가 가지는 복굴절의 특성에 기인한다. 길쭉한 형상의 액정 분자는 장축과 단축 방향의 굴절률이 다르다. TN 모드로 꼬여 있으면 액정 셀을 지나가는 빛은 막대기 분자의 두 굴절률을 모두 느끼며 편광이 회전된다. 반면에 전압이 인가되어 액정 분자가 서 있으면 횡파인 빛의 편광의 입장에서는 막대기 분자의 장축에 수직인 단면만 느끼기 때문에 하나의 굴절률만 느끼고 빛의 편광은 회전되지 않는다.

4 트랜지스터는 각 화소, 더 정확히는 각 부화소의 빛을 조절해 주는 스위치 역할을 하는 회로 소자로, 이를 박막(thin film)으로 구현하기에 박막 트랜지스터(thin film transistor)라 부르고 영어로 TFT라 줄여 부르기도 한다.

5 백라이트 유닛(backlight unit), 줄여서 BLU라 부르기도 한다.

6 도광판(light guide plate)은 얇고 투명한 플라스틱 판이다. 측면에서 입사된 빛은 도광판의 위와 아랫면에 부딪히며 내부 전반사를 통해 퍼져 나간다. 도광판의 아랫면에는 도

광판 속을 지나가는 빛을 LCD 화면으로 올려 보내기 위한 산란 패턴이 새겨져 있다. 빛이 이 패턴에 부딪히면 사방으로 퍼지면서 화면으로 올라가는 빛이 발생한다.

7 도광판의 위에는 빛을 어느 정도 균일화해서 고르게 만드는 확산 필름(diffusion film)이 있고 그 위에 프리즘 형상의 마이크로 렌즈가 새겨져 빛을 정면으로 모아 주는 프리즘 필름이 올라간다.

8 디스플레이가 가장 밝을 때의 밝기(휘도)와 가장 어두운 블랙 상태의 휘도 사이의 비를 명암비(contrast ratio)라 부른다. 비자발광 디스플레이인 LCD는 명암비 측면에서 자발광 디스플레이에 비해 태생적으로 불리할 수밖에 없다.

9 적응형 디밍(adaptive dimming)이라고도 불린다.

10 양자점 기술에 대해서는 11장에서 다룰 예정이다.

11장 디스플레이의 미래

1 유기 발광 다이오드(Organic Light Emitting Diode)를 OLED라 약칭한다.

2 백색 OLED를 그대로 사용하면 평면 조명이 된다. 아직 소량이지만 조명 시장에서는 OLED 조명 제품이 다양한 형태와 모델로 판매되고 있다.

3 브라운관의 색을 결정하는 것은 전면 유리에 형성된 형광체다. 브라운관 앞면에 전자빔을 받아 빨간색 빛을 내는 적색 형광체만 코팅을 하면 그 브라운관은 대형 디스플레이의 화소를 구성하는 빨간색 부화소가 된다.

4 전자기파의 에너지는 빛알이라 불리는 덩어리로 전달된다. 빛알 하나의 에너지는 전자기파의 진동수에 비례하고 파장에 반비례한다. 따라서 파란색 빛알이 양자점에 의해 흡수되면 에너지가 더 작은 초록색이나 빨간색 빛알로 변환된 후 남는 여분의 에너지는 보통 열로 손실된다.

5 전자가 높은 에너지 상태(준위)로 올라가고 원래 전자가 있던 자리에 빈자리(정공)가 생겼을 때 전자와 정공의 결합체를 전문적인 용어로 엑시톤(exciton)이라고 한다.

6 디스플레이의 색상 구현 능력은 색 재현성(color gamut)이라는 양으로 정량화된다. 색 재현성은 국제 조명 위원회(CIE)에서 정한 색도도(chromaticity diagram) 상에서 빛의 삼원색의 색좌표에 둘러싸인 삼각형의 면적으로 계산한다.

12장 미래의 광기술

1 타운스는 레이저 발명 이전인 1950년대 아인슈타인의 유도 방출 이론을 마이크로파

에 적용해서 증폭기(microwave amplification by stimulated emission of radiation, MASER)를 발명한 바 있다.

2 레이저 발명의 우선권을 미국의 물리학자 고든 굴드(Gordon Gould, 1920~2005년)에게 돌리는 사람들도 있다.

3 이득 매질(gain medium). 레이저의 종류에 따라 기체, 액체, 고체 등 다양한 상태의 매질이 사용된다.

4 백열전구와 같은 조명이 내는 빛은 다양한 파장과 다양한 위상, 편광이 섞여 있는 빛이다. 여기서 편광은 빛을 이루는 전기장이 진동하는 방향 혹은 방식을 뜻한다. 반면에 레이저가 내는 단색광의 빛은 동일한 위상과 편광을 갖는다.

5 힉스 입자의 이론적 예측에 기여한 피터 힉스(Peter W. Higgs, 1929년~)와 프랑수아 앙글레르(Francois Englert, 1932년~)는 LHC에서 힉스 입자가 발견된 후인 2013년 공동으로 노벨 물리학상을 받았다.

6 실제로 달에는 지구와 달 사이의 거리를 측정하기 위해 미국이 설치한 반사경이 3개, 러시아가 설치한 반사경이 2개 있다. 달로 쏘아 준 레이저빔의 왕복 시간을 정밀히 측정해서 달까지의 거리를 정확히 알 수 있다.

3부 과학과 빛

13장 빛과 정보, 그리고 중력파

1 수면파는 물이 진동하며 물의 높낮이에 주기적인 변화가 생기고 음파는 공기의 밀도가 주기적으로 변조되며 일정한 속도로 전달된다. 반면에 빛을 포함한 전자기 파동은 전기장과 자기장이 주기적으로 진동하며 공간을 광속으로 퍼져나간다.

2 약 25억 년 전~5억 4000만 년 전의 지질 시대를 일컫는 말로서 고원생대, 중원생대, 신원생대로 나눌 수 있다. 이 시기 대기 중 산소 농도가 증가했고 오존층이 생겼다.

3 레이저 간섭계 중력파 관측소(Laser Interferometer Gravitational-Wave Observatory)의 약자. 미국 루이지애나 주 리빙스톤(Livingtson)과 워싱턴 주 핸포드(Hanford)에 두 대가 설치되어 있다.

4 『중력파, 아인슈타인의 마지막 선물(오정근, 동아시아)』에서 인용.

5 더 정확히는 홈의 높낮이가 달라지는 지점이 이진수의 1, 별다른 변화가 없는 곳이 이

진수의 0에 대응된다.

6 레이저의 파장이 줄어들면 회절 효과가 감소해서 레이저를 집속하는 렌즈의 초점 거리에 맺히는 빔의 크기를 더 줄일 수 있다. DVD 상 데이터를 저장하는 홈과 요철의 크기를 CD에 비해 줄일 수 있다는 의미다. 블루레이의 경우 405나노미터 파장의 청색 레이저 다이오드를 이용함으로써 데이터의 집적도를 DVD에 비해 더 높일 수 있었다.

7 Thomas Young, "II. The Bakerian Lecture. On the theory of light and colours", 1802년. https://royalsocietypublishing.org/doi/10.1098/rstl.1802.0004.

8 CD의 구멍 앞에 조명을 놓고 조명광이 무지갯빛으로 갈라지는 과정을 시연한 동영상을 다음 링크에서 감상할 수 있다. https://blog.naver.com/jh_ko/221463250288.

9 회절격자를 이용해 백색 LED의 빛을 무지갯빛으로 분해하는 시연 동영상을 다음 링크에서 감상할 수 있다. https://blog.naver.com/jh_ko/221485429003.

10 가시광선 대역을 검출하는 광다이오드는 실리콘(Si)계 반도체를 사용하는데 비해 적외선 계열의 CCD는 인듐갈륨비소(InGaAs) 계열 화합물이나 게르마늄(Ge) 계열의 반도체로 광다이오드를 구성한다.

14장 좋은 빛, 나쁜 빛, 이상한 빛

1 생물학적 영향에 따라 자외선을 파장이 긴 UV-A, 중간 파장의 UV-B, 그리고 파장이 짧은 UV-C로 구분한다.

2 11장 "양자점 디스플레이의 진면목." 참조.

3 "'신의 리모컨' 광유전학, 뇌의 판도라 상자를 열까." http://scienceon.hani.co.kr/122269.

4 "광유전학, 빛으로 뇌의 비밀 풀고 새로운 치료법 찾는다." https://www.ibs.re.kr/cop/bbs/BBSMSTR_000000000901/selectBoardArticle.do?nttId=13406&pageIndex=1&mno=sitemap_02&searchCnd=&searchWrd=.

5 https://www.ibs.re.kr/cop/bbs/BBSMSTR_000000000511/selectBoardArticle.do?nttId=17749.

6 https://www.ibs.re.kr/cop/bbs/BBSMSTR_000000000511/selectBoardArticle.do?nttId=16668.

7 D. Schurig 외, "Metamaterial Electromagnetic Cloak at Microwave Frequencies", *Science* 314권, 977~980, 2006년. http://science.sciencemag.org/

content/314/5801/977.

8 D. Shin 외, "Broadband electromagnetic cloaking with smart metamaterials", ***Nature Communications*** 3권, 1213, 2012년 https://www.nature.com/articles/ncomms2219.

9 M. Ahmadi 외, "Observation of the 1S-2S transition in trapped antihydrogen", ***Nature*** 541권, 506~510, 2017년. https://www.nature.com/articles/nature21040, https://www.nature.com/articles/nature23446.

10 M. Ahmadi 외, "Observation of the hyperfine spectrum of antihydrogen", ***Nature*** 548권, 66~69, 2017년. https://www.nature.com/articles/nature23446.

11 감마선은 전자기파에서 파장이 가장 짧고 따라서 에너지가 가장 큰 전자기파다. 보통 불안정한 핵이 붕괴될 때 만들어지기도 하고 핵폭발 과정에서는 막대한 양이 발생한다. 미국과 옛 소련 사이의 냉전이 심했던 때는 상대국의 핵 활동을 감시하기 위해 감마선을 측정하는 감시 위성들을 지구 궤도에 올린 기록이 있다. 우주에서는 초신성 폭발이나 블랙홀 주변처럼 상상할 수 없을 정도로 큰 에너지가 관련된 천문 현상에서 감마선이 방출되기 때문에 감마선을 측정하는 망원경이 이런 천문 현상의 연구에 필수적인 수단이 된다.

12 양전자가 전자를 만나면 둘의 질량(m)이 사라지면서 그 유명한 공식인 $E=mc^2$에 따라서 두 빛알의 감마선 에너지(E)로 바뀐다. 여기서 c는 진공 중 빛의 속도다.

13 매질이 한번 진동하면서 나아가는 거리가 파장이고 매질이 1초에 진동하는 횟수가 주파수(진동수)다. 파동의 속도는 파장을 주기(한 번 진동할 때 걸리는 시간)로 나누어 구하는데, 이는 다시 파장과 주파수의 곱으로 표현된다. 이 글에서는 주파수와 진동수를 혼용할 것이다.

14 공기와 물속 음속도는 섭씨 20도, 해발 0미터 기준의 값이다. 가장 단단한 물질에 속할 다이아몬드 내에서 특정 방향으로의 음속도는 초속 1만 9000미터까지 올라간다.

15 고체 내부의 양자화된 진동을 포논(phonon)이라 부른다.

16 기체나 액체와 같은 유체를 통해 전달되는 소리는 항상 종파로 자신을 나타낸다. 즉 매질(공기나 물)의 진동 방향과 파동이 전달되는 방향이 같다. 반면에 고체와 같이 구성 성분 사이의 상대적 위치가 고정되어 있는 경우에는 종파뿐 아니라 횡파도 만들어 전달할 수 있다. 횡파는 음파의 진행 방향에 대해 매질이 수직으로 진동하는 성질이 있고 층밀림파라고도 불린다. 땅의 진동이 전달되는 지진파의 P파와 S파가 각각 종파 및 횡파에 해당한다.

17 반사되는 두 빛 사이의 경로 차이가 빛의 파장의 정수배가 되는 방향으로 보강 간섭이 일어난다. 결정 구조의 분석에 사용되는 엑스선 회절에서 특정 각도로 회절 피크가 형성되는 것도 기본적으로 동일한 원리로 이해할 수 있다.

18 소련의 물리학자인 레오니트 이사코비치 만델시탐(Leonid Isaakovich Mandelstam, 1879~1944년)이 이 효과를 1918년 먼저 발견했지만 발표를 늦게 해 발견의 우선권을 놓쳤다. 그래서 일부 과학자들은 이 효과를 브릴루앙-만델시탐 산란(Brillouin-Mandelstam scattering)이라 불러 만델시탐의 공헌을 인정하기도 한다.

19 두 거울로 구성된 공진기의 구조 속에서 공진 조건을 정확히 만족하는 특정 파장만 통과시키는 간섭계이다. 거울 사이의 간격을 조절해 통과되는 파장을 변화시켜 분광기로 이용할 수 있다.

20 Koski 외, "Non-invasive determination of the complete elastic moduli of spider silks", ***Nature Materials*** 12권, 262~267, 2013년. https://www.nature.com/articles/nmat3549.

21 물론 지구는 완벽한 구도 아니고 내핵과 외핵, 맨틀, 지각 등으로 구성되어 있기 때문에 단순한 구보다 훨씬 복잡하다.

22 다음 링크에서 지구가 진동하는 고유한 형상(normal mode)들을 볼 수 있다. http://www.columbia.edu/itc/ldeo/mutter/jcm/Topic1/Topic1_12.html.

23 Kuok 외, "Brillouin Study of the Quantization of Acoustic Modes in Nanospheres", ***Physical Review Letters*** 90권, 255502, 2003년. https://journals.aps.org/prl/abstract/10.1103/PhysRevLett.90.255502.

24 콜라돈은 1842년 「포물선형 액체 흐름 속 광선의 반사에 대하여(On the reflections of a ray of light inside a parabolic liquid stream)」를 발표하며 실험 결과를 보고했다.

25 이 효과를 간단히 확인할 수 있는 방법은 컵 속 바닥에 있는 동전이 보이지 않는 각도로 시선을 고정한 후에 컵 속에 물을 부을 때 동전이 떠오르는 효과를 확인하는 것이다. https://blog.naver.com/jh_ko/221462391856.

26 광통신에 사용되는 전자기파로는 광섬유 내 손실이 매우 작은 특정 파장의 근적외선을 사용한다.

27 전 세계 해저 케이블의 연결망은 다음 링크에서 확인할 수 있다. https://www.submarinecablemap.com.

15장 태양계와 탐사선

1 태양과 수성 사이의 평균 거리는 약 5800만 킬로미터다.

2 이 두 번의 근일점 탐사에서 얻은 결과는 2019년 12월《네이처》에 4편의 논문으로 보고된 바 있다. https://www.nature.com/articles/d41586-019-03665-3.

3 지구가 받는 복사 에너지는 제곱미터당 약 1360W다.

4 이 결과가 논문으로 보고된《사이언스》당 호에는 소행성 류구의 물성에 대한 다른 두 편의 논문이 더 실려 있다. http://science.sciencemag.org/content/early/2019/03/18/science.aav7432.

5 별먼지 연구에 대한 학술적 설명으로는 다음 논문을 참조하면 좋다. A. M. Davis, "Stardust in meteorites", ***PNAS*** 108권 19142~19146, 2011년. https://www.pnas.org/content/108/48/19142.

6 먼지로 이루어진 꼬리는 혜성의 궤도를 따라 형성되지만 기체와 이온으로 구성된 이온 꼬리는 태양의 복사압과 태양풍에 밀려 태양을 중심으로 방사상으로 뻗게 된다.

7 1985년 핼리 혜성을 탐사하기 위해 미국의 탐사선 한 대, 러시아의 탐사선 두 대, 일본의 탐사선 두 대, 유럽의 탐사선 한 대가 발사되어 핼리 혜성의 뒤를 쫓았다. 유럽의 탐사선인 조토 탐사선이 핼리 혜성의 핵으로부터 600킬로미터까지 근접하는 데 성공했다.

8 코마로 둘러싸인 혜성 핵의 영상을 얻는 데에는 파장이 긴 전자기파를 활용하는 레이더 기법이 최적의 방법이나 이는 혜성이 지구에 근접할 경우에만 적용할 수 있다. 이번 비르타넨 혜성 핵에 대한 레이더 이미지 획득은 지난 30여 년간 이루어진 연구에서 8번째에 해당한다.

9 딥 임팩트 호에 의한 혜성 충돌을 조사한 연구 성과들은《사이언스》에 특집으로 실렸다. 논문 링크는 다음과 같다. https://www.nature.com/articles/ngeo2546.

16장 분광학과 화성

1 R. P. Taylor, A. P. Micolich, D. Jonas, "Fractal analysis of Pollock's drip paintings", ***Nature*** 399권, 422, 1999년. https://www.nature.com/articles/20833, https://www.nature.com/articles/439648a.

2 안료란 다른 물질들에 색깔을 내게 하는 미세한 분말을 의미한다.

3 라만은 이 라만 산란 효과를 발견한 공로로 1930년 인도인 최초로 노벨 물리학상을 수상했다.

4 Abbott, "Pigments help to date disputed masterpiece", ***Nature*** 445권, 695, 2007년. https://www.nature.com/articles/445695a.

5 J. A. Hurowitz 외, "Redox stratification of an ancient lake in Gale crater, Mars", ***Science*** 356권, eaah6849, 2017년. http://science.sciencemag.org/content/356/6341/eaah6849.

6 J. L. Eigenbrode 외, "Organic matter preserved in 3-billion-year-old mudstones at Gale crater, Mars", ***Science*** 360권, 1096~1101, 2018년. http://science.sciencemag.org/content/360/6393/1096.

7 C. R. Webster 외, "Background levels of methane in Mars' atmosphere show strong seasonal variations", ***Science*** 360권, 1093~1096, 2018년. http://science.sciencemag.org/content/360/6393/1093.

8 화성의 바람 소리는 다음 링크에서 들을 수 있다. https://youtu.be/P5M4ZdFcJd0.

9 화성의 날씨는 다음 링크에서 확인할 수 있다. https://mars.nasa.gov/insight/weather.

10 화성 지진의 소리는 다음 링크에서 들을 수 있다. https://www.youtube.com/watch?v=m9cCuW9nIQg.

11 뉴호라이즌스 호는 현재 카이퍼대에 자리 잡고 있는 소행성인 울티마 툴레를 근접 비행하며 이 소행성을 탐사하고 있다. 울티마 툴레는 2개의 소행성이 붙어 있어 눈사람의 형상을 나타내고 있는 것으로 유명하다. 이 소행성은 지구에서 약 65억 킬로미터나 떨어져 있어 인류의 탐사선이 방문한 가장 먼 천제다.

12 L. Ojha 외, "Spectral evidence for hydrated salts in recurring slope lineae on Mars", ***Nature Geoscience*** 8권, 829~832, 2015년. https://www.nature.com/articles/ngeo2546.

13 A. S. McEwen 외, "Seasonal Flows on Warm Martian Slopes", ***Science*** 333권, 740~743, 2011년. http://science.sciencemag.org/content/333/6043/740.

14 이후 진행된 후속 연구에서는 주기적으로 나타나는 검은 줄무늬 형상이 액체 물이 아니라 모래가 흘러내려 생겼을 가능성도 제기되었다. https://www.nature.com/articles/s41561-017-0012-5. 그 근거로 해당 줄무늬 형상들이 발견된 곳이 모래가 흐를 수 있을 정도로 경사가 급한 곳에서만 발견되었다는 점이 언급되었다. 소금물의 흔적을 나타낸 스펙트럼의 경우 대기 중 수분을 끌어당겨 수화되었을 가능성이 제시되었다. https://www.jpl.nasa.gov/news/news.php?release=2017-299.

15 이 발견 후에 2018년 화성을 도는 유럽의 궤도 탐사선(Mars Express)에 의한 레이더 탐사 결과 화성의 남극 지하 1.5킬로미터 지점에 폭이 20킬로미터 정도인 액체 상태의 지하 호수가 발견됐다. 화성에서 액체 상태의 물이 안정적으로 발견된 것은 이번이 처음이다. 관련 논문의 링크는 다음과 같다. http://science.sciencemag.org/content/361/6401/490.

16 분자의 고유 진동수를 측정하는 또 다른 분광법으로 16장 첫 번째 글에서 설명한 라만 분광법이 있다.

17 이 놀라운 업적을 거둔 리빗의 생애에 대해서는『리비트의 별』(조지 존슨, 김희준 옮김, 궁리)을 참조.

18 https://www.eso.org/public/teles-instr/elt/.

17장 초고압의 물리와 우주 탐험

1 P. Dalladay-Simpson, R. T. Howie, E. Gregoryanz , "Evidence for a new phase of dense hydrogen above 325 gigapascals", ***Nature*** 529권, 63~67쪽, 2016년. (https://www.nature.com/articles/nature16164).

2 https://www.sciencemag.org/news/2015/12/physicists-find-new-evidence-helium-rain-saturn.

3 이탈리아의 출신의 프랑스 천문학자 조반니 카시니(Giovanni Domenico Cassini, 1625~1712년)는 토성의 고리에 틈이 있다는 사실을 처음으로 확인했고 토성의 위성 4개를 발견했다. 카시니가 발견한 고리의 틈은 카시니 간극이라 불린다. 그의 업적을 기려 토성 탐사선의 이름을 카시니 호로 정했다.

4 하위언스 호가 착륙 과정 중 촬영한 영상을 다음 링크에서 감상할 수 있다. https://www.youtube.com/watch?v=9L471ct7YDo&t=7s.

5 R. D. Dhingra 외, "Observational Evidence for Summer Rainfall at Titan's North Pole", ***Geophysical Research Letters*** 46권, 1205~1212, 2019년. https://agupubs.onlinelibrary.wiley.com/doi/10.1029/2018GL080943.

6 S. Rodriguez 외, "Observational evidence for active dust storms on Titan at equinox", ***Nature Geoscience*** 11권, 727~732, 2018년. https://www.nature.com/articles/s41561-018-0233-2.

7 R. M. C. Lopes 외, "A global geomorphologic map of Saturn's moon Titan", ***Nature***

Astronomy. 7권, 228~233, 2020년. https://www.nature.com/articles/s41550-019-0917-6.

8 보이저 1호와 2호의 현재 위치, 임무 수행 시간, 장비의 상태 등은 다음 링크에서 실시간으로 확인할 수 있다. https://voyager.jpl.nasa.gov/mission/status.

9 D. A. Gurnett 외, "In Situ Observations of Interstellar Plasma with Voyager 1", *Science* 341권, 1489~1492, 2013년. http://science.sciencemag.org/content/341/6153/1489

10 https://www.nature.com/articles/d41586-018-07727-w.

11 Mercury Planetary Orbiter(MPO)라 이름이 붙은 궤도 탐사선은 수성과 근접해 원형의 궤도를 돌면서 표면의 조성과 외기권(exosphere) 등을 조사할 예정이다. Mio(Mercury Magnetospheric Orbiter, MMO)라 명명된 다른 탐사선은 타원 궤도를 돌면서 수성의 자기권(magnetosphere)과 태양풍을 정밀하게 조사할 것이다.

18장 또 하나의 지구를 찾아

1 T. Louden, P. J. Wheatley, "SPATIALLY RESOLVED EASTWARD WINDS AND ROTATION OF HD 189733b", *The Astrophysical Journal Letters*, 814권, L24, 2015년. https://iopscience.iop.org/article/10.1088/2041-8205/814/2/L24/meta.

2 저압 소듐등의 황색 빛은 589.0나노미터와 589.6나노미터의 두 파장으로 구성되어 있는데 단색광에 가까워 물체의 색상을 제대로 연출할 수 없다. 이를 보완하기 위해 수은이 첨가된 고압 소듐이 개발되어 산업계에서 광범위하게 사용되고 있다.

3 이 측정을 통해 확인된 외계 행성의 열 분포는 다음 링크에서 확인할 수 있다. http://www.spitzer.caltech.edu/images/1796-ssc2007-09a-First-Map-of-an-Alien-World.

4 A. Lecavelier des Etangs, F. Pont, A. Vidal-Madjar, D. Sin, "Rayleigh scattering in the transit spectrum of HD189733b" *Astronomy & Astrophysics* 481권, L83-L86, 2008년. https://www.aanda.org/articles/aa/abs/2008/14/aa09388-08/aa09388-08.html, https://www.nature.com/news/first-distant-planet-to-be-seen-in-colour-is-blue-1.13376.

5 빛의 파장보다 훨씬 작은 입자나 공기 분자에 의해 발생하는 빛의 산란을 레일리 산란이라 한다. 레일리 산란의 세기는 빛의 파장의 4승에 반비례한다. 즉 파란색처럼 단파장의 가시광선이 장파장의 빛에 비해 훨씬 높은 강도로 산란된다는 것이다. 이것이 지구의 하늘이 파란 이유이다.

6 천문학에서 알베도는 행성과 같은 천체의 반사율을 의미한다. 즉 행성이 받은 전자기 복사 에너지 중 확산 반사되는 빛의 비중으로 정의되고 0(완전 흡수)부터 1(완전 반사) 사이의 값을 갖는다.

7 M. Mayor, D. Queloz, "A Jupiter-mass companion to a solar-type star", ***Nature*** 378권, 355~359, 1995년. https://www.nature.com/articles/378355a0.

8 행성에 비해 별의 질량이 압도적으로 크기 때문에 질량 중심은 별의 중심과 거의 같다. 별이 행성의 영향으로 질량 중심에 대해 미세하게 흔들리는 이 운동을 반사 운동(reflex motion)이라 한다.

9 도플러 효과는 어떤 파동을 만드는 파원과 관측자 사이의 상대 속도에 따라 파동의 진동수와 파장이 달라지는 현상을 말한다. 가장 흔한 예로 관측자를 향해 다가오다가 멀어지는 기차의 경적 소리 톤의 변화를 들 수 있다. 별의 경우는 자신의 행성에 의해 흔들리면서 별과 지구와의 상대적 운동이 생기고 이로 인해 별빛의 진동수가 미세하게 바뀌게 된다.

10 이 지역은 모성으로부터 적당한 거리만큼 떨어져 있어 액체 상태의 물이 존재할 수 있고 따라서 생명체 존재 가능성이 높은 영역이다.

11 https://exoplanetarchive.ipac.caltech.edu.

12 슈퍼 지구는 질량이 지구 질량 대비 1.9~10배 더 무거운 외계 행성을 의미한다.

13 Moses, "Cloudy with a chance of dustballs", ***Nature*** 505권, 31-32, 2014년. https://www.nature.com/articles/505031a.

14 영어 대사는 다음과 같다. "The Universe is a pretty big place. If it's just us, seems like an awful waste of space."

15 https://www.nasa.gov/press/2015/march/nasa-s-hubble-observations-suggest-underground-ocean-on-jupiters-largest-moon.

16 가니메데의 오로라는 지구와 마찬가지로 대전된 입자가 자기장에 의해 힘을 받으며 위성의 희박한 대기와 충돌해 만들어진다.

17 http://hubblesite.org.

18 제임스 웹(James Webb, 1906~1992년)은 1961~1968년 NASA에서 재직한 제2대 국장이다. 그의 노력으로 NASA는 연구 센터들의 느슨한 연합체에서 잘 조직된 하나의 기관으로 거듭나게 되었다.

4부 빛으로 바라본 세상

19장 비 중에서 가장 이상한 비

1 이를 포화수증기량이라 하고 이때의 압력을 포화수증기압이라 부른다. 포화수증기량은 온도가 올라갈수록 증가한다.

2 『비: 자연, 문화, 역사로 보는 비의 연대기』(신시아 바넷, 오수원 옮김, 21세기북스)

3 물질의 상이 바뀔 때 출입하는 열을 잠열이라 한다. 얼음이 물로, 물이 수증기로 변할 때는 잠열이 흡수되고, 역으로 수증기가 물로, 물이 얼음으로 상변화를 할 때는 잠열이 방출된다.

4 찬 기단(공기 덩어리)이 더운 기단을 만나 그 아래로 들어가며 생기는 경계면이 지표와 만나는 부분을 한랭전선이라 한다.

20장 푸른 지구의 미래를 위해

1 결정(crystal)은 물질의 구성 요소인 원자들이 주기적인 간격으로 입체적으로 배치된 물질군을 일컫는다. 유리처럼 원자들의 배치가 무질서한 물질은 비정질(amorphous) 물질이라 부른다.

2 S. Maiti 외, "Bio-waste onion skin as an innovative nature-driven piezoelectric material with high energy conversion efficiency", ***Nano Energy*** 42권, 282~293, 2017년. https://www.sciencedirect.com/science/article/pii/S2211285517306468?via%3Dihub.

3 A. Stapleton 외, "The direct piezoelectric effect in the globular protein lysozyme", ***Applied Physics Letters*** 111권, 142902, 2017년. https://aip.scitation.org/doi/10.1063/1.4997446.

4 m은 질량 손실분, c는 빛의 속도, E는 질량 감소에 의해 발생되는 에너지를 의미한다.

5 반면에 원자 번호가 큰 원소의 핵이 원자 번호가 작은 핵들로 분열되는 현상은 핵분열이라 한다. 원자력 발전소에서 이용하는 현상이다.

6 가장 흔한 수소 대신 중수소와 삼중수소를 핵융합 원료로 이용하는 이유는 핵융합을 일으키기 위해 필요한 온도를 2억 도 정도로 낮출 수 있기 때문이다.

7 도넛 모양의 구조에 전자석이 결합된 이 그릇은 토카막(Tokamak)이라 불린다. 도넛 모양의 진공 용기 속에서 발생된 플라스마를 안정적으로 유지하고 제어한다.

8 https://www.aps.org/publications/apsnews/200904/physicshistory.cfm.

9 K. Yoshikawa 외, "Silicon heterojunction solar cell with interdigitated back contacts for a photoconversion efficiency over 26%", ***Nature Energy*** 2권, 17032, 2017년. https://www.nature.com/articles/nenergy201732.

10 F. Dimroth 외, "Wafer bonded four-junction GaInP/GaAs//GaInAsP/GaInAs concentrator solar cells with 44.7% efficiency", ***Photovoltaics*** 22권, 277~282, 2014년. https://onlinelibrary.wiley.com/doi/10.1002/pip.2475.

21장 5G란 무엇인가

1 정부 합동 조사단은 포항 지진이 지열발전소의 물 주입에 의해 유발된 것으로 결론내렸다. 학계에서는 2011년 동일본 대지진과 경주 지진의 영향으로 보는 시각도 있다.

2 파동이 진행하는 방향과 나란하게 매질이 진동하면 종파, 수직으로 진동하면 횡파로 정의한다. 공기는 종파의 대표적인 예이고 전자기파는 횡파의 대표적인 예다. 전자기파의 경우 매질의 진동은 아니지만 전자기파를 구성하는 전기장과 자기장의 진동 방향이 파의 진행 방향에 수직이기 때문에 횡파이다.

3 가청 주파수는 개인적 편차가 있지만 대략 20~2만 헤르츠다. 즉 공기의 밀도가 1초에 20번에서 2만 번 정도 주기적으로 변조되며 진동하면 우리는 이를 소리로 인식할 수 있다. 이를 파장으로 바꾸면 1.7센티미터~17미터에 해당한다. 소리의 속도는 상온에서 초속 약 340미터인데 이는 시속 1200킬로미터에 해당한다.

4 음파를 전달할 매질이 없는 진공은 예외다.

5 J. M. Kweun 외, "Transmodal Fabry-Pérot Resonance: Theory and Realization with Elastic Metamaterials", ***Physical Review Letters*** 118권, 205901, 2017년. https://journals.aps.org/prl/abstract/10.1103/PhysRevLett.118.205901, https://physics.aps.org/articles/v10/57.

6 파브리-페롯 공명(Fabry-Perot resonance)은 고전적인 공명 이론으로 파동을 반사하는 두 계면(거울)이 나란히 마주보는 구조로 구성된다. 입사되는 파동의 파장이 두 거울 사이의 간격에 의해 결정되는 공명 조건을 만족하면 이 파동은 두 계면이 없는 듯이 완벽히 통과할 수 있다. 이 공명 조건에서는 두 거울을 순차적으로 통과(혹은 반사)하는 무수히 많은 파동들 사이에 보강 간섭이 일어나기 때문이다. 반사율이 99퍼센트인 두 거울이 나란히 있다고 하자. 이 거울에 수직으로 레이저빔을 쏠 때, 두 거울 사이의

간격이 위의 파브리-페롯 공명 조건을 정확히 만족하면 이 빔은 두 거울을 그냥 통과한다. 무려 반사율이 99퍼센트인 두 장의 거울이 아예 없는 듯이 작용하는 것이다.

22장 컬링 경기의 비밀

1 이 수막의 미시적 성질에 대해서는 아직 명확히 이해되어 있지 않아 현재도 많은 연구가 진행되고 있다. https://www.nature.com/articles/d41586-019-03833-5.

2 컬링의 일반적인 과학에 대해서는 다음 리뷰 논문이 다루고 있다. John L. Bradley, "The Sports Science of Curling: A Practical Review", ***Journal of Sports Science & Medicine*** 8권, 495~500, 2009년. https://www.ncbi.nlm.nih.gov/pmc/articles/PMC3761524.

3 H. Nyberg 외, "The asymmetrical friction mechanism that puts the curl in the curling stone", ***Wear*** 301권 583~589, 2013년. https://www.sciencedirect.com/science/article/abs/pii/S0043164813000732.

4 스웨덴 연구팀의 논문에 대한 비판적인 평가를 담은 논문 중 하나는 이것이다. M. R. A. Shegelski 외, "Comment on the asymmetrical friction mechanism that puts the curl in the curling stone", ***Wear*** 336~337권, 69~71, 2015년. https://doi.org/10.1016/j.wear.2015.04.015.

5 일정한 속도로 움직이는 물체의 운동 에너지는 질량에 비례하고 속도의 제곱에 비례한다. 따라서 속도가 2배로 증가하면 운동 에너지는 4배로 증가한다.

6 쿼드콥터(quadcopter)는 quadrotor와 helicopter의 합성어로, 4개(quad)의 회전 날개(rotor)로 나는 헬리콥터를 의미한다.

7 더 정확히는 힘이 작용하면 물체의 선운동량(질량에 속도를 곱한 물리량)이 바뀌는 것처럼 돌림힘이 작용하면 물체의 각운동량이 바뀐다. 각운동량은 크기와 방향을 모두 가지는 벡터 물리량으로써 회전 반지름에 대응되는 거리 벡터와 운동량 벡터의 벡터곱(vector product)으로 정의된다. 따라서 돌림힘이 없다면 회전하는 물체의 각운동량이 보존된다.

23장 세상의 물리

1 D. W. Zhou, "Percolation Model of Sensory Transmission and Loss of Consciousness Under General Anesthesia", ***Physical Review Letters*** 115권, 108103, 2015년. https://

journals.aps.org/prl/abstract/10.1103/PhysRevLett.115.108103, https://physics.aps.org/articles/v8/85.

2 핵융합이 일어나는 항성의 경우 높은 온도로 인해 원자핵과 전자가 분리되어 전하를 띠며 이온의 상태로 날아다니는 고온의 기체 집단으로 구성된다. 전체적으로는 중성을 나타내지만 개별 입자들은 양 혹은 음의 전하를 띠고 있는 이 상태를 플라스마라 부른다. 플라스마는 흔히 고체, 액체, 기체에 이어 제4의 상(phase)이라 일컫는다.

3 극성 분자(polar molecule)란 분자를 구성하는 성분들의 양전하의 중심과 음전하의 중심이 어긋나 있는 분자를 일컫는다. 이 경우 분자 내에는 양의 전하와 음의 전하가 분리된 전기 쌍극자(electric dipole)가 형성된다. 전기 쌍극자는 다른 전하나 다른 쌍극자와 전기력을 주고받을 수 있다.

4 국제 단위계에서 자기장의 단위인 테슬라(T)는 10000 가우스(G)에 해당한다. 지구 표면에서 측정되는 지자기의 세기는 약 0.25~0.65가우스다. 반면에 병원에서 신체 내부의 진단에 사용되는 자기 공명 영상(MRI) 장치에는 수 테슬라의 자기장을 발생하는 자석이 들어 있다.

5 자기장이 시간에 따라 변하면 그 주변에는 전기장이 형성된다. 그곳에 전기 도선을 배치하면 유도된 전기장에 의해 전류가 흐른다. 이 패러데이 유도 법칙은 발전기의 발전 원리가 된다.

6 http://science.sciencemag.org/content/362/6415/649.1, http://science.sciencemag.org/content/362/6415/649.2.

7 중성 미자에는 전자 중성 미자, 뮤온 중성 미자, 타우 중성 미자 및 이들 각각에 대응되는 세 종류의 반중성 미자가 존재한다. 중성 미자 사이에는 서로 변환이 일어나는데 중성 미자 진동 변환 실험(RENO)이라 명명된 이 연구에서 국내 연구진은 2012년 마지막으로 남은 가장 약한 중성 미자 변환 세기, 즉 타우 중성 미자에서 전자중성 미자로 변환되는 세기의 측정에 성공했다. 이를 통해 세 종류의 중성 미자 변환 세기가 모두 측정되었고 중성 미자의 질량 순서를 파악하기 위한 토대가 마련됐다. RENO에 대해서는 한국물리학회 홍보지《물리학과 첨단기술》제19권 11호에 자세히 실려 있다.

8 이 연구를 주도했던 미국의 물리학자 프레더릭 라이너스(Frederick Reines, 1918~1998년)와 클라이드 코완(Clyde Cowan, 1919~1974년) 중 나중까지 생존한 라이너스만 1995년 노벨 물리학상을 수상했다.

9 일본 도쿄 대학교 가지타 다카아키(Kajita Takaaki, 1959년~)는 중성 미자 진동 현상을

발견한 공로로 아서 맥도널드(Arthur B. McDonald, 1943년~)와 함께 2015년 노벨 물리학상을 수상했다.

10 1962년 뮤온 중성 미자 상호 작용의 검출을 통해 두 종류 이상의 중성 미자가 존재함을 보인 업적으로 리언 레더만(Leon M. Lederman, 1922~2018년), 멜빈 슈워츠(Melvin Schwartz, 1932~2006년), 잭 스타인버거(Jack Steinberger, 1921년~)가 1988년 노벨 물리학상을 수상했다. 2002년에는 태양 중성 미자 및 초신성 중성 미자를 검출한 공로로 레이먼드 데이비스(Raymond Davis, Jr., 1914~2006년)와 고시바 마사토시(Masatoshi Koshiba, 1926년~)가 노벨 물리학상을 수상했다. 이로써 중성 미자 연구 분야에서는 2019년 시점까지 총 4번의 노벨 물리학상이 주어졌다.

11 현재 가장 완벽한 모형이라고 평가받는 표준 모형의 이론적 틀 내에서 중성 미자의 질량은 0이다. 중성 미자 변환 과정의 관측을 통해 중성 미자가 질량을 갖는다는 사실이 밝혀지면서 표준 모형은 수정이 불가피한 상황에 놓여 있다.

12 W. Hu 외, "Small-scale soft-bodied robot with multimodal locomotion", ***Nature*** 554권, 81~85, 2018년. https://www.nature.com/articles/nature25443.

13 E. Kopperger 외, "A self-assembled nanoscale robotic arm controlled by electric fields", ***Science*** 359권, 296~301, 2018년. http://science.sciencemag.org/content/359/6373/296.

14 B. Shin 외, "Hygrobot: A self-locomotive ratcheted actuator powered by environmental humidity", ***Science Robotics*** 3권 eaar2629, 2018. http://robotics.sciencemag.org/content/3/14/eaar2629.full.

15 에너지 띠틈은 원자들이 주기적으로 배치되어 있는 고체에서 전자들이 가질 수 없는 에너지 간격을 일컫는 말이다. 보통 반도체나 부도체에서 전도띠(conduction band)와 원자가띠(valence band) 사이의 에너지 차이를 말한다. 원자가띠에 있는 전자에 최소한 에너지 띠틈 만큼의 에너지를 공급해야 전도띠로 여기되어 전류의 흐름에 기여할 수 있다.

더 읽을거리

1장 빛의 속도로 가라

이호성, 「SI 기본단위 재정의」, 《물리학과 첨단기술》, 2018년 3월호.

데이비드 보더니스, 김민희 옮김, 『$E = mc^2$』, 생각의 나무.

이병호, 「세계 빛의 해 IYL.2015」, 《광학과 기술》, 2015년 1월호 2~7쪽.

2장 보이는 빛과 보이지 않는 빛

킴벌리 아칸드, 매건 와츠키, 조윤경 옮김, 『LIGHT 빛으로의 여행』, 시그마북스.

「빛과 색의 사이언스」, 《뉴턴코리아》.

4장 태양과 자연이 빚어낸 빛의 교향곡

괴츠 횝페, 장경애 옮김, 『하늘은 왜 푸를까』, 이치.

5장 빛의 사계

김항배, 「무지개」, 《광학과 기술》, 2019년 1월호, 107~109쪽.

고재현, 『빛 쫌 아는 10대』, 풀빛.

6장 목성에서 번개가 친다면

옌스 죈트겐 외, 유영미 옮김, 『이산화탄소: 지질권과 생물권의 중개자』, 자연과생태.

가브리엘 워커, 이충호 옮김, 『공기 위를 걷는 사람들』, 웅진지식하우스.

7장 인공 광원이 펼치는 빛의 세계

질 존스, 이충환 옮김, 『빛의 제국』, 양문.

제인 브록스, 박지훈 옮김, 『인간이 만든 빛의 세계사』, 을유문화사.

12장 미래의 광기술

이강영, 『LHC, 현대물리학의 최전선』, 사이언스북스.

13장 빛과 정보, 그리고 중력파

오정근, 『중력파, 아인슈타인의 마지막 선물』, 동아시아.
윤복원, 「중력파 대체 어떻게 검출했나? '라이고' 원리 따라잡기」. (http://scienceon.hani.co.kr/?act=dispMediaContent&mid=media&search_target=title_content&search_keyword=%EC%9C%A4%EB%B3%B5%EC%9B%90&page=2&document_srl=367176).
윤복원, 「중력파 첫 관측 논문의 '그림1'에 대한 10000자 해설」. (http://scienceon.hani.co.kr/?act=dispMediaContent&mid=media&search_target=title_content&search_keyword=%EC%9C%A4%EB%B3%B5%EC%9B%90&document_srl=374378).

14장 좋은 빛, 나쁜 빛, 이상한 빛

세스 S. 호로비츠, 노태복 옮김, 『소리의 과학』, 에이도스.
트레버 콕스, 김아림 옮김, 『지상 최고의 사운드』, 세종서적.
고재현, 「브릴루앙 광산란 분광법을 이용한 응집물질의 탄성 특성 및 상전이 거동 연구」, 《새물리》, 68권, 1~19쪽, 2018년.

15장 태양계와 탐사선

칼 세이건, 앤 드루얀, 김혜원 옮김, 『혜성』, 사이언스북스.
리사 랜들, 김명남 옮김, 『암흑 물질과 공룡』, 사이언스북스.

17장 초고압의 물리와 우주 탐험

「우주선의 방향과 속도를 조절하는 '중력도움 항법'」 상. (http://www.hani.co.kr/arti/science/science_general/875497.html).
「우주선의 방향과 속도를 조절하는 '중력도움 항법'」 하. (http://www.hani.co.kr/arti/science/science_general/875498.html).

19장 비 중에서 가장 이상한 비

옌스 죈트겐 외 엮음, 강정민 옮김, 『먼지 보고서』, 자연과생태.
한나 홈스, 이경아 옮김, 『먼지』, 지호.
신시아 바넷, 오수원 옮김, 『비: 자연, 문화, 역사로 보는 비의 연대기』, 21세기북스.
조천호, 『파란하늘 빨간지구』, 동아시아.
빌 스트리버, 김정은 옮김, 『바람의 자연사』, 까치.

「화산의 모든 것」,《뉴턴코리아》.
제임스 해밀턴, 김미선 옮김, 『화산』, 반니.

21장 5G란 무엇인가

김경렬 외, 재단법인 카오스 기획, 『지구인도 모르는 지구』, 반니.
원종우, 선창국, 『선창국의 지진 흔들어보기』, 동아시아.
앤드루 로빈슨, 김지원 옮김, 『지진 두렵거나, 외면하거나』, 반니.
「지진은 이렇게 일어난다」,《뉴턴프레스》.

22장 컬링 경기의 비밀

윤복원, 「'최고시속 150km' 루지 선수가 느낄 인공중력 얼마나 될까?」. (http://www.hani.co.kr/arti/science/science_general/831196.html).

23장 세상의 물리

이강영, 『보이지 않는 세계』, 휴머니스트.
이강영, 『불멸의 원자』, 사이언스북스.
「특집: 뉴트리노 물리학」,《물리학과 첨단기술》, 제19권 제11호, 2010년 11월.
고재현, 『전자기 좀 아는 10대』, 풀빛.

도판 저작권

* 26쪽 International Year of Light committee / CC BY 3.0
* 49쪽 Okorea / Public domain 참조
* 55쪽 BenRG / Public domain 참조
* 69, 95, 208, 226, 251쪽 NASA
* 80쪽 By Brocken Inaglory - Own work, CC BY-SA 3.0
* 86, 119, 289쪽 고재현
* 127쪽 Sven Killig / CC BY-SA 3.0 DE
* 144쪽 Blue tooth7 / CC BY-SA 3.0
* 146쪽 Marcin Floryan / Public domain
* 153쪽 CC BY-SA 3.0, https://commons.wikimedia.org/w/index.php?curid=1568630 참조
* 168쪽 Martin Kraft / CC BY-SA 3.0
* 191쪽 Cmglee / CC BY-SA 3.0 참조
* 208쪽 By Jeffrey.D.Wilson@nasa.gov (Glenn research contact) - NASA Glenn Research, Public Domain
* 220쪽 Public domain
* 239쪽 Rhododendrites / CC BY-SA 4.0
* 303쪽 United States Geological Survey / Public domain
* 347쪽 Zaereth / CC BY-SA 4.0

찾아보기

사

아

자

차

카

타

파

빛의 핵심

물리학자 고재현의 광학 이야기

1판 1쇄 펴냄 2020년 10월 30일
1판 4쇄 펴냄 2024년 6월 10일

지은이 고재현

펴낸이 박상준
펴낸곳 ㈜사이언스북스

출판등록 1997. 3. 24 (제16-1444호)
(06027) 서울시 강남구 도산대로1길 62
대표전화 515-2000 팩시밀리 515-2007
편집부 517-4263 팩시밀리 514-2329
www.sciencebooks.co.kr

ISBN 979-11-90403-75-7 03420